普通高等教育"十三五"规划教材（软件工程专业）

数据库原理及应用
——SQL Server 2012

主　编　赖　玲　李祥琴　胡　秀　王娅纷　沈成涛

中国水利水电出版社
www.waterpub.com.cn

·北京·

内 容 提 要

  本书全面介绍了数据库的原理及应用，全书共 13 章，分成两部分，第一部分侧重数据库理论知识，包括数据库的基本概念、数据模型、关系数据库、关系代数、关系规范化、SQL、事务和锁、数据库设计和数据库技术的新发展；第二部分侧重数据库应用，以 Microsoft SQL Server 2012 为平台，详细介绍了数据库的管理及应用，包括索引、T-SQL 程序设计、存储过程、触发器、游标、数据库的安全管理、数据的备份与恢复、SQL Server 开发工具。每章以丰富的实例进行讲解，并配备了大量课后习题。此外，本书还有配套教材《数据库原理及应用上机指导与习题解答——SQL Server 2012》。

  本书可作为高等学校计算机专业"数据库"课程的教材，也可作为其他相关专业"数据库"课程的教材，还可作为从事数据库开发和应用的有关人员的参考书。

图书在版编目（C I P）数据

数据库原理及应用 ：SQL Server 2012 / 赖玲等主
编. -- 北京 ：中国水利水电出版社，2017.5（2022.7 重印）
 普通高等教育"十三五"规划教材. 软件工程专业
 ISBN 978-7-5170-5279-1

 Ⅰ. ①数… Ⅱ. ①赖… Ⅲ. ①关系数据库系统－高等
学校－教材 Ⅳ. ①TP311.138

 中国版本图书馆CIP数据核字 (2017) 第065432号

策划编辑：杨庆川 责任编辑：李 炎 加工编辑：郭继琼 封面设计：李 佳

书　　名	普通高等教育"十三五"规划教材（软件工程专业） **数据库原理及应用——SQL Server 2012** SHUJUKU YUANLI JI YINGYONG——SQL Server 2012
作　　者	主 编 赖 玲 李祥琴 胡 秀 王娅纷 沈成涛
出版发行	中国水利水电出版社 （北京市海淀区玉渊潭南路 1 号 D 座　100038） 网址：www.waterpub.com.cn E-mail：mchannel@263.net（万水） sales@mwr.gov.cn 电话：（010）68545888（营销中心）、82562819（万水）
经　　售	北京科水图书销售有限公司 电话：（010）68545874、63202643 全国各地新华书店和相关出版物销售网点
排　　版	北京万水电子信息有限公司
印　　刷	三河市鑫金马印装有限公司
规　　格	184mm×260mm　16 开本　19.25 印张　474 千字
版　　次	2017 年 5 月第 1 版　2022 年 7 月第 3 次印刷
印　　数	5001—6000 册
定　　价	39.00 元

前　　言

　　数据库技术是信息处理的基础，其应用范围广，几乎涵盖了信息技术的各个领域。SQL Server 是微软的核心数据库平台。如今，Microsoft SQL Server 已经从一个只能支持小型部门任务的产品成长为能够处理部署于世界各地的任务的超大型数据库平台。近年来，其不断发布的新版本已涵盖越来越广泛且强大的功能与组件，从而使其在本领域绝大多数竞争对手的角逐中脱颖而出。目前 SQL Server 已经是市场上最流行的大中型关系数据库管理系统。

　　为了适应市场的需求，我国高校的许多专业都开设了"数据库原理及应用"课程。开设数据库课程的目的是使学生在掌握数据库的基本原理、方法和技术的基础上，能根据应用需求灵活设计适合的数据库，并能结合现有的数据库管理系统进行数据库的管理及数据库应用系统的开发。根据教育部高等学校计算机基础课程教学指导委员会《高等学校计算机基础核心课程教学实施方案》的要求，本书以 SQL Server 2012 为平台，结合作者多年来教学与应用开发的实践经验，将完整的数据库原理及应用知识体系，按照理论和实例相结合的模式，由浅入深地组织和安排内容。通过对本书的学习，读者无论对 SQL Server 数据库应用开发，还是对数据库管理都会有新的认识和提高。

　　本书共分为 13 章，主要内容如下：

　　第 1 章　数据库系统概述。从数据管理技术的发展开始介绍，进而讲解了数据库技术的相关概念，还介绍了数据模型。

　　第 2 章　关系数据库。首先介绍了关系模型、关系的形式化定义、关系的键和关系完整性，然后重点介绍了关系代数。

　　第 3 章　关系数据库理论。首先提出了关系规范化问题，接着介绍了函数依赖、范式，然后讲解了关系模式的规范化。

　　第 4 章　关系数据库标准语言 SQL。从 SQL 的数据定义语言 DDL、数据操作语言 DML 和数据查询语言 DQL 三个方面，对 SQL 进行了详细的介绍，最后介绍了视图，包括视图的创建、修改、删除和使用。

　　第 5 章　索引。对索引和全文索引进行了详细的介绍，包括索引的创建、修改、删除和全文索引的启用、创建等。

　　第 6 章　T-SQL 程序设计。从 T-SQL 语言基础开始，逐步介绍了数据类型、变量和运算符，然后重点详细介绍了流程控制语句，最后介绍了系统内置函数和用户自定义函数。

　　第 7 章　存储过程、触发器和游标。分别详细介绍了存储过程的概念、创建、执行、修改、查看和删除；触发器的概念、创建、修改、查看和删除；游标的概念、使用、删除等。

　　第 8 章　事务和锁。首先介绍了事务的相关概念，进而提出并介绍了并发控制，最后介绍了锁的相关知识。

　　第 9 章　数据库的安全管理。首先介绍了 SQL Server 的安全机制，然后从各个方面分别详细介绍了安全机制的实现。

　　第 10 章　数据的备份与恢复。首先介绍了数据库备份的概念、备份设备及备份操作，然后介绍了数据恢复的策略及操作。

第 11 章　数据库设计。结合软件工程的思想对数据库设计的各个步骤进行了详细的介绍。

第 12 章　数据库技术的新发展。介绍了数据库技术的发展趋势及数据库发展的新技术。

第 13 章　SQL Server 开发工具。分别介绍了 SQL Server 常用的代理服务、集成服务、报表服务和分析服务。

本书由赖玲、李祥琴、胡秀、王娅纷、沈成涛共同主编，胡波、李俊梅、张牧、吴际林也参加了本书的编写与校对工作。全书由赖玲统稿。第 1 章由王娅纷编写；第 2 章由沈成涛编写；第 4 章、第 5 章、第 9 章、第 10 章、第 11 章、第 13 章由赖玲编写；第 6 章、第 7 章、第 8 章由李祥琴编写；第 3 章、第 12 章由胡秀编写。本书在编写过程中得到了荆楚理工学院计算机工程学院田原院长和任正云等专家的指导，学院的领导也对本书的出版付出了大量的心血，在此一并表示衷心的感谢。

由于编者水平所限，书中难免存在疏漏之处，恳请广大读者批评指正。

编　者

2017 年 2 月

目　　录

前言

第1章　数据库系统概述·········· 1

1.1　数据管理技术的发展·········· 1

1.2　数据库技术概述·········· 3

1.3　数据模型·········· 5

1.3.1　数据模型概念·········· 5

1.3.2　实体的描述·········· 6

1.3.3　联系·········· 6

1.3.4　实体—联系模型·········· 7

1.3.5　层次模型·········· 9

1.3.6　网状模型·········· 9

1.3.7　关系模型·········· 10

习题·········· 10

第2章　关系数据库·········· 12

2.1　关系模型·········· 12

2.2　关系的形式化定义·········· 13

2.2.1　域（Domain）·········· 13

2.2.2　笛卡尔积（Cartesian Product）·········· 13

2.2.3　关系的基本性质·········· 14

2.2.4　关系模式·········· 15

2.3　关系的键·········· 15

2.3.1　候选关键字与主关键字·········· 15

2.3.2　主属性与非主属性·········· 15

2.3.3　外关键字·········· 15

2.4　关系完整性·········· 16

2.4.1　实体完整性·········· 16

2.4.2　参照完整性·········· 16

2.4.3　用户定义完整性·········· 17

2.5　关系代数·········· 17

2.5.1　关系代数的定义、分类及运算符·········· 17

2.5.2　传统的集合运算·········· 18

2.5.3　专门的关系运算·········· 19

习题·········· 23

第3章　关系数据库理论·········· 25

3.1　规范化问题的提出·········· 25

3.1.1　规范化理论的主要内容·········· 25

3.1.2　关系模式存在的问题·········· 25

3.1.3　解决问题的方法·········· 27

3.2　函数依赖·········· 28

3.2.1　函数依赖的定义·········· 28

3.2.2　有关函数依赖的说明·········· 29

3.2.3　函数依赖的基本性质·········· 30

3.2.4　平凡函数依赖与非平凡函数依赖·········· 30

3.2.5　完全依赖与部分依赖·········· 31

3.2.6　传递依赖·········· 31

3.2.7　属性的封闭集·········· 31

3.3　范式·········· 32

3.3.1　第一范式（1NF）·········· 32

3.3.2　第二范式（2NF）·········· 33

3.3.3　第三范式（3NF）·········· 35

3.3.4　BC范式（BCNF）·········· 36

3.4　关系模式的规范化·········· 37

3.4.1　关系模式规范化的目的·········· 38

3.4.2　关系模式规范化的基本思想·········· 38

3.4.3　关系模式规范化的原则·········· 38

3.4.4　关系模式规范化的步骤·········· 39

3.4.5　分解的方法·········· 39

习题·········· 41

第4章　关系数据库标准语言SQL·········· 42

4.1　SQL简介·········· 42

4.2　数据定义语言（DDL）·········· 43

4.2.1　定义数据库·········· 43

4.2.2　定义数据库表·········· 49

4.3 数据操作语言（DML） ·········· 53
4.3.1 插入数据 ·············· 53
4.3.2 更新数据 ·············· 54
4.3.3 删除数据 ·············· 55
4.4 数据查询语言（DQL） ·········· 55
4.4.1 SELECT 语句的基本语法格式 ··· 55
4.4.2 简单查询 ·············· 58
4.4.3 汇总查询 ·············· 70
4.4.4 关联表查询 ············ 75
4.4.5 连接查询 ·············· 77
4.4.6 子查询 ··············· 83
4.5 视图 ···················· 89
4.5.1 视图概述 ·············· 89
4.5.2 创建视图 ·············· 90
4.5.3 使用视图 ·············· 92
4.5.4 修改视图 ·············· 92
4.5.5 删除视图 ·············· 93
习题 ······················· 93

第 5 章 索引 ················· 97
5.1 索引概述 ················· 97
5.2 索引的类型 ··············· 98
5.3 创建索引 ················· 99
5.4 修改索引 ··············· 104
5.5 删除索引 ··············· 105
5.6 全文索引 ··············· 105
5.6.1 开启 SQL Full-text 服务 ···· 106
5.6.2 启用全文索引 ·········· 106
5.6.3 创建全文目录 ·········· 107
5.6.4 创建全文索引 ·········· 108
5.6.5 添加列到全文索引 ······ 112
习题 ······················ 113

第 6 章 T-SQL 程序设计 ········ 115
6.1 T-SQL 基础 ·············· 115
6.1.1 标识符 ··············· 115
6.1.2 批处理 ··············· 116
6.1.3 脚本 ················· 116
6.1.4 注释 ················· 117

6.2 数据类型 ··············· 117
6.2.1 系统提供的数据类型 ····· 118
6.2.2 自定义数据类型 ········· 120
6.3 变量和运算符 ············· 121
6.3.1 变量 ················· 121
6.3.2 运算符 ··············· 122
6.4 流程控制语句 ············· 123
6.4.1 BEGIN…END 语句 ······· 123
6.4.2 IF…ELSE 语句 ········· 124
6.4.3 IF [NOT] EXISTS 语句 ···· 124
6.4.4 CASE 语句 ············ 124
6.4.5 WHILE 语句 ··········· 126
6.4.6 其他流程控制语句 ······ 126
6.5 函数 ··················· 127
6.5.1 系统内置函数 ·········· 127
6.5.2 自定义函数 ··········· 134
习题 ······················ 143

第 7 章 存储过程、触发器和游标 ·· 146
7.1 存储过程 ··············· 146
7.1.1 存储过程的概念 ········· 146
7.1.2 存储过程的优点 ········· 147
7.1.3 存储过程的分类 ········· 147
7.1.4 创建存储过程 ·········· 148
7.1.5 执行存储过程 ·········· 151
7.1.6 修改存储过程 ·········· 155
7.1.7 查看存储过程 ·········· 156
7.1.8 删除存储过程 ·········· 157
7.2 触发器 ················· 158
7.2.1 触发器的定义 ·········· 158
7.2.2 触发器的作用 ·········· 158
7.2.3 触发器的类型 ·········· 159
7.2.4 触发器的工作原理 ······ 160
7.2.5 创建触发器 ··········· 161
7.2.6 修改触发器 ··········· 168
7.2.7 查看触发器 ··········· 169
7.2.8 禁用、启用和删除触发器 ·· 170
7.3 游标 ··················· 172

7.3.1 游标的概念 ·········· 172
7.3.2 游标的分类 ·········· 172
7.3.3 游标的使用 ·········· 173
7.3.4 游标变量 ·········· 177
7.3.5 利用游标修改或删除数据 ·········· 178
习题 ·········· 180

第 8 章 事务和锁 ·········· 183
8.1 事务 ·········· 183
8.1.1 事务的概念 ·········· 183
8.1.2 事务的性质 ·········· 183
8.1.3 事务的模式 ·········· 184
8.1.4 事务控制 ·········· 186
8.1.5 分布式事务 ·········· 188
8.1.6 事务隔离级别 ·········· 189
8.2 并发控制 ·········· 191
8.2.1 串行执行与并发执行 ·········· 191
8.2.2 并发导致的问题 ·········· 191
8.3 锁 ·········· 192
8.3.1 锁定粒度 ·········· 193
8.3.2 锁模式 ·········· 194
8.3.3 锁协议 ·········· 195
8.3.4 活锁与死锁 ·········· 196
习题 ·········· 197

第 9 章 数据库的安全管理 ·········· 200
9.1 SQL Server 的安全机制 ·········· 200
9.2 服务器级的安全性 ·········· 200
9.2.1 SQL Server 的身份验证模式 ·········· 201
9.2.2 配置身份验证模式 ·········· 202
9.2.3 SQL Server 登录账户 ·········· 202
9.2.4 服务器角色 ·········· 205
9.3 数据库级的安全性 ·········· 208
9.3.1 数据库用户 ·········· 208
9.3.2 数据库角色 ·········· 211
9.4 数据库对象级的安全性 ·········· 213
9.4.1 权限类型 ·········· 214
9.4.2 管理权限 ·········· 215
习题 ·········· 218

第 10 章 数据的备份与恢复 ·········· 220
10.1 数据的备份 ·········· 220
10.1.1 数据库备份的概念 ·········· 220
10.1.2 备份设备 ·········· 221
10.1.3 备份数据库 ·········· 223
10.2 数据的恢复 ·········· 225
10.2.1 恢复策略 ·········· 225
10.2.2 恢复数据库 ·········· 225
习题 ·········· 227

第 11 章 数据库设计 ·········· 230
11.1 需求分析 ·········· 230
11.1.1 需求分析的任务 ·········· 230
11.1.2 需求分析的方法 ·········· 231
11.2 概念结构设计 ·········· 232
11.2.1 概念模型的特点 ·········· 232
11.2.2 概念结构设计的方法与步骤 ·········· 233
11.3 逻辑结构设计 ·········· 237
11.3.1 E-R 图向关系模型的转换 ·········· 237
11.3.2 数据模型的优化 ·········· 238
11.4 物理结构设计 ·········· 239
11.4.1 确定数据库的存取方法 ·········· 239
11.4.2 确定数据库的存储结构 ·········· 239
11.4.3 确定系统存储参数的配置 ·········· 240
11.5 数据库的实施 ·········· 240
11.6 数据库的运行和维护 ·········· 241
习题 ·········· 241

第 12 章 数据库技术的新发展 ·········· 244
12.1 影响数据库技术发展的因素 ·········· 244
12.2 面向对象的数据库技术 ·········· 245
12.3 分布式数据库 ·········· 246
12.3.1 分布式数据库系统简介 ·········· 246
12.3.2 分布式数据库的特点 ·········· 246
12.3.3 分布式数据库与集中式数据库相比的优缺点 ·········· 247
12.4 多媒体数据库技术 ·········· 248
12.5 数据仓库 ·········· 249
12.6 数据挖掘技术 ·········· 250

12.7 基于移动 Ad Hoc 无线网络的数据库
技术 ·················· 250

12.8 嵌入式数据库技术 ·············· 251

习题 ······························· 251

第 13 章 SQL Server 开发工具 ········· 253

13.1 SQL Server 代理服务 ·········· 253

13.1.1 SQL Server 代理简介 ······ 253

13.1.2 启用 SQL Server 代理 ····· 254

13.1.3 配置数据库作业 ············ 256

13.1.4 数据库邮件 ················· 262

13.1.5 配置操作员 ················· 269

13.1.6 配置警报 ··················· 270

13.1.7 维护计划 ····················· 276

13.2 SQL Server Integration Services ········· 279

13.2.1 使用导入/导出向导转换数据 ········· 280

13.2.2 SSIS 设计器 ················· 283

13.3 SQL Server Reporting Services ········· 286

13.3.1 报表服务器项目向导 ············· 286

13.3.2 报表设计器 ··················· 290

13.3.3 报表发布 ····················· 292

13.4 SQL Server Analysis Services ········· 293

习题 ································· 297

参考文献 ···························· 299

第 1 章　数据库系统概述

【学习目标】

● 了解数据管理技术的发展过程。
● 理解数据、数据库、数据库管理系统的概念。
● 掌握建立 E-R 概念模型的基本方法。
● 了解层次模型、网状模型、关系模型。

当今时代是信息技术飞速发展的时代。所谓信息，是以数据为载体的客观世界实际存在的事物、事件或概念在人们头脑中的反映，也可以理解为被赋予特殊含义的符号、文字或者数据等在人们头脑中的反映。信息系统是以计算机为核心，以数据库为基础，对信息进行收集、组织、存储、加工、传播、管理和使用的系统。数据库能借助计算机保存和管理大量复杂的数据，快速而有效地为多个不同的用户和各种应用程序提供需要的数据，以便人们能更方便、更充分地利用这些宝贵的信息资源。

1.1　数据管理技术的发展

数据是指存储在某一种媒体上能够识别的物理符号。数据的概念在数据处理领域中已经大大拓宽了。数据不仅具有数字、字母、文字和其他特殊字符组成的文本形式，而且还具有图形、图像、动画、影像、声音等多媒体形式。

数据处理是指将数据转换成信息的过程。从数据处理的角度而言，信息是一种被加工成特定形式的数据，这种数据形式对于数据接受者来说是有意义的。通过数据处理可以获得信息，通过分析和筛选信息可以产生决策。例如，一个人的"出生日期"是有生以来不可改变的基本特征之一，属于原始数据，而"年龄"则是通过现年与出生日期相减的简单计算而得到的二次数据。根据某人的年龄、性别、职称等有关信息和离退休年龄的规定，可以判断此人何时应当办理离退休手续。

数据处理的中心问题是数据管理。数据管理是指数据的收集、整理、组织、存储、查询、维护和传输等各种操作，是数据处理的基本环节，是任何数据处理任务必有的共性部分。因此应当开发出既通用又方便好用的软件，把数据有效地管理起来，以便最大限度地减轻程序员的负担。

计算机在数据管理方面经历了由低级到高级的发展过程。它随着计算机硬件、软件技术的发展和计算机应用范围的扩大而不断发展。多年来，数据管理经历了人工管理、文件系统、数据库系统、分布式数据库系统和面向对象数据库系统等几个阶段。

1. 人工管理阶段

20 世纪 50 年代中期以前，计算机主要用于科学计算。存储设备只有卡片、纸带、磁带，没有像磁盘这样的可以随机访问、直接存取的外部存储设备。软件方面，没有专门管理数据的软件，无操作系统与高级语言，数据由计算或处理它的程序自行携带。数据处理的方式基本上是批处理。数据管理的任务，包括存储结构、存取方式、输入/输出方式等完全由程序设计人员自行负责。

这一时期的数据管理的特点是：数据与程序不具有独立性，一组数据只对应一组程序；数据不长期保存，程序运行结束后就退出计算机系统，一个程序中的数据无法被其他程序利用，因此程序与程序之间存在大量的重复数据，称为数据冗余。

2．文件系统阶段

20世纪50年代后期至60年代中后期，计算机不仅用于科学计算，还用于信息管理。随着数据量的增加，数据的存储、检索和维护问题成为亟待解决的问题，这使数据结构和数据管理技术迅速发展起来。此时，外部存储设备已有磁盘、磁鼓等直接存取存储设备。软件领域出现了高级语言和操作系统。操作系统中的文件系统是专门管理外部存储器的数据管理软件。数据处理方式有批处理，也有联机实时处理。

在文件系统阶段，程序与数据有了一定的独立性，程序和数据分开存储，有了程序文件和数据文件的区别，数据文件长期保存在外存储器上多次存取。在文件系统的支持下，程序只需用文件名访问数据文件，程序员可以集中精力在数据处理的算法上，而不必关心记录在存储器上的地址和内、外存储器交换数据的过程。

文件系统阶段是数据管理技术发展中的一个重要阶段。在这一阶段中，得到充分发展的数据结构和算法丰富了计算机科学，为数据管理技术的进一步发展打下了基础，现在仍是计算机软件科学的重要基础。但是，随着数据管理规模的扩大，数据量的急剧增加，文件系统显露出了缺陷。

文件系统中的数据文件是为了满足特定业务领域或某部门的专门需要而设计的，服务于某一特定应用程序，数据和程序相互依赖，同一数据项可能重复出现在多个文件中，导致数据冗余度大。这不仅浪费存储空间，增加更新开销，更严重的是，由于不能统一修改，容易造成数据的不一致性。

文件系统存在的问题阻碍了数据处理技术的发展，不能满足日益增长的信息需求，这正是数据库技术产生的原动力。

3．数据库系统阶段

20世纪60年代后期以来，计算机用于管理的规模更为庞大，应用也越来越广泛，数据量急剧增加，同时多种应用、多种语言相交叉，共享数据的要求越来越强烈。这时硬件也飞快发展，大容量磁盘出现，硬件价格下跌，软件价格上升，为编制和维护系统软件及应用程序所需的成本相对增加，在处理方式上，联机实时处理要求更多，并开始提出和考虑分布处理。在这种背景下，以文件系统作为管理手段已不能满足应用的需求，于是为解决多用户、多应用共享数据的需求，使数据为尽可能多的应用服务，就出现了数据库技术，出现了统一管理数据的专门软件系统：数据库管理系统。

数据管理进入数据库系统阶段的标准是20世纪60年代末的3件大事：IMS系统、DBTG报告和E.F.Codd的文章。

（1）IMS系统

IBM公司研制的IMS（信息管理系统）是一个典型的层次数据库系统。1969年成功研制了 IMS/I，在 IBM360/370 机上投入运行，1969 年 9 月投入市场，后又于 1974 年推出 IMS/VS（虚拟存储信息管理系统，Visual System）版本，在操作系统 OS/VS 支持下运行。

IMS 原先是 IBM 公司为满足阿波罗计划的数据库要求而与北美洛氏（Rockwell）公司一起开发的。这是一个庞大的、花费资源的和有点不灵巧的系统，但它是数据库系统中的第一个商用产品，20 世纪 70 年代在商业、金融系统中得到了广泛的应用。我国国家计委和许多银行也曾先后采用过该系统。

（2）DBTG 报告

CODASYL 是美国数据系统语言协会（Conference On Data System Language）的缩写。该组织是由用户和厂商自发组织的团体，成立于 1959 年。CODASYL 组织在 1967 年成立了一个DBTG（Database Task Group），专门研究数据库语言。1969 年 DBTG 提出一份报告，即著名的 "DBTG 报告"。在 1971 年 4 月，这份报告获得通过，它对数据库和数据操作的环境建立了标准的规范。

根据 DBTG 报告实现的系统一般称为 DBTG 系统（或 CODASYL 系统），它是一种网状数据库系统。现有的网状数据库系统不少均采用 DBTG 方案。DBTG 系统在 20 世纪 70 年代初期到中期得到了广泛的卓有成效的应用。

（3）E.F.Codd 的文章

第一次提出关系模型的文章是 E.F.Codd 于 1970 年在美国计算机学会通信杂志（CACM）上发表的《A Relation Model of Data for Large Shared Data Banks》一文。尽管 40 多年过去了，但它仍值得再次阅读。关系数据库的许多概念都是这篇文章思想的继承和发展。这篇文章奠定了关系数据库的理论基础，使关系数据库从一开始就建立在集合论和谓词演算的基础上。

关系模型极其简单，因此，它完全能为任何数据库系统提供统一的结构。交给用户用来设计数据库的逻辑结构只有一种——二维表，用户不必涉及链接、树、图、索引等方面的复杂事情。

由于关系数据库的语言属于非过程语言，在当时的条件下，效率偏低，因此，到 20 世纪70 年代还处于实验阶段。但随着硬件性能的改善和系统性能的提高，在 20 世纪 80 年代，关系数据库产品逐步投入市场，并逐步取代层次、网状数据库产品，成为主流产品。目前成功的产品有 SQL Server、Oracle、Sybase 和 DB2 等。

1.2　数据库技术概述

1. 数据库技术的术语

（1）数据库

数据库（Database，简称 DB）指有组织、动态存储的、结构化的、相互关联的数据的集合。它不仅包括描述事物的数据本身，而且还包括相关事物之间的联系。

数据库中的数据具有较小的冗余和较高的数据独立性，面向多种应用，可以被多个用户、多个应用程序共享。例如，某个企业、组织或行业所涉及的全部数据的汇集，其数据结构独立于使用数据的程序，对于数据的增加、删除、修改和检索由系统软件进行统一的控制。

（2）数据库管理系统

数据库能够被建立，并能够在其中存储数据，进而被用户或应用程序进行访问，这些功能要依靠一种专门的软件才能够实现，这种软件就是数据库管理系统（Database Management

System，DBMS）。

数据库管理系统一般需要安装在一种操作系统之上，专门用来管理数据库的软件系统，位于用户与操作系统之间，对数据库的建立、运行和维护进行统一管理、统一控制。它一方面要向用户提供接口，使用户能方便地定义和操纵数据；另一方面还要能够保证数据的安全性、完整性以及多个用户对数据的并发访问与出现故障后的数据库恢复等。

人们平时经常提到的 Access、VFP、Oracle、SQL Server、Sybase、MySQL 等都是数据库管理系统。

（3）数据库应用系统

数据库应用系统是指系统开发人员利用数据库系统资源开发出来的、面向某一类实际应用的软件系统。例如，以数据库为基础的财务管理系统、人事档案管理系统、图书管理系统等，从实现技术角度而言，它们就是以数据库为基础和核心的计算机应用系统。

（4）数据库管理员和用户

数据库管理员（Database Administrator，DBA）是指管理和维护数据库的专业人员，其主要职责为：规划、设计数据库结构；对数据库中的数据安全性、完整性、并发控制及数据备份与恢复等进行管理和维护；监视数据库的运行，不断调整和优化内部结构，使系统保持最佳性能。

数据库系统中还有一类人员——用户，用户是数据库应用系统的使用人员，是数据库的最终用户，用户通过数据库应用系统提供的功能菜单、表格及图形用户界面等实现对数据的查询及管理工作。

（5）数据库系统

数据库系统（Database System，DBS）是指引入数据库技术后的计算机系统，通常由数据库、数据库管理系统、数据库开发工具、应用系统、数据库管理员和用户构成，其中数据库管理系统是数据库系统的核心组成部分，如图 1-1 所示。

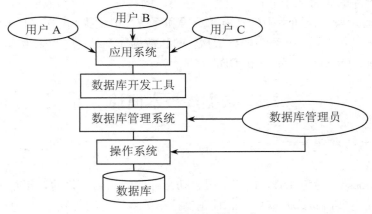

图 1-1   数据库系统组成

2. 数据库系统的特点

数据库系统克服了文件系统的缺陷，提供了对数据更高级、更有效的管理。概括起来，数据库系统具有以下特点。

（1）采用特定的数据模型

数据库中的数据是有结构的，这种结构由数据库管理系统所支持的数据模型表现出来。

数据模型不仅描述数据本身的特征，还要描述数据之间的联系，从而反映出现实世界事物之间的联系。这样，数据不再面向特定的某个或多个应用，而是面向整个应用系统。数据冗余明显减少，实现了数据共享。任何数据库管理系统都支持一种抽象的数据模型。

（2）具有较高的数据独立性

数据的结构分成用户的局部逻辑结构、数据库的整体逻辑结构和物理结构三级。用户（应用程序或终端用户）的数据和外存中的数据之间的转换由数据库管理系统实现。

数据独立性是指应用程序与数据库的数据结构之间相互独立。在改变物理结构时，能尽量不影响整体逻辑结构、用户的逻辑结构以及应用程序，这样就认为数据库达到了物理数据独立。在改变整体逻辑结构时，能尽量不影响用户的逻辑结构以及应用程序，这样就认为数据库达到了逻辑数据独立。

在数据库系统中，数据库管理系统提供映像功能，实现了应用程序对数据的整体逻辑结构、物理结构之间较高的独立性。用户只以简单的逻辑结构来操作数据，无需考虑数据在存储器上的物理位置与结构。

（3）具有统一的数据控制功能

数据库系统提供了以下四个方面的数据控制功能。

数据库的并发控制：对程序的并发操作加以控制，防止数据库被破坏，杜绝提供给用户不正确的数据。

数据库的恢复：在数据库被破坏或数据不可靠时，系统有能力把数据库恢复到最近某个正确状态。

数据完整性：保证数据库中数据始终是正确的。

数据安全性：保证数据的安全，防止数据丢失或被窃取、破坏。

目前世界上已有数以百万计的数据库系统在运行，其应用已深入到人类社会生活的各个领域，从企业管理、银行业务、资源分配、经济预测一直到信息检索、档案管理、普查、统计等。现在几乎各行各业都普遍建立了以数据库技术为基础的信息系统。

1.3　数据模型

1.3.1　数据模型概念

数据库是某个企业、组织或部门所涉及的数据的存储库，它存放所有的数据并且反映数据彼此之间的联系。我们设计数据库系统时，一般先用图或表的形式抽象地反映数据彼此之间的关系，称为建立数据模型。常用的数据模型一般可分为两类，一是语义数据模型，如实体—联系模型（E-R 模型）、面向对象模型等；二是经典数据模型，如层次模型、网状模型和关系模型等。第一类模型强调语义表达能力，建模容易、方便，概念简单、清晰，易于用户理解，是现实世界到信息世界的第一层抽象，是用户和数据库设计人员之间进行交流的语言。第二类模型用于机器世界，一般和实际数据库对应，例如层次模型、网状模型、关系模型分别和层次数据库、网状数据库、关系数据库对应，可在机器上实现。这类模型有更严格的形式和定义，常需加上一些限制或规定。我们设计数据库系统通常利用第一类模型作初步设计，之后用一定方法转换成第二类模型，再进一步设计全系统的数据库结构。数据模型包括数据结构、数据操作和数据的约束条件三部分内容。

（1）数据结构

数据结构描述的是数据库数据的组成、特征及数据相互间的联系。在数据库系统中通常按数据结构的类型来命名数据模型，如层次结构、网状结构和关系结构的模型分别命名为层次模型、网状模型和关系模型。

（2）数据操作

数据操作指对数据库中各种对象的实例允许执行的操作的集合，包括操作及有关的操作规则。数据库的操作主要有检索和维护（包括录入、删除、修改）两大类。数据模型要定义这些操作的确切含义、操作符号、操作规则及实现操作的语言。数据结构是对系统静态特征的描述。数据操作是对系统动态特征的描述。

（3）数据的约束条件

数据的约束条件指数据完整性规则的集合，它是给定数据模型中数据及其联系所具有的制约和依存规则，用以限定符合数据模型的数据库状态及其变化，以保证数据的完整性。

数据模型这三方面内容完整地描述了数据与数据之间的联系，数据结构是其中的首要内容。

1.3.2 实体的描述

数据库需要根据应用系统中数据的性质和内在联系，按照管理的要求来设计和组织。人们把客观存在的事物以数据的形式存储到计算机中，经历了对现实生活中事物特性的认识、概念化到计算机数据库里的具体表示的逐级抽象过程。

现实世界存在各种事物，事物与事物之间存在联系。这种联系是客观存在的，由事物本身的性质所决定。例如，图书馆中有图书和作者，读者借阅图书；学校的教学系统中有教师、学生、课程，教师为学生授课，学生选修课程并取得成绩等。如果管理的对象较多，或者比较特殊，事物之间的联系就可能较为复杂。

（1）实体

客观存在并且可以相互区别的事物称为实体。实体可以是实际的事物，也可以是抽象的事件。例如，职工、图书等属于实际事物；订货、借阅图书、比赛等活动则是比较抽象的事件。

（2）属性

描述实体的特征称为属性。例如，职工实体用职工号，姓名，性别，出生日期，职称等若干个属性来描述。学生实体用学号，姓名，性别，出生日期，班级等多个属性来描述。

（3）实体集和实体型

属性值的集合表示一个具体的实体，而属性的集合表示一种实体的类型，称为实体型。同类型的实体的集合称为实体集。

例如，在职工实体集中，（0508005，张晓明，男，1978/1/1，副教授）表示一个具体的职工。在学生实体集中，（20150101001，李丽，女，1998/4/5，15 计算机科学与技术 1 班）则表示一个具体的学生。

1.3.3 联系

实体之间的对应关系称为联系，它反映现实世界事物之间的相互关联。例如，一位读者可以借阅若干本图书；同一本书可以相继被几个读者借阅。

实体间联系的种类是指一个实体集中可能出现的每一个实体与另一个实体集中多少个具体实体存在联系。两个实体间的联系主要归结为以下三种类型。

1. 一对一联系（1:1）

若对于实体集 A 中的每一个实体，实体集 B 中至多只有一个实体与之联系；反之，对于实体集 B 中的每一个实体，实体集 A 中也至多只有一个实体与之联系。这称为实体集 A 与实体集 B 之间具有一对一联系，记为 1:1。例如，考虑公司和总经理两个实体集，如果一个公司只有一个总经理，一个总经理不能同时在其他公司兼任总经理。在这种情况下公司和总经理之间存在一对一联系。

2. 一对多联系（1:N）

若对于实体集 A 中的每一个实体，实体集 B 中可有 n 个实体（n≥0）与之联系；反之，对于实体集 B 中的每一个实体，实体集 A 中至多只有一个实体与之联系，则称实体集 A 与实体集 B 有一对多的联系，记为 1:N。例如，考虑部门和职工两个实体集，一个部门有多名职工，而一名职工只在一个部门就职，部门与职工之间则存在一对多联系；考虑学生和班级两个实体集，一个学生只能属于一个班级，而一个班级有很多个学生，班级与学生之间则存在一对多联系。

一对多联系是最普遍的联系。也可以把一对一的联系看作一对多联系的一个特殊情况。

3. 多对多联系（M:N）

若对于实体集 A 中的每一个实体，实体集 B 中可有 n 个实体（n≥0）与之联系。反之，对于实体集 B 中的每一个实体，实体集 A 中可有 m 个实体（m≥0）与之联系，则称实体集 A 与实体集 B 之间有多对多联系，记为 M:N。

例如，考虑学生和课程两个实体集，一个学生可以选修多门课程，一门课程由多个学生选修。因此，学生和课程之间存在多对多联系。图书与读者之间也是多对多联系，因为一位读者可以借阅若干本图书，同一本书可以相继被多个读者借阅。

1.3.4　实体—联系模型

实体—联系模型（E-R 模型、E-R 图）是 P.P.Chen 于 1976 年提出的一种概念模型，用 E-R 图来描述一个系统中的数据及其之间的关系。在 E-R 图中，用长方形表示实体集，在长方形框内写上实体名。用菱形表示实体间联系，菱形框内写上联系名。用无向边把菱形和有关实体相连接，在无向边旁标上联系的类型，如 1 或 M 或 N。用椭圆表示实体或联系的属性，以无向边将椭圆与一个相应实体相连接。

实体—联系模型是抽象描述现实世界的有力工具。它通过画图将实体以及实体间的联系刻画出来，为客观事物建立概念模型。下面以某学校计算机系的教学管理系统为例，说明实体—联系模型的建立方法。

第一步：确定现实系统可能包含的实体。

为了简单起见，假设教学管理系统所涉及的实体有教师、学生、课程。

第二步：确定每个实体的属性，特别要注明每个实体的键。

本例教学管理系统的实体包含的属性和键如下。

（1）对教师实体，属性有职工号、姓名、性别、年龄、职称和专业，其中职工号是键。

（2）对学生实体，属性有学号、姓名、性别、年龄、籍贯和专业，其中学号是键。

（3）对课程实体，属性有课程号、课程名、学时数、学分和教材，其中课程号是键。

第三步：确定实体之间可能有的联系，并结合实际情况给每个联系命名。

本例教学管理系统的实体之间存在如下联系。

（1）一位教师可以讲授多门课程，一门课程可以被多位教师讲授，这里将教师与课程之间的联系命名为讲授。

（2）一位学生可以选修多门课程，一门课程可以被多位学生选修。这里将学生与课程之间的联系命名为选修。

（3）在某个时间和地点，一位教师可指导多位学生，但每位学生在某个时间和地点只能被一位教师指导。这里把教师和学生之间的联系命名为指导。

在对联系命名时，一般用动词，当用动词连接两边的实体时，通常能表达一个符合逻辑的比较完整的意思。例如，用动词"讲授"为教师与课程的联系命名，并且教师"讲授"课程是一个符合逻辑的完整句子。这也是判断实体之间是否有联系和对联系命名是否恰当的简单标准。

第四步：确定每个联系的种类和可能有的属性。有时，为了更好地刻画联系的某些特性，需要对联系指定属性。

根据教学管理系统的实体间联系情况，可以确定教师和课程之间的讲授联系是 M:N 联系；学生和课程之间的选修联系是 M:N 联系，为了更好地刻画选修的结果，为选修联系指定成绩属性；教师和学生之间的指导联系是 1:N 联系，为了更好地刻画指导的环境因素，为指导联系指定时间和地点属性。

第五步：画 E-R 图，建立概念模型，完成现实世界到信息世界的第一次抽象。

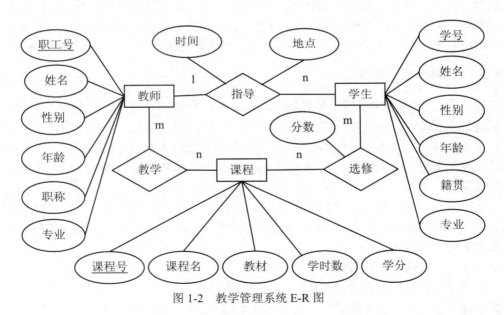

图 1-2　教学管理系统 E-R 图

在建立实体－联系模型时，应注意以下几个问题：

（1）实体－联系模型要全面正确地刻画客观事物，各类命名要清楚明了，易于理解。

（2）实体中键的选择应注意确保唯一性，即作为键的属性确实应该是那些能够唯一识别实体的属性。键不一定必须是单个属性，也可以是某几个属性的组合。

（3）实体间的联系常常通过实体中某些属性的关系来表达，因此在选择组成实体的属性时，应考虑到如何更好地实现实体间的联系。

（4）有些属性是通过实体间的联系反映出来的，如选修的分数属性，对这些属性应特别注意，因为它们经常是在将概念模型向逻辑模型转换时的重要数据项。

（5）在前面给出的教学管理系统的例子中，联系都是存在于两个实体之间，且实体之间只存在一种联系，这是最简单的情况。实际中，联系可能存在于多个实体之间，实体之间可能有多重联系。

（6）实体－联系模型具有客观性和主观性两重含义。实体－联系模型是在客观事物或系统的基础上形成的，在某种程度上反映了客观现实，反映了用户的需求，因此实体－联系模型具有客观性。但实体－联系模型又不等同于客观事物本身，它往往反映事物的某些方面，至于选取哪个方面或哪些属性，如何表达则取决于观察者本身的目的与状态，从这个意义上说，实体－联系模型又具有主观性。

1.3.5　层次模型

用树形结构表示实体及其之间联系的模型称为层次模型。在这种模型中，数据被组织成由"根"开始的倒挂"树"，每个实体由根开始沿着不同的分支放在不同的层次上。如果不再向下分支，那么此分支序列中最后的结点称为"叶"。上级结点与下级结点之间为一对多的联系，图 1-3 给出一个层次模型的例子。

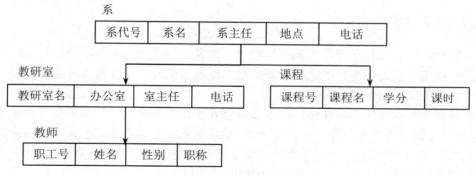

图 1-3　层次模型示例

层次模型实际上是由若干个代表实体之间一对多联系的基本层次联系组成的一棵树，树的每一个结点代表一个实体类型。从图中可以看出，系是根结点，系管理的树状结构反映的是实体型之间的结构。该模型的实际存储数据由链接指针来体现联系。

支持层次模型的 DBMS 称为层次数据库管理系统，在这种系统中建立的数据库是层次数据库。层次数据模型不能直接表示出多对多的联系。

1.3.6　网状模型

用网状结构表示实体及其之间联系的模型称为网状模型。网中的每一个结点代表一个实体类型。网状模型突破了层次模型的两点限制：允许结点有多于一个的父结点；可以有一个以上的结点没有父结点。因此，网状模型可以方便地表示各种类型的联系。

图 1-4 给出了一个结点的网状模型。每一个联系都代表实体之间一对多的联系，系统用单向或双向环形链接指针来具体实现这种联系。如果课程和选课人数较多，链接将变得相当复杂。网状模型的主要优点是表示多对多的联系具有很大的灵活性，这种灵活性是以数据结构复杂化为代价的。

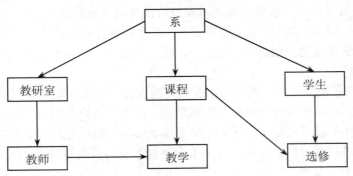

图 1-4　网状模型示例

支持网状模型的 DBMS 称为网状数据库管理系统，在这种系统中建立的数据库是网状数据库。网状模型和层次模型在本质上是一样的。从逻辑上看，它们都是用结点表示实体，用有向边（箭头）表示实体间的联系，实体和联系用不同的方法来表示；从物理上看，每一个结点都是一个存储记录，用链接指针来实现记录之间的联系。这种用指针将所有数据记录都"捆绑"在一起的特点使得层次模型和网状模型存在难以实现系统的修改与扩充等缺陷。

1.3.7　关系模型

关系模型是以关系数学理论为基础的。用二维表结构来表示实体以及实体之间联系的模型称为关系模型。在关系模型中把数据看成是二维表中的元素，操作的对象和结果都是二维表，一个二维表就是一个关系。

关系模型与层次模型、网状模型的本质区别在于数据描述的一致性，模型概念单一。在关系数据库中，每一个关系都是一个二维表，无论实体本身还是实体间的联系均用称为"关系"的二维表来表示，使得描述实体的数据本身能够自然地反映它们之间的联系。而传统的层次和网状模型数据库是使用链接指针来存储和体现联系的。

尽管关系数据库管理系统比层次型和网状型数据库管理系统出现得晚了很多年，但关系数据库以其完备的理论基础、简单的模型、说明性的查询语言和使用方便等优点得到了最广泛的应用。

习　　题

一、选择题

1. 数据库管理技术的发展阶段不包括（　　　）。
   A．数据库系统阶段　　　　　　　　B．人工管理阶段

  C．文件系统阶段　　　　　　　　D．操作系统阶段

 2．数据处理进入数据库系统阶段，以下哪个不是这一阶段的优点（　　　）。

  A．有很高的数据独立性　　　　　B．数据不能共享

  C．数据整体结构化　　　　　　　D．有完备的数据控制功能

 3．在现实世界中，事物的一般特性在信息世界中称为（　　　）。

  A．实体　　　　　B．实体键　　　　C．属性　　　　　　D．关系

 4．实体—联系图（E-R 图）是（　　　）。

  A．现实世界到信息世界的抽象　　B．描述信息世界的数据模型

  C．对现实世界的描述　　　　　　D．描述机器世界的数据模型

 5．关系模型的数据结构是（　　　）。

  A．树　　　　　　B．图　　　　　C．表　　　　　　D．二维表

二、填空题

 1．数据库系统各类用户对表的各种操作请求都是由一个复杂的软件来完成的，这个软件叫做_____。

 2．用实体—联系图表示数据的结构，其三个要素是_____、_____、_____。

 3．学校有若干个系和若干个教师，每个教师只能属于一个系，一个系可以有多名教师，系与教师的联系类型是_____。

 4．数据库系统中所支持的主要逻辑数据模型有层次模型、网状模型和_____。

三、简答题

 1．什么是数据、数据库、数据库管理系统和数据库系统？

 2．数据库系统有哪些特点？

 3．数据库系统的主要功能有哪些？

 4．写出下列实体间的联系类型。

 （1）班级与班长（正）　（2）班级与班委　　（3）班级与学生

 （4）供应商和商品　　　（5）商店和顾客　　（6）工厂和产品

 （7）出版社和作者　　　（8）商品和超市

四、设计题

 设有商店和顾客两个实体。"商店"有属性：商店编号、商店名、地址和电话。"顾客"有属性：顾客编号、姓名、地址、年龄和性别。假设有一个商店有多个顾客购物，一个顾客可以到多个商店购物，顾客每一次去商店购物有一个消费金额和日期。试画出 E-R 图，并注明属性和联系类型。

第 2 章　关系数据库

【学习目标】

- 掌握关系的定义及性质、候选码、主码、外码等基本概念。
- 掌握关系数据库三种完整性规则，即实体完整性、参照完整性和用户定义完整性的内容和意义。
- 掌握关系代数运算的使用方法。

2.1　关系模型

关系模型就是用二维表格结构来表示实体及实体之间联系的模型。关系模型是各个关系的框架的集合，即关系模型是一些表格的格式，其中包括关系名、属性名和关键字等。

关系数据库是表的集合，即关系的集合，关系就是二维表。表中一行代表的是若干值之间的关联，即表的一行是由有关联的若干值构成的。一般来说，一个表是一个实体集，一行就是一个实体，即一个元组，它由共同表示一个实体的有关联的若干属性的值所构成；一列就是一个属性。

表 2-1 所示的是学生信息的关系模型；表 2-2 所示的是课程信息的关系模型；表 2-3 所示的是学生选修课程的关系模型。

表 2-1　学生表

学号	姓名	性别	年龄
201501	张娟	女	18
201502	李强	男	21
201503	刘莉	女	19
201504	王华	男	19

表 2-2　课程表

课程号	课程名	课时
C1	计算机基础	48
C2	数据库原理及应用	64
C3	大学英语	56

表 2-3 选修表

学号	课程号	分数
201501	C1	80
201501	C2	90
201501	C3	70
201502	C1	60
201502	C3	85
201503	C1	76
201503	C2	88

从以上列表中，我们可以看出 3 个表之间有联系。学生关系和选修关系有公共的属性"学号"，表明这两个关系有联系；而课程关系和选修关系有公共的属性"课程号"，则表明这两个关系也有联系；学生关系和课程关系之间通过选修关系存在间接联系。至于元组之间的联系，则与具体的数据有关，只有在公共属性上具有相同属性值的元组之间才有联系。

由以上内容可以看出，在一个关系中可以存放以下两类信息：

（1）描述实体本身的信息。

（2）描述实体（关系）之间的联系的信息。

在层次模型和网状模型中，把有联系的实体（元组）用指针链接起来，实体之间的联系是通过指针来实现的。而关系模型采用不同的思想，不仅用二维表来表示实体，同时用二维表表示实体与实体之间的联系，这就是关系模型的本质所在。

因此，在建立关系模型时，只要把所有的实体及其属性用表来表示，同时把实体之间的联系也用表来表示，就可以得到一个关系模型。

2.2 关系的形式化定义

关系模型建立在集合代数的基础之上，我们可以从集合论的角度给出关系的形式化的定义。

2.2.1 域（Domain）

定义：具有相同数据类型的值的集合称为一个域，又称为值域（用 D 表示）。如自然数集是一个域，记为 D（自然数）；整数集是一个域，记为 D（整数）；奇数集是一个域，记为 D（奇数）。域中所包含的值的个数称为域的基数（用 m 表示）。在关系中就是用域来表示属性的取值范围。例如：

D1={张娟，李强，刘莉，王华}，m=4；

D2={男，女}，m=2；

其中 D1，D2 为域名，分别表示学生关系中姓名、性别的集合。

2.2.2 笛卡尔积（Cartesian Product）

给定一组域 D1,D2,…,Dn（这些域中可以有相同的），D1,D2,…,Dn 的笛卡尔积定义为：

$$D1 \times D2 \times \cdots \times Dn = \{(d1,d2,\cdots,dn)| \ di \in Di, \ i=1,2,\cdots,n\}$$

其中，集合中的每一个元素(d1,d2,…,dn)称为一个 n 元组，简称为元组，元素中的每个值 di 称为该元素的一个分量。

【例 2-1】设 D1={学士，硕士，博士}，D2={王慧，李宏}，则笛卡尔积

D1×D2={(学士，王慧), (学士，李宏), (硕士，王慧), (硕士，李宏), (博士，王慧), (博士，李宏)}

【例 2-2】设 D1 = {计算机软件专业，信息科学技术专业}，D2 = {张珊，李海，王宏}，D3 = {男，女}，则笛卡尔积 D1×D2×D3 为：

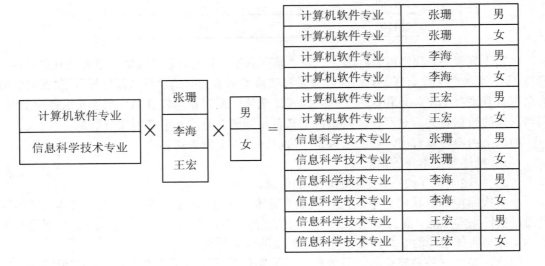

笛卡尔积的任意一行数据就是一个元组，它的第一个分量来自 D1，第二个分量来自 D2，第三个分量来自 D3。笛卡尔积就是所有这样的元组的集合。

根据笛卡尔积的概念，可以给出一个关系的形式化定义：

设 D1,D2,…,Dn 是 n 个属性域，笛卡尔积 D1×D2×…×Dn 的任意一个子集称为定义在属性域 D1,D2,…,Dn 上的一个 n 元关系。

2.2.3 关系的基本性质

（1）每一分量必须是不可分的最小数据项，即每个属性都是不可再分解的，或者说所有属性都是原子项。

（2）每一列中的分量是同类型的数据，来自同一个值域。

（3）不同的列可以出自同一个值域，每一列都称为一个属性，每个属性要给予不同的属性名。

（4）列的顺序是无关紧要的，即列的次序可以任意交换，但一定是整体交换，属性名和属性值必须作为整列同时交换。

（5）行的顺序是无关紧要的，即行的次序可以任意交换。

（6）元组不可以重复，即在一个关系中任意两个元组不能完全一样。

2.2.4　关系模式

关系模式是对关系的描述，它包括关系名、组成该关系的属性名、值域名、模式的主关键字、属性间数据的依赖关系。关系模式通常可以简记为：R(U)或 R(A1,A2,…,An)，其中 R 为关系名，A1,A2,…,An 为属性名。例如教师关系模式：教师（教师号，姓名，性别，年龄，职称，系部）。

2.3　关系的键

2.3.1　候选关键字与主关键字

候选关键字（候选码、候选键）：能唯一标识关系中元组的一个属性或属性组。

候选关键字的性质：

唯一性。任何两个候选关键字值都是不相同的。

最小性。组成候选关键字的属性组中，任一属性都不能从该属性组中删掉，否则会破坏唯一性的性质。

注意：在一个关系中，候选关键字可能有多个。

主码（主关键字、主键）：如果一个关系中有多个候选码，可以从中选择一个作为查询、插入或删除元组的操作变量，被选用的候选码称为主码。

2.3.2　主属性与非主属性

主属性：包括在候选码中的各个属性。

非主属性：不包含在任何候选码中的属性。

全码：所有属性的组合是关系的唯一候选码。

2.3.3　外关键字

定义：如果关系 R2 的一个或一组属性 X 不是 R2 的主码，而是另一个关系 R1 的主码，则该属性或属性组 X 称为关系 R2 的外关键字或外码，并称关系 R2 为参照关系，关系 R1 为被参照关系。

【例 2-3】假设职工管理数据库中有两个关系模式：

部门（部门号，部门名称，负责人）

职工（职工号，姓名，性别，年龄，部门号）

"部门号"是部门关系的主码，而"部门号"并不是职工关系的主码，所以"部门号"是职工关系的外码。

如表 2-3 所示的选修关系中，"学号"属性与学生关系的主码"学号"相对应，"课程号"属性与课程关系的主码"课程号"相对应。因此，"学号"和"课程号"属性是选修关系的外关键字。学生关系和课程关系为被参照关系，选修关系为参照关系。

由外关键字的定义可知，被参照关系的主码和参照关系的外码必须定义在同一个域上。如将选修关系中"学号"属性与学生关系的主码"学号"定义在同一个域上，"课程号"属性与课程关系的主码"课程号"定义在同一个域上。

2.4 关系完整性

完整性是数据模型的一个非常重要的方面,为了维护数据库中数据与现实世界的一致性,对关系数据库的插入、删除和更新操作必须有一定的约束条件,关系数据库从多个方面来保证数据的完整性。

关系模型的三类完整性,即实体完整性、参照完整性和用户定义完整性。其中实体完整性和参照完整性是关系模型必须满足的完整性约束条件,被称为是关系的两个不变性,应该由关系系统自动生成。

2.4.1 实体完整性

实体完整性是指主码的值不能为空值或部分为空值。

实体完整性规则保证关系中的每个元组都是可识别和唯一的。

关系模型中的一个关系对应一个实体集,一个元组对应一个实体。例如,一条课程记录对应着一门课程,课程关系对应着课程的集合。现实世界中的实体是可区分的,即它们具有某种唯一性标识。与此相对应,关系模型中以主码来唯一识别元组。例如,课程关系中的属性"课程号"可以唯一标识一个元组,也可以唯一标识课程实体。如果主码中的值为空或部分为空,则不符合主码的定义条件,不能唯一标识元组及其相对应的实体。这就说明存在不可区分的实体,从而与现实世界中的实体是可以区分的事实相矛盾。因此主码的值不能为空或部分为空。例如课程关系中的主码"课程号"不能为空,选修关系中的主码"学号+课程号"不能部分为空,即"学号"和"课程号"两个属性都不能为空。

2.4.2 参照完整性

如果关系 R2 的外码 X 与关系 R1 的主码相符,则 X 的每个值或者等于 R1 中主码的某一个值,或者取空值。

在【例 2-3】中,部门关系中的属性"部门号"是职工关系的外码。如表 2-4 所示,职工关系中某个职工(如 T1 或 T2)"部门号"的取值,必须在参照的部门(如表 2-5 所示)中主关系键"部门号"的值中能够找到,否则表示把该职工分配到一个不存在的部门中,显然不符合语义。如果某个职工(如 T16)"部门号"取空值,则表示该职工尚未分配到任何一个部门;否则,他只能取部门关系中某个元组的部门号值。

表 2-4　职工表

职工号	姓名	性别	年龄	部门号
T1	张丽	女	32	X1
T2	赵勇	男	35	X2
……	……	……	……	……
T16	李刚	男	23	

表 2-5 部门表

部门号	部门名称	负责人
X1	人事部	周强
X2	财务部	王蕾
X3	采购部	李华

在表 2-3 中，如果按照参照完整性规则，选修关系中的外部关系键"学号"和"课程号"可以取空值或者取被参照关系中已经存在的值。但由于"学号"和"课程号"是选修关系中的主属性，根据实体完整性规则，两个属性都不能为空。所以选修关系中外部关系键"学号"和"课程号"中只能取被参照关系（表 2-1、表 2-2）中已经存在的值。

实体完整性和参照完整性是关系模型必须满足的完整约束条件，被称作关系的两个不变性。任何关系数据库系统都应该支持这两类完整性。除此之外，不同的关系数据库由于应用环境不同，往往还需要一些特殊的约束条件，这就是用户定义完整性。

2.4.3 用户定义完整性

用户定义完整性是针对某一具体关系数据库的约束条件，它反映某一具体应用所涉及的数据必须满足的语义要求。在用户定义完整性中最常见的是限定属性的取值范围，即对值域的约束，所以在用户定义完整性中最常见的是域完整性约束。如学生关系中性别只能为"男"或"女"，选修关系中成绩不能为负数；某些数据的输入格式要有一些限制等。关系模型应该提供定义和验证这类完整性的机制，以便采取统一的、系统的方法处理它们，而不要由应用程序承担这一功能。

2.5 关系代数

2.5.1 关系代数的定义、分类及运算符

关系代数是一种抽象的查询语言，是关系数据操纵语言的一种传统表达方式，用对关系的运算来表达查询，作为研究关系数据语言的数学工具。关系代数的运算对象是关系，运算结果亦为关系。

关系代数用到的运算符有四类：集合运算符、专门的关系运算符、比较运算符和逻辑运算符，如表 2-6 所示。

关系代数的运算按运算符的不同，主要分为传统的集合运算和专门的关系运算两类。

（1）传统的集合运算将关系看成元组的集合，其运算是从关系的"水平"方向即行的角度来进行的。它包括并、交、差和笛卡尔积。

（2）专门的关系运算不仅涉及行而且涉及列。它包括选择、投影、连接和除法。

比较运算符和逻辑运算符是用来辅助专门的关系运算符进行操作的。

表 2-6　关系代数运算符

运算符		含义	运算符	含义
集合运算符	∪ ∩ - ×	并 交 差 笛卡尔积	比较运算符	>　大于 ≥　大于等于 <　小于 ≤　小于等于 =　等于 ≠　不等于
专门的关系 运算符	σ Π ⋈ ÷	选择 投影 连接 除	逻辑运算符	¬　非 ∧　与 ∨　或

2.5.2　传统的集合运算

传统的集合运算是二目运算，包括四种运算：并、交、差、广义笛卡尔积。

设关系 R 和关系 S 具有相同的目 n（即两个关系都有 n 个属性），且相应的属性取自同一个域，则可以定义并、交、差、广义笛卡尔积如下：

1. 并（Union）

设关系 R 和 S 具有相同的关系模式，R 和 S 的并是由属于 R 或属于 S 的元组构成的集合，记为 R∪S。形式定义如下：

$$R∪S = \{\, t \mid t∈R \lor t∈S \,\}，t 是元组变量，R 和 S 的元数相同。$$

2. 交（Intersection）

关系 R 和 S 的交是由属于 R 又属于 S 的元组构成的集合，记为 R∩S，这里要求 R 和 S 定义在相同的关系模式上。形式定义如下：

$$R∩S = \{\, t \mid t∈R \land t∈S \,\}，t 是元组变量，R 和 S 的元数相同。$$

3. 差（Difference）

设关系 R 和 S 具有相同的关系模式，R 和 S 的差是由属于 R 但不属于 S 的元组构成的集合，记为 R-S。形式定义如下：

$$R-S = \{\, t \mid t∈R \land t∉S \,\}，t 是元组变量，R 和 S 的元数相同。$$

由于 R∩S = R -(R - S)，或 R∩S = S-(S - R)，因此交操作不是一个独立的操作。

4. 广义笛卡尔积（Extended Cartesian Product）

两个分别为 n 元和 m 元的关系 R 和 S 的广义笛卡尔积是一个(n + m)列的元组的集合。元组的前 n 列是关系 R 的一个元组，后 m 列是关系 S 的一个元组。若 R 有 i 个元组，S 有 j 个元组，则关系 R 和关系 S 的广义笛卡尔积有 i×j 个元组。

【例 2-4】有关系 R 和 S，分别求 R-S，R∪S，R∩S，R×S。

R

A	B	C
a1	b1	c1
a1	b2	c2
a2	b2	c1

S

A	B	C
a1	b2	c2
a1	b3	c2
a2	b2	c1

解：

R-S

A	B	C
a1	b1	c1

R∪S

A	B	C
a1	b1	c1
a1	b2	c2
a2	b2	c1
a1	b3	c2

R∩S

A	B	C
a1	b2	c2
a2	b2	c1

R×S

A	B	C	A	B	C
a1	b1	c1	a1	b2	c2
a1	b1	c1	a1	b3	c2
a1	b1	c1	a2	b2	c1
a1	b2	c2	a1	b2	c2
a1	b2	c2	a1	b3	c2
a1	b2	c2	a2	b2	c1
a2	b2	c1	a1	b2	c2
a2	b2	c1	a1	b3	c2
a2	b2	c1	a2	b2	c1

2.5.3 专门的关系运算

专门的关系运算包括选择、投影、连接、除等。其中，选择、投影为一元操作，连接、除为二元操作。

1. 选择

选择运算是从指定的关系中选择满足条件的某些元组形成一个新的关系。

选择运算表示为：

$$\sigma_F(R) = \{t \mid t \in R \land F(t) = '真'\}$$

其中，σ是选择运算符，R 是关系名，t 是元组，F 表示选择条件，它是一个逻辑表达式，取逻辑值"真"或"假"。

选择运算实际上是从关系 R 中选取使逻辑表达式 F 为真的元组。这是从行的角度进行的运算。

假设教学管理数据库中有三个关系模式：

学生（学号、姓名、性别、年龄）

课程（课程号、课程名、课时）

选修（学号、课程号、分数）

【例 2-5】查询所有的男生。

$$\sigma_{性别='男'}(学生)$$

【例 2-6】查询年龄小于 20 岁的学生。

$$\sigma_{年龄<20}(学生)$$

【例 2-7】查询年龄小于 20 岁的男生。

$$\sigma_{性别='男'\wedge 年龄<20}(学生)$$

2. 投影

关系 R 上的投影是从 R 中选出若干属性列组成新的关系。从关系中消除某些属性，就可能出现重复行，应取消这些完全相同的行。

投影运算表示为：

$$\Pi_A(R) = \{t[A] \mid t \in R\}$$

【例 2-8】查询学生的姓名和性别。

$$\Pi_{姓名,性别}(学生)$$

【例 2-9】查询女学生的姓名和年龄。

$$\Pi_{姓名,年龄}(\sigma_{性别='男'}(学生))$$

3. 连接

连接运算是两个表之间的运算，是从两个关系的笛卡尔积中选择满足条件的元组，组成新的关系。将满足两个表之间运算关系的记录连接成一条记录，所有这样的记录构成新的表（连接运算的结果）。连接运算也称为θ运算。

连接运算一般表示为：

$$R \underset{A\theta B}{\bowtie} S = \{t_r \wedge t_s \mid t_r \in R \wedge t_s \in S \wedge t_r[B]\theta t_s[B]\}$$

其中，∞是连接运算符，θ为算术比较运算符，也称θ连接。

XθY 为连接条件，其中：

θ为"="时，称为等值连接；

θ为"<"时，称为小于连接；

θ为">"时，称为大于连接。

连接运算中最常用的连接有两个：一个是等值连接，另一个是自然连接。

自然连接是一种特殊的连接，在等值连接的情况下，当连接属性 A 与 B 具有相同属性组时，在结果中要去掉相同的属性列。也就是说，若关系 R 和 S 具有相同的属性组 B，则自然连接可记为：

$$R \bowtie S = \{t_r \wedge t_s \mid t_r \in R \wedge t_s \in S \wedge t_r[B] = t_s[B]\}$$

一般的连接运算是从行的角度进行运算的，但自然连接还需要去掉相同的列，所以它是从行和列的角度进行运算的。

综上所述，自然连接与等值连接的区别如下：

（1）等值连接中不要求相等属性值的属性名相同，而自然连接要求相等属性值的属性名必须相同，即两关系只有同名属性才能进行自然连接。

（2）等值连接不将重复属性去掉，而自然连接要去掉重复属性，也就是说自然连接是去掉重复列的等值连接。

【例 2-10】下面有两个关系 R 和 S。

R

A	B	C
a1	b1	5
a1	b2	6
a2	b3	8
a2	b4	12

S

B	E
b1	3
b2	7
b3	10
b3	2
b5	2

（1）查询关系 R 中属性 C 小于关系 S 中属性 E 的连接。

（2）查询关系 R 中属性 B 与关系 S 中属性 B 相等的等值连接。

（3）查询关系 R 中属性 B 与关系 S 中属性 B 相等的自然连接。

解：

（1）

A	R.B	C	S.B	E
a1	b1	5	b2	7
a1	b1	5	b3	10
a1	b2	6	b2	7
a1	b2	6	b3	10
a2	b3	8	b3	10

（2）

A	R.B	C	S.B	E
a1	b1	5	b1	3
a1	b2	6	b2	7
a2	b3	8	b3	10
a2	b3	8	b3	2

（3）

A	B	C	E
a1	b1	5	3
a1	b2	6	7
a2	b3	8	10
a2	b3	8	2

4. 除法

除法运算是二目运算，设有关系 R(X,Y) 与关系 S(Y,Z)，其中 X、Y、Z 为属性集合，R 中的 Y 与 S 中的 Y 可以有不同的属性名，但对应属性必须出自相同的域。关系 R 除以关系 S 所得的商是一个新关系 T(X)，T 是 R 中满足下列条件的元组在 X 上的投影，元组在 X 上分量值 X 的象集 Y_x 包含 S 在 Y 上投影的集合。记作：

$$R \div S = \{t_r[x] \mid t_r \in R \wedge \Pi_y(S) \subseteq Y_x\}$$

其中 Y_x 为 X 在 R 中的象集，X= [X]。

【例 2-11】已知关系 R 和 S，求 R÷S。

R

A	B	C
a1	b2	c3
a1	b2	c4
a2	b2	c3
a2	b2	c5

S

C
c3
c4

解：

R÷S

A	B
a1	b2

【例 2-12】查询选修了全部课程的学生的学号。

$\Pi_{\text{学号, 课程号}}(\text{选修}) \div \Pi_{\text{课程号}}(\text{课程})$

学号
201501

习　题

一、选择题

1. 关系数据库管理系统应能实现的专门的关系运算包括（　　）。
   A. 排序、索引、统计　　　　　　　B. 选择、投影、连接
   C. 关联、更新、排序　　　　　　　D. 显示、打印、制表

2. 关系模型中，一个关键字是（　　）。
   A. 可以由多个任意属性组成
   B. 至多由一个属性组成
   C. 可以由一个或多个其值能唯一标识该关系模式中任何元组的属性组成
   D. 以上都不是

3. 在一个关系中如果有这样一个属性存在，它的值能唯一地标识关系中的每一个元组，称这个属性为（　　）。
   A. 关键字　　　　B. 数据项　　　　C. 主属性　　　　D. 主属性值

4. 在关系代数的传统集合运算中，假设有关系 R 和关系 S，运算结果为 W。如果 W 中的元组属于 R，或者属于 S，则 W 为（　　）运算的结果。如果 W 中的元组属于 R 而不属于 S，则 W 为（　　）运算的结果。如果 W 中的元组既属于 R 又属于 S，则 W 为（　　）运算的结果。
   A. 笛卡尔积　　　　B. 并　　　　　C. 差　　　　　　D. 交

5. 在关系代数的专门关系运算中，从表中取出满足条件的属性的操作称为（　　）；从表中选出满足条件的元组的操作称为（　　）；将两个关系中具有共同属性值的元组连接到一起构成新表的操作称为（　　）。
   A. 选择　　　　　　B. 投影　　　　C. 连接　　　　　D. 扫描

6. 自然连接是构成新关系的有效方法。一般情况下，当对关系 R 和 S 使用自然连接时，要求 R 和 S 含有一个或多个共有的（　　）。
   A. 元组　　　　　　B. 行　　　　　C. 记录　　　　　D. 属性

7. 关系模式的任何属性（　　）。
   A. 不可再分　　　　　　　　　　　B. 可再分
   C. 命名在该关系模式中可以不唯一　D. 以上都不是

8. 在关系代数中，五种基本运算为（　　）。
   A. 并、差、选择、投影、自然连接　B. 并、差、交、选择、投影
   C. 并、差、选择、投影、笛卡尔积　D. 并、差、交、选择、乘积

9. 在一个关系模式中，（　　）是用于唯一标识一条记录的表关键字。
   A. 主关键字　　　B. 外关键字　　　C. 公共关键字　　　D. 候选关键字

二、计算题

1. 设有如下所示的关系 R 和 S，计算：

（1）R1=R-S　　　（2）R2=R∪S

（3）R3=R∩S　　　（4）R4=R×S

R

A	B	C
a	b	c
b	a	f
c	b	d

S

A	B	C
b	a	f
d	a	d

2. 设有如下所示的关系 R 和 S，计算：

（1）R1=R ⋈ S

（2）R2=R$_{B<D}$ ⋈ S

（3）R3=σ$_{B=D}$(R×S)

R

A	B	C
3	6	7
4	5	7
7	2	3
4	4	3

S

C	D	E
3	4	5
7	2	3

第 3 章　关系数据库理论

【学习目标】

- 了解数据冗余和更新异常产生的根源,了解规范化理论的研究动机及其在数据库设计中的作用。初步掌握计算属性的封闭集。
- 掌握函数依赖的有关概念。
- 熟练掌握第一范式、第二范式、第三范式和 BC 范式的含义、联系与区别。
- 掌握关系模式分解的方法,能正确而熟练地将一个关系模式分解成第三范式或 BC 范式。

3.1　规范化问题的提出

3.1.1　规范化理论的主要内容

关系数据库的规范化理论最早是由关系数据库创始人 E.F.Codd 提出的,后经许多专家学者对关系数据库理论做了深入的研究、论证和发展,形成了一整套完整关系数据库设计规范化的理论。在关系数据库中关系模型包括一组关系模式,并且各个关系不是完全孤立的。如何设计一个合适的关系数据库系统,关键是关系数据库模式的设计,一个好的关系数据库模式应该包括多少关系模式,而每个关系模式又应该包括哪些属性,又如何将这些相互关联的关系模式组建成一个适合的关系模型,这些工作决定了整个系统运行的效率,也是系统成败的关键所在,所以必须在关键数据库的规范化理论的指导下逐步完成。

关系数据库的规范化理论主要包括三个方面的内容:函数依赖、范式和模式设计。其中函数依赖起着核心的作用,是模式分解和模式设计的基础,范式是模式分解和模式规范化设计的标准。

3.1.2　关系模式存在的问题

在设计关系数据库模式时,特别是将 E-R 图直接向关系数据库模式转换时,很容易出现的问题是冗余性,即一个事实在多个元组中重复;同时存在各种数据异常。我们发现造成这种冗余性和数据异常最常见的原因是将一个对象的单值和多值特性包含在一个关系中而导致的。在下面的例子当中,我们把学生的基本信息和学生的选课信息存储在一起的时候,就导致了数据冗余和数据异常。

【例 3-1】要求设计学生管理数据库,其关系模式 SCD 如下:

SCD(SNO, SN, SEX, DEPT, MN, CNO, SCORE)

其中,SNO 表示学生学号,SN 表示学生姓名,SEX 表示学生性别,DEPT 表示学生所在的系别，MN 表示系主任姓名，CNO 表示课程号，SCORE 表示课程成绩。

根据实际情况，这些数据有如下语义规定：

（1）一个系有若干个学生，但一个学生只属于一个系；

（2）一个系只有一名系主任，但一个系主任可以同时兼任几个系的系主任；

（3）一个学生可以选修多门功课，每门课程可有若干学生选修；

（4）每个学生学习某一门课程有一个成绩。

在此关系模式中填入一部分具体的数据，则可得到 SCD 关系模式的实例，如表 3-1 所示。

表 3-1　学生关系

SNO	SN	SEX	DEPT	MN	CNO	SCORE
S1	李佳	女	计算机	李伟	C1	90
S1	李佳	女	计算机	李伟	C2	85
S2	黎萍	女	信息管理	王华	C3	61
S2	黎萍	女	信息管理	王华	C5	80
S2	黎萍	女	信息管理	王华	C6	92
S2	黎萍	女	信息管理	王华	C4	
S3	朱明	男	信息管理	王华	C1	75
S3	朱明	男	信息管理	王华	C2	70
S3	朱明	男	信息管理	王华	C3	92
S4	丁丽	女	数字媒体	李伟	C1	81

根据上述的语义规定，并分析以上关系中的数据，我们可以看出：(SNO, CNO)属性的组合能唯一标识一个元组，所以(SNO, CNO)是该关系模式的主码。但在进行数据库的操作时，会出现以下几方面的问题。

（1）数据冗余

每个系名和系主任的名字存储的次数等于该系的学生人数乘以每个学生选修的课程门数，同时学生的姓名、年龄也都要重复存储多次，数据的冗余度很大，浪费了存储空间。

（2）插入异常

如果某个系没有招生，尚无学生时，则系名和系主任的信息无法插入到数据库中。因为在这个关系模式中，(SNO, CNO)是主码。根据关系的实体完整性约束，主码的值不能为空值，而这时没有学生，SNO 和 CNO 均无值，因此不能进行插入操作。

另外，当某个学生尚未选课，即 CNO 未知，而实体完整性约束还规定，主关系键码的值不能部分为空，同样不能进行插入操作。

（3）删除异常

某系学生全部毕业而没有招生时，删除全部学生的记录则系名、系主任也随之删除，而这个系依然存在，在数据库中却无法找到该系的信息。另外，如果某个学生不再选修 C1 课程，本应该只删去 C1，但 C1 是主码的一部分。为保证实体完整性，必须将整个元组一起删掉，这样，有关该学生的其他信息也随之丢失。

（4）更新异常

如果学生修改姓名，则该学生的所有记录都要逐一修改 SN。又如某系更换系主任，则属于该系的学生记录都要修改 MN 的内容，稍有不慎，就有可能漏改某些记录，这就会造成数据的不一致性，破坏了数据的完整性。

因为存在以上问题，所以说 SCD 是一个不好的关系模式。产生上述问题的原因是将学生的单值信息（如所在的系部）和多值特性（如选课信息）存储在 SCD 中，导致了数据冗余和数据异常。

3.1.3 解决问题的方法

那么，怎样才能得到一个好的关系模式呢？

我们将关系模式 SCD 分解为下面三个结构简单的关系模式，如表 3-2、表 3-3、表 3-4 所示。

学生关系 S(SNO,SN,SEX,DEPT)

系部关系 D(DEPT,MN)

选课关系 SC(SNO,CNO,SCORE)

表 3-2　学生关系 S

SNO	SN	SEX	DEPT
S1	李佳	女	计算机
S2	黎萍	女	信息管理
S3	朱明	男	信息管理
S4	丁丽	女	数字媒体

表 3-3　系部关系 D

DEPT	MN
计算机	李伟
信息管理	王华
数字媒体	李伟

表 3-4　选课关系 SC

SNO	CNO	SCORE
S1	C1	90
S1	C2	85
S2	C3	61
S2	C5	80
S2	C6	92
S2	C4	
S3	C1	75

续表

SNO	CNO	SCORE
S3	C2	70
S3	C3	92
S4	C1	81

在以上三个关系模式中，实现了信息的某种程度的分离。

（1）S 中存储学生基本信息，与所选课程及系主任无关。

（2）D 中存储系的有关信息，与学生无关。

（3）SC 中存储学生选课的信息，而与学生及系的有关信息无关。

与 SCD 相比，分解为三个关系模式后，数据的冗余度明显降低，消除了数据异常。

（1）当新插入一个系时，只要在关系 D 中添加一条记录。

（2）当某个学生尚未选课，只要在关系 S 中添加一条学生记录，而与选课关系无关，这就避免了插入异常。

（3）当一个系的学生全部毕业时，只需在 S 中删除该系的全部学生记录，而关系 D 中有关该系的信息仍然保留，从而不会引起删除异常。

（4）同时，由于数据冗余度的降低，数据没有重复存储，也不会引起更新异常。

经过上述分析，我们说分解后的关系模式是一个好的关系数据库模式。

从而得出结论，一个好的关系模式应该具备以下四个条件：

（1）尽可能少的数据冗余；

（2）没有插入异常；

（3）没有删除异常；

（4）没有更新异常。

但要注意，一个好的关系模式并不是在任何情况下都是最优的，比如查询某个学生的选修课程及所在系的系主任时，要通过连接，而连接所需要的系统开销非常大，因此要以实际设计的目标出发进行设计。

按照标准设计关系模式，将结构复杂的关系分解成结构简单的关系，从而把不好的关系数据库模式转变成好的关系数据库模式，根据不同的要求而分成若干级别，这就是关系的规范化。我们要设计的关系模式中的各属性是相互依赖、相互制约的，数据库模式的好坏和关系中各属性间的依赖关系有关，在设计关系模式时必须从语义范畴上分析这些依赖关系，才能构成一个结构严谨的整体。因此，我们先讨论属性间的依赖关系，然后再讨论关系规范化理论。

3.2　函数依赖

3.2.1　函数依赖的定义

关系模式中的各属性之间相互依赖、相互制约的联系称为数据依赖。数据依赖一般分为函数依赖、多值依赖和连接依赖。其中函数依赖（Functional Dependency，FD）是最重要的数据依赖，是关系模式中属性之间的一种逻辑依赖关系。由于关系模式中属性是实体特性的抽象或实体间联系的抽象，所以属性之间的相互关系反映了现实世界的某些约束，它们对数据库模式设计的影响很大。

函数依赖：设有关系模式 R(U)，X 和 Y 是属性集 U 的子集，函数依赖是形为 X→Y 的一个命题，只要 r 是 R 的当前关系，对 r 中任意两个元组 t 和 s，都有 t[X]=s[X]蕴涵 t[Y]=s[Y]，那么称 FD X→Y 在关系模式 R (U)中成立。

或者这样定义：如果 R 的两个元组在属性 A1,A2,…,An 上一致，且它们在另一个属性 B 上也一致，那么 A1,A2,…,An 函数决定 B，记作 A1,A2,…,An→B，也可以说 A1,A2,…,An 函数决定 B。其中 A1,A2,…,An 称为决定因素，B 称为依赖因素。

如果一组属性 A1,A2,…,An 函数决定多个属性，比如说：

A1,A2,…,An→B1

A1,A2,…,An→B2

　　　　……

A1,A2,…,An→Bm

则可以把这一组依赖关系简记为：

A1,A2,…,An→B1 B2 ... Bm

函数依赖普遍存在于现实生活中。例如：关系模型

U={SNO,SN,SEX,DEPT,MN,CNO,SCORE}

F={SNO→SN,SNO→SEX,CNO→DEPT}

一个 SNO 有多个 SCORE 的值与其对应，因此 SCORE 不能唯一地被确定，即 SCORE 不能函数依赖于 SNO，所以有 SNO ↛ SCORE，同样有 CNO ↛ SCORE。

但是 SCORE 可以被(SNO,CNO)唯一确定，所以可表示为(SNO,CNO)→SCORE。

上面的函数依赖具体说明了：对于两个元组，如果 SNO 相同，则 SN，SEX，DEPT 也必然相同；(SNO,CNO)相同，则 SCORE 也相同。

函数依赖是指关系中的所有元组应该满足的约束条件，而不是指关系中某个或某些元组所满足的约束条件。当关系中的元组增加、删除或更新后都不能破坏这种函数依赖。因此，必须根据语义来确定属性之间的函数依赖，而不能单凭某一时刻关系中的实际数据值来判断。函数依赖关系的存在与时间无关，只与数据之间的语义规定有关，是最重要的数据依赖，是关系模式中属性之间的一种逻辑依赖关系。

3.2.2　有关函数依赖的说明

（1）函数依赖是语义范畴的概念

我们只能根据语义来确定一个函数依赖，而不能按照其形式化定义来证明一个函数依赖是否成立。例如，对于关系模式 S，当学生不存在重名的情况下，可以得到：

　　　SN→SEX

　　　SN→DEPT

这种函数依赖关系，必须是在没有重名的学生的条件下才成立的，否则就不存在函数依赖了，所以函数依赖反映了一种语义完整性约束。

（2）函数依赖与属性之间的联系类型有关

在一个关系模式中，如果属性 X 与 Y 有 1:1 联系时，则存在函数依赖 X→Y 和 Y→X，即 X↔Y。例如，当学生无重名时，SNO↔SN。

如果属性 X 与 Y 有 M:1 的联系时，则只存在函数依赖 X→Y。例如，SNO 与 SEX、DEPT 之间均为 M:1 联系，所以有 SNO→SEX、SNO→DEPT。

如果属性 X 与 Y 有 M:N 的联系时，则 X 与 Y 之间不存在任何函数依赖关系。例如，一个学生可以选修多门课程，一门课程又可以被多个学生选修，所以 SNO 与 CNO 之间不存在函数依赖关系。

由于函数依赖与属性之间的联系类型有关，所以在确定属性间的函数依赖关系时，可以从分析属性间的联系入手，这样便可确定属性间的函数依赖。

（3）函数依赖关系的存在与时间无关

因为函数依赖是指关系中的所有元组应该满足的约束条件，而不是关系中某个或某些元组所满足的约束条件。当关系中的元组增加、删除或更新后都不能破坏这种函数依赖。因此，彼此必须根据与语义来确定属性之间的依赖关系，而不能单凭某一时刻关系中的实际数据值来判断。例如，对于关系模式 S，假设没有给出无重名的学生这种语义规矩，则即使当前关系中没有重名的记录，也只能存在函数依赖 SNO→SN，而不能存在函数依赖 SN→SNO，因为如果新增加一个重名的学生，函数依赖 SN→SNO 必然不成立。所以函数依赖关系的存在与时间无关，而只与数据之间的语义规定有关。

3.2.3　函数依赖的基本性质

（1）分解性

若 X→(Y,Z)，则 X→Y 且 X→Z。

（2）合并性

若 X→Y 且 X→Z，则必有 X→(Y,Z)。例如在关系 SCD 中，SNO→(SN,SEX)，SNO→DEPT，则有 SNO(SN,SEX,DEPT)。

（3）扩张性

若 X→Y 且 W→Z，则(X,W)→(Y,Z)。例如在关系 SCD 中，SNO→(SN,SEX)，DEPT→MN，则有(SNO,DEPT)→(SN,SEX,MN)。

（4）传递性

若 X→Y 且 Y→Z，则必有 X→Z。例如在关系 SCD 中，SNO→DEPT，DEPT→MN，则有 SNO→MN。

3.2.4　平凡函数依赖与非平凡函数依赖

平凡函数依赖：当属性集 Y 是属性集 X 的子集时，则必然存在着函数依赖 X→Y，这种类型的函数依赖称为平凡函数依赖。

非平凡函数依赖：如果 Y 不是 X 的子集，则称 X→Y 为非平凡函数依赖。

若不特别说明，我们讨论的都是非平凡函数依赖。

3.2.5　完全依赖与部分依赖

对于函数依赖 W→A，如果存在 V（V 是 W 的真子集），而函数依赖 V→A 成立，则称 A 部分依赖（Partial Dependency）于 W；否则，若不存在这种 V，则称 A 为完全依赖（Full Dependency）于 W。

从上面定义可以得出一个结论：若 W 是单属性，则不存在真子集 V，所以 A 必然完全依赖于 W。

在一个关系模式中，当存在非主属性对键码的部分依赖时，就会产生数据冗余和更新异常。若非主属性对键码完全函数依赖，则不会出现类似问题。

3.2.6　传递依赖

对于函数依赖 X→Y，如果 X 不函数依赖于 Y 而函数依赖 Y→Z 成立，则称 Z 对 X 传递依赖（Transitive Dependency）。

说明一下，如果 X→Y，且 Y→X，则 X、Y 相互依赖，这时 Z 对 X 就不是传递依赖，而是直接依赖了。直接依赖常用 X ↔ Z 表示。

关系模式中非主属性对键码的部分依赖和传递依赖是产生数据冗余和更新异常的主要根源。在有的关系模式中，还存在主属性对键码的部分依赖和传递依赖，这时产生冗余和异常的另一个主要根源。总而言之：从函数依赖的角度来看，关系模式中存在各属性对键码的部分依赖和传递依赖是产生数据冗余和更新异常的根源。

3.2.7　属性的封闭集

假设{A1,A2,…,An}是属性集，记为 A，S 是函数依赖集。属性集 A 在依赖集 S 下的封闭集（Closure）是属性集 X，它使得满足依赖集 S 中的所有依赖的每个关系也都满足 A→X。也就是说，A1,A2,…,An→X 是蕴含于 S 中的函数依赖。我们用{A1,A2,…,An}+来表示属性集 A1,A2,…,An 的封闭集。为了简化封闭集的计算，我们允许出现平凡依赖，所以 A1,A2,…,An 总在{A1,A2,…,An}+中。

假设求解{A1,A2,…,An}在某函数依赖集下的封闭集。

（1）属性集 X 最终将成为封闭集。首先将 X 初始化为{A1,A2,…,An}。

（2）反复检查某个函数依赖 B1 B2…Bm→C，使得所有的 B1 B2…Bm 都在属性集 X 中，但不在 C 中，于是将 C 加到属性集 X 中。

（3）根据需要多次重复步骤（2），直到没有属性能加到 X 中。由于 X 是只增的，而任何关系的属性数目必然是有限的，因此，最终再也没有属性可以加到 X 中。

（4）最后得到的不能再增加的属性集 X 就是{A1,A2,…,An}+的正确值。

【例 3-2】一个具有属性 A，B，C，D，E，P 的关系。假设该关系具有的函数依赖为 AB→C，BC→AD，D→E 和 CP→B，计算{A,B}的封闭集，即{A,B}+。

从 X={A,B}出发。首先，函数依赖 AB→C 左边的所有属性都在 X 中，于是可以把该依赖右边的属性 C 加到 X 中。因此，X 变成了{A,B,C}。

然后，会发现 BC→AD 的左边都包含在 X 中，因而可以把属性 A 和属性 D 加到 X 中。A 已经在 X 中了，但 D 不在其中，所以，X 又变成了{A,B,C,D}。

这时，根据函数依赖 D→E，X 又变成了 {A,B,C,D,E}，X 的扩展到此为止。函数依赖 CP→B 没用上，因为它的左边不包含在 X 中。因此，{A,B}+={A,B,C,D,E}。

从上述的计算过程中，可以进一步理解封闭集的实际含义：对于给定的函数依赖集 S，属性集 A 函数决定的属性的结合就是属性集 A 在依赖集 S 下的封闭集，也称为"闭包"。

根据计算出来的封闭集，就能检验给定的任一函数依赖 A1,A2,…,An→B 是否蕴含于依赖集 S。首先利用依赖集 S 计算 {A1,A2,…,An}+。如果 B 在 {A1,A2,…,An}+ 中，则 A1,A2,…,An→B 蕴含于 S；反之，如果 B 不在 {A1,A2,…,An}+ 中，则该依赖并不蕴含于 S。

根据计算某属性集的封闭集，还可以通过给定的函数依赖集推导蕴含于该依赖集的其他函数依赖。

3.3　范式

规范化的基本思想是降低数据冗余，消除关系模式中的数据冗杂，消除数据依赖中不合适的部分，解决数据插入、删除、更新时发生的异常现象。这就要求关系数据库进行规范化，关系数据库的规范化过程中为不同程度的规范化要求设立的不同标准称为范式。由于规范化的程度不同，就产生了不同的范式。满足最基本规范化要求的关系模式叫第一范式，在第一范式中进一步满足一定要求的范式为第二范式，以此类推就产生了第三范式等概念。每种范式都规定了一些限制约束条件。

范式的概念最早由 E.F.Codd 提出。关系模式的常见范式主要有四种，它们是第一范式（1NF）、第二范式（2NF）、第三范式（3NF）和 BC 范式（BCNF）。除此之外，还有第四范式（4NF）和第五范式（5NF）。

各个范式之间的联系可以表示为：5NF⊂4NF⊂BCNF⊂3NF⊂2NF⊂1NF。

3.3.1　第一范式（1NF）

定义：如果关系模式 R 每一个元组的每一个属性只含有一个值，即每个属性都是不可再分的，则称 R 属于第一范式，简称 1NF，记作 R∈1NF。

【例 3-3】表 3-5 描述的是某高校某些系部的高级职称人数统计。

表 3-5　某高校某些系部的高级职称

系名称	高级职称人数	
	教授	副教授
计算机系	6	10
信息管理系	3	5
电子与通信系	4	8

表 3-5 不是关系，也就说不是 1NF，因为该表包含了高级职称人数这个非原子属性。而表 3-6 中所有的属性都是不可再分的属性项，因此该关系是 1NF。

表 3-6 某高校某些系部的高级职称

系名称	教授	副教授
计算机系	6	10
信息管理系	3	5
电子与通信系	4	8

在任何一个关系数据库系统中，第一范式是对关系模式的一个起码要求。不满足 1NF 的关系称为非规范化关系，满足 1NF 的关系称为规范化关系。在任何一个关系数据库系统中，关系至少应该是 1NF。不满足 1NF 的数据库模式不能称为关系数据库。在以后的讨论中，我们假定所有关系模式都是 1NF。但是满足第一范式的关系模式并不一定是好的关系模式，不能排除数据冗余和更新异常等情况。例如关系模式 SCD(SNO,SN,SEX,DEPT,MN,CNO,SCORE) 虽然属于 1NF，但存在大量的数据冗余和各种数据异常等问题。

为什么会存在这些问题呢？让我们分析一下 SCD 中的函数依赖关系，它的关系键是 (SNO,CNO)的属性组合，所以有：

$$(SNO,CNO) \xrightarrow{f} SCORE$$

$$SNO \to SN，(SNO,CNO) \xrightarrow{p} SN$$

$$SNO \to SEX，(SNO,CNO) \xrightarrow{p} SEX$$

$$SNO \to DEPT，(SNO,CNO) \xrightarrow{p} DEPT$$

$$SNO \xrightarrow{t} MN，(SNO,CNO) \xrightarrow{p} MN$$

由此可见，在 SCD 中，既存在完全函数依赖，又存在部分函数依赖和传递函数依赖。这种情况往往在数据库中是不允许的，也正是由于关系中存在着复杂的函数依赖，才导致数据操作中出现了种种弊端。克服这些弊端的方法是使用投影运算将关系分解，去掉过于复杂的函数依赖关系，向更高一级的范式进行转换。

3.3.2 第二范式（2NF）

定义：对于关系模式 R，若 R∈1NF，且每一个非主属性完全函数依赖于码，则 R∈2NF。

第二范式不允许关系模式中的非主属性部分依赖于键码。如果数据库模式中每个关系模式都是 2NF，则称数据库模式为 2NF 的数据库模式。2NF 在 1NF 基础上消除了非主属性对码的部分函数依赖。

在关系模式 SCD 中，SNO、CNO 为主属性，SN、SEX、DEPT、MN、SCORE 均为非主属性，经上述分析，存在非主属性对主属性的部分函数依赖，所以 SCD∉2NF。

分解成 2NF 模式的算法：

设关系模式 R(U)，主键是 W，R 上还存在函数依赖 X→Z，并且 Z 是非主属性和 X⊂W，那么 W→Z 就是一个部分依赖。此时应把 R 分解成两个模式：

R1(X Z)，主键是 X；

R2(Y)，其中 Y=U-Z，主键仍是 W，外键是 X(REFERENCES,R1)。

利用外键和主键的连接可以从 R1 和 R2 重新得到 R。

如果 R1 和 R2 还不是 2NF，则重复上述过程，一直到数据库模式中每一个关系模式都是 2NF 为止。

下面以关系模式 SCD 为例，来说明 2NF 规范化的过程。

【例 3-4】将关系模式 SCD(SNO,SN,SEX,DEPT,MN,CNO,SCORE)规范为 2NF。

通过分析函数依赖 SNO→SN，SNO→SEX，SNO→DEPT，(SNO,CNO)→SCORE，可以判断关系 SCD 至少描述了两个实体集，一个为学生实体集，属性有 SNO、SN、SEX、DEPT、MN；另一个是选修实体集，属性有 SNO、CNO 和 SCORE。具体分解的原则是，我们可以将 SCD 分解成两个关系，如图 3-1 所示。

SD(SNO,SN,SEX,DEPT,MN)，描述学生实体；SC(SNO,CNO,SCORE)，描述学生选修课程的联系。

SD

SNO	SN	SEX	DEPT	MN
S1	李佳	女	计算机	李伟
S2	黎萍	女	信息管理	王华
S3	朱明	男	信息管理	王华
S4	丁丽	女	数字媒体	李伟

SC

SNO	CNO	SCORE
S1	C1	90
S1	C2	85
S2	C3	61
S2	C5	80
S2	C6	92
S2	C4	
S3	C1	75
S3	C2	70
S3	C3	92
S4	C1	81

图 3-1　关系 SD 和 SC

第二范式只要求每个非主属性完全依赖于键码，并未限定非主属性不能函数依赖于其他非主属性，即允许 SCD 中的 DEPT→MN 存在，从而也允许传递依赖的存在。对于分解后的两个关系 SD 和 SC，主键分别为 SNO 和(SNO,CNO)，非主属性对主键完全函数依赖。因此，SD∈2NF，SC∈2NF。根据 SD 和 SC 中的数据可以看出，它们存储的冗余度比关系模式 SCD 有了较大幅度的降低。学生的姓名、性别不需要重复存储多次。这样便可在一定程度上避免数据更新所造成的数据不一致的问题。由于把学生的基本信息与选课信息分开存储，则学生基本信息因没有选课而不能插入的问题得到了解决，插入异常现象得到了部分改善。同样，如果某个学生不再选修 C1 课程，只在选课关系 SC 中删去该学生选修 C1 的记录即可，而 SD 中有关该学生的基本信息不会受到任何影响，也解决了部分删除异常问题。因此可以说关系模式 SD 和 SC 在性能上比 SCD 有了显著提高。

但将一个不满足第二范式的关系分解成多个满足第二范式的关系，只能在一定程度上减轻原关系中的数据异常和信息冗余，并不能保证完全消除关系模式中的各种异常和信息冗余，仍然存在着一些问题：

（1）数据冗余。每个系名和系主任的名字存储的次数等于该系的学生人数。

（2）插入异常。当一个新系没有招生时，有关该系的信息无法插入。

（3）删除异常。某系学生全部毕业而没有招生时，删除全部学生的记录也随之删除了该系的有关信息。

（4）更新异常。更换系主任时，仍需改动较多的学生记录。

之所以存在这些问题，是由于在 SCD 中存在着非主属性对主键的传递依赖。分析 SCD 中函数依赖关系，SNO→SN，SNO→SEX，SNO→DEPT，DEPT→MN，SNO→MN，非主属性 MN 对主键 SNO 存在传递函数依赖。为此，对关系模式 SCD 还需进一步简化，消除这种传递依赖，这样就得到了 3NF。

3.3.3 第三范式（3NF）

定义：如果关系模式 R∈2NF，且每个非主属性都不传递依赖于 R 的每个关系键，则称 R 属于第三范式，简称 3NF，记作 R∈3NF。

分解成 3NF 模式的算法：

设关系模式 R(U)，主键是 W，R 上还存在 FD X→Z。并且 Z 是非主属性，Z ⊆ X，X 不是候选键，这样 W→Z 就是一个传递依赖。此时应把 R 分解成两个模式：

R1(X,Z)，主键是 X；R2(Y)，其中 Y = U - Z，主键仍是 W，外键是 X(REFERENCES,R1)。利用外键和主键相匹配的机制，R1 和 R2 通过连接可以重新得到 R。

如果 R1 和 R2 还不是 3NF，则重复上述过程，一直到数据库模式中每一个关系模式都是 3NF 为止。

下面以 2NF 的关系模式 SD 为例，来说明 3NF 规范化的过程。

【例 3-5】将 SD(SNO,SN,SEX,DEPT,MN)规范到 3NF。

分析 SD 的属性组成，可以判断，关系 SD 实际上描述了两个实体，一个为学生实体，属性有 SNO，SN，SEX，DEPT；另一个是系的实体，其属性有 DEPT 和 MN。根据分解的原则，我们可以将 SD 分解成两个关系，如图 3-2 所示。

S(SNO,SN,SEX,DEPT)，描述学生实体；D(DEPT,MN)，描述系的实体。

对于分解后的两个关系 S 和 D，主键分别为 SNO 和 DEPT，不存在非主属性对主键的传递函数依赖。因此，S∈3NF，D∈3NF。关系模式 SD 由 2NF 分解成 3NF 后，函数依赖关系变得更加简单，既没有非主属性对主键的依赖，也没有非主属性对主键的传递依赖，解决了 2NF 中存在的四个问题。因此，分解后的关系模式 SD 具有以下特点：

（1）数据冗余降低了，如系主任的名字存储的次数与该系的学生无关，只在关系 D 中存储一次。

S

SNO	SN	SEX	DEPT
S1	李佳	女	计算机
S2	黎萍	女	信息管理
S3	朱明	男	信息管理
S4	丁丽	女	数字媒体

D

DEPT	MN
计算机	李伟
信息管理	王华
数字媒体	李伟

图 3-2　SD 的两个关系

（2）不存在插入异常。如当一个新系没有学生时，该系的信息可以直接插入到关系 D 中，而与学生关系 S 无关。

（3）不存在删除异常。如当要删除某系的全部学生而仍然保留该系的有关信息时，可以只删除学生关系 S 中的相关学生记录，而不影响关系 D 中的数据。

（4）不存在更新异常。如更换系主任时，只需修改关系 D 中的一个相应元组的 MN 属性值，从而不会出现数据的不一致现象。

SCD 规范到 3NF 后，所存在的异常现象已经全部消失。但是，3NF 只限制了非主属性对键的依赖关系，而没有限制主属性对键的依赖关系。如果发生了这种依赖，仍有可能存在数据冗余、插入异常、删除异常和修改异常。这时，则需对 3NF 进一步规范化，消除主属性对键的依赖关系。为了解决这种问题，Boyce 与 Codd 共同提出了一个新规范式的定义，这就是 Boyce-Codd 范式，通常简称为 BCNF 或 BC 范式，它弥补了 3NF 的不足。

3.3.4　BC 范式（BCNF）

第三范式的关系模式消除了非主属性对键码的传递依赖和部分依赖，但这并不彻底，因为它不能很好地解决键码含有多个属性的属性组情况，仍然可能存在主属性对键码的部分依赖和传递依赖，并由此也会造成数据的冗余和给操作带来问题。

定义：若关系模式 R 属于第一范式，且每个属性都不传递依赖于键码，则 R 属于 BC 范式（BCNF）。

从定义可以看出，BCNF 既检查非主属性，又检查主属性，显然比第三范式限制更好。当只检查非主属性而不检查主属性时，就成了第三范式。因此可以说任何满足 BCNF 的关系模式都必然满足第三范式。

BCNF 具有如下性质：

（1）所有非主属性都完全函数依赖于每个候选码。

（2）所有主属性都完全函数依赖于每个不包含它的候选码。

（3）任何属性（主属性和非主属性）不存在对键的传递函数依赖。

（4）3NF 不一定是 BCNF。

【例 3-6】设有关系模式 SNC(SNO,SN,CNO,SCORE)，其中 SNO 代表学号，SN 代表学生姓名并假设没有重名，CNO 代表课程号，SCORE 代表成绩。可以判定，SNC 有两个候选键 (SNO,CNO)和(SN,CNO)，其函数依赖如下：

　　　　SNO↔SN

　　　　(SNO,CNO)→SCORE

　　　　(SN,CNO)→SCORE

唯一的非主属性 SCORE 对键不存在部分函数依赖，也不存在传递函数依赖，所以 SNC ∈3NF。但是，因为 SNO↔SN，即决定因素使用 SNO 或 SN 不包含候选键，从另一个角度说，存在着主属性对键的部分函数依赖：(SNO,CNO)→SN，(SN,CNO)→SNO。所以 SNC 不是 BCNF。正是存在着这种主属性对键的部分函数依赖关系，造成了关系 SNC 中存在着较大的数据冗余，学生姓名的存储次数等于该生所选的课程数，从而会引起修改异常。比如，当要更改某个学生的姓名时，则必须搜索出该姓名的每个学生记录，并对其姓名逐一修改，这样容易造成数据不一致的问题。解决这一问题的办法仍然是通过投影分解进一步提高 SNC 的范围等级，将 SNC 规范到 BCNF。

下面以 3NF 的关系模式 SNC 为例，来说明 BCNF 规范化的过程。

SNC 产生数据冗余的原因是因为在这个关系中存在两个实体，一个为学生实体，属性有 SNO、SN；另一个是选修课程实体，属性有 SNO、CNO 和 SCORE。根据分解的原则，我们可以将 SNC 分解成如下两个关系：

　　　　S1(SNO,SN)，描述学生实体；

　　　　S2(SNO,CNO,SCORE)，描述学生与课程的联系。

对于 S1，有两个候选键 SNO 和 SN；对于 S2，主键为(SNO,SCO)。在这两个关系中，无论主属性还是非主属性都不存在对键的部分函数依赖和传递函数依赖，S1∈BCNF，S2∈BCNF。

关系 SNC 转换成 BCNF 后，数据冗余度明显降低。学生的姓名只在关系 S1 中存储一次，学生要改名时，只需改动学生记录中相应的 SN 值即可，从而不会发生修改异常。

如果一个关系数据库中所有关系模式都属于3NF，则已在很大程度上消除了插入异常和删除异常，但由于可能存在主属性对候选键的部分函数依赖和传递函数依赖，因此关系模式的分解仍不够彻底。

如果一个关系数据库中所有关系模式都属于 BCNF，那么在函数依赖的范畴内，已经实现了模式的彻底分解，消除了产生插入异常和删除异常的根源，而且数据冗余也减少到极小程度。

3.4　关系模式的规范化

提高规范化的过程就是逐步消除关系模式中不合适的数据依赖的过程，使模式中各个关系达到某种程度的分离，一个低一级规范模式的关系模式，通过模式分解转化为若干个高一级规范模式的集合，这种分解过程叫作关系模式的规范化。

3.4.1 关系模式规范化的目的

一个关系只要其分量都是不可分的数据项，就可以称它为规范化的关系，但这只是最基本的规范化。规范化的目的就是使结构合理，数据冗余尽量小，消除数据异常，便于插入、删除和更新。

3.4.2 关系模式规范化的基本思想

规范化的基本思想就是遵循"一事一物"的原则，即一个关系只描述一个实体或者实体间的关系。若多于一个实体，就把它"分离"出来。因此，所谓规范化，实质上是概念的单一化，即一个关系表示一个实体集。

3.4.3 关系模式规范化的原则

关系模式的规范化过程是通过对关系模式的投影分解来实现的，但是投影分解方法不是唯一的，不同的投影分解会得到不同的结果。在这些分解方法中，只有能够保证分解后的关系模式与原关系模式等价的方法才是有意义的。对模式的分解不能是随意的。主要涉及两个原则。

1. 无损连接

当对关系 R 进行分解时，R 的元组将分别在相应属性集进行投影而产生新的关系。如果对新的关系进行自然连接得到的元组的集合与原关系完全一致，则称为无损连接（Lossless Join）。

无损连接反映了模式分解的数据等价原则。

2. 保持函数依赖

当对关系 R 进行分解时，R 的函数依赖集也将按相应的模式进行分解。如果分解后的函数依赖集与原函数依赖集保持一致，则称为保持依赖（Preserve Dependency）。

保持依赖反映了模式分解的依赖等价原则。依赖等价保证了分解后的模式与原有的模式在数据语义上的一致性。

数据等价和依赖等价是模式分解的两个最基本的原则。对关系模式进行分解，使之属于第二、三范式，只要采用规范的方法，既能实现无损连接，又能实现保持依赖。然而，要使分解后的模式属于 BC 范式，即使采用规范化的方法，也只能保证无损连接，而不能保持依赖。

实际上，在对模式进行分解时，除要考虑数据等价和依赖等价之外，还要考虑效率。当我们对数据库的操作主要是查询而更新较少时，为了提高查询效率，可能宁愿保留适当的数据冗余，让模式中的属性多些，而不愿把模式分解的太小，否则为了得到一些数据，常常要做大量的连接运算，把多个关系连在一起才能从中找到相关的数据。当初设计时，为了减少冗余，节省一点时间，把模式一再分解，到后来使用时，为了得到相关数据，把关系一再连接，花费大量时间，或许得不偿失。因此，要保持适当的冗余，达到以空间换时间的目的，这也是模式分解的一个重要原则。

所以，在实际应用当中，模式分解的要求并不一定要达到 BC 范式，有时达到第三范式就足够了。

3.4.4　关系模式规范化的步骤

规范化就是对原关系进行投影，消除决定属性不是候选键的任何函数依赖。具体可以分为以下几步：

（1）对 1NF 关系进行投影，消除原关系中非主属性对键的部分函数依赖，将 1NF 关系转换成若干个 2NF 关系。

（2）对 2NF 关系进行投影，消除原关系中非主属性对键的传递函数依赖，将 2NF 关系转换成若干个 3NF 关系。

（3）对 3NF 关系进行投影，消除原关系中主属性对键的部分函数依赖和传递函数依赖，也就是说使决定因素都包含一个候选键，得到一组 BCNF 关系。

（4）对 BCNF 关系进行投影，消除原关系中的非平凡且非函数依赖的多值依赖，得到一组 4NF 的关系。

关系规范化的基本步骤如图 3-3 所示。

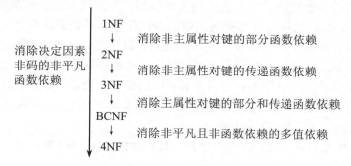

图 3-3　规范化过程

3.4.5　分解的方法

模式分解是以两个规则为基础，三种方法为线索进行分解。

1．模式分解的两个规则

（1）公共属性共享

要把分解后的模式连接起来，公共属性是基础。若分解时模式之间未保留公共属性，则只能通过笛卡尔积连接，导致元组数量膨胀，真实信息丢失，结果失去价值。保留公共属性，进行自然连接是分解后的模式实现无损连接的必要条件。

若存在对键码的部分依赖，则作为决定因素的键码的真子集就应作为公共属性，用来把分别存在部分依赖（指原来关系）和完全依赖的两个模式自然连接在一起。

若存在对键码的完全依赖，则传递链的中间属性就应作为公共属性，用来把构成传递链的两个基本链所组成的模式自然连接在一起。

（2）相关属性合一

把以函数依赖的形式联系在一起的相关属性放在一个模式中，从而使原有的函数依赖得以保持。这是分解后模式实现保持依赖的充分条件。然而，对于存在部分依赖或传递依赖的相关属性则不应放在一个模式中，因为这正是导致数据冗余和更新异常的根源，从而也正是模式分解所要解决的问题。

2. 模式分解的三种方法

（1）部分依赖归子集；完全依赖随键码

找出对键码部分函数依赖的非主属性所依赖的键码的真子集，然后把这个真子集与所对应的非主属性组合成一个新的模式；对键码完全函数依赖的所有非主属性与键码则组合成另一个新模式。

（2）基本依赖为基础，中间属性作桥梁

以构成传递链的两个基本依赖为基础形成两个新的模式，既切断了传递链，又保持了两个基本依赖，同时又有中间属性为桥梁，连接两个新的模式，实现了无损的自然连接。

（3）找违例自成一体，舍其右全集归一；若发现仍有违例，再回首如法炮制

分解关系模式的基本方法是：利用违背 BC 范式的函数依赖来指导分解过程。我们把违背 BC 范式的函数依赖称为 BC 范式的违例，简称违例，旨在消除主属性对键码的部分函数依赖和传递函数依赖。

通常，我们必须根据实际需要多次应用分解规则，直到所有的关系都属于第三范式或 BC 范式。一般情况下，我们说没有异常弊病的数据库设计是好的数据库设计，一个不好的关系模式也总是可以通过分解转换成好的关系模式的集合。但是在分解时要全面衡量，综合考虑，视实际情况而定。对于那些只要求查询而不要求插入、删除等操作的系统，几种异常现象的存在并不影响数据库的操作。这时便不宜过度分解，否则当对系统进行整体查询时，需要更多的多表连接操作，这有可能得不偿失。在实际应用中，最有价值的是 3NF 和 BCNF，在进行关系模式的设计时，通常分解到 3NF 就足够了。

【例 3-7】将关系模式 SCD(SNO,SN,SEX,DEPT,MN,CNO,SCORE)规范到 3NF。分解为：

　　　S(SNO,SN,SEX,DEPT)

　　　SC(SNO,CNO,SCORE)

　　　D(DEPT,MN)

SCD(SNO,SN,SEX,DEPT,MN,CNO,SCORE)=S[SNO,SN,SEX,DEPT]*D[DEPT,MN]*SC[SNO,CNO,SCORE]，也就是说，用两个投影在 DEPT 上的自然连接可复原关系模式 SD(SNO,SN,SEX,DEPT,MN)，然后用 SNO 上的自然连接可复原关系模式 SCD(SNO,SN,SEX,DEPT,MN,CNO,SCORE)，所以说这种分解具有无损连接性。

对于分解后的关系模式 S，有函数依赖 SNO→DEPT；对于 D，有函数依赖 DEPT→MN，对于 SC，有函数依赖(SNO,CNO)→SCORE。这种分解方法保持了原来的 SCD 中的函数依赖 SNO→DEPT，DEPT→MN，(SNO,CNO)→SCORE，使分解既具有无损连接性，又具有函数依赖保持性。

规范化理论提供了一套完整的模式分解法，按照这套算法可以做到：如果要求分解既具有无损链接性，又具有函数依赖保持性，则分解一定能够达到 3NF，但不一定能够达到 BCNF。所以在 3NF 的规范化中，既要检查分解是否具有无损连接性，又要检查分解是否具有函数依赖保持性。无损连接性和函数依赖保持性是两个互相独立的标准。具有无损连接性的分解不一定具有函数依赖保持性。同样，具有函数依赖保持性的分解也不一定具有无损连接性。只有这两条都满足，才能保证分解的正确性和有效性，才能既不会发生信息丢失，又能保证关系中的数据满足完整性约束。

习　　题

一、填空题

1．在关系模型中，实体与实体间的联系都是用_____来表示的，一个关系在结构上的表现形式为_____。

2．在关系数据库技术中，用到的传统关系运算有：_____、_____、_____、_____；用到的专门关系运算有：_____、_____、_____、_____。

3．在关系数据库系统中，一个可用的关系模式应满足第_____范式；一个关系模式至少应满足第_____范式。

4．关系模式规范化的主要方法是_____。

5．一个学生关系模式为（学号，姓名，班级号），其中学号为主键，一个班级关系模式为（班级号，专业，教室），其中班级号为主键，则学生关系模式中的外键为_____。

6．如果属性集 K 是关系模式 R1 的主键，是关系模式 R2 的外键，那么在 R2 中，K 的取值只允许两种可能：_____和_____。

7．关系运算分为_____和_____两大类。

8．1NF 的关系消除_____依赖后，可将其范式等级提高到 2NF，2NF 的关系消除_____依赖后，可将其范式等级提高到 3NF。

9．一个关系模式为 Y(X1,X2,X3,X4)，假定该关系存在着如下函数依赖：(X1,X2)→X3，X2→X4，则该关系属于_____范式，因为它存在着_____。

二、解释下列术语的含义

函数依赖、平凡函数依赖、非平凡函数依赖、部分函数依赖、完全函数依赖、传递函数依赖。

三、简答题

1．简述 1NF、2NF、3NF、BCNF。

2．设有职工关系，如表 3-7 所示，试问属于第几范式？如何规范化为 3NF？写出规范化的步骤。

表 3-7　职工关系

职工号	职工名	年龄	性别	单位号	单位名
E1	赵丽	20	女	D3	CCC
E2	李雄	25	男	D1	AAA
E3	孙刚	38	男	D3	CCC
E4	王燕	25	女	D3	CCC

第 4 章　关系数据库标准语言 SQL

【学习目标】

- 了解 SQL 的特点。
- 掌握数据库的创建、修改和删除。
- 掌握数据库表的创建、修改和删除。
- 掌握数据库表中数据的添加、修改和删除。
- 掌握 SQL 查询语句的基本语法格式。
- 掌握简单查询。
- 掌握汇总查询。
- 掌握关联表查询。
- 掌握连接查询。
- 掌握子查询。
- 了解视图的概念、使用目的和优点。
- 掌握创建、修改、删除和使用视图管理数据的方法。

4.1　SQL 简介

SQL 全称是"结构化查询语言（Structured Query Language）"。1974 年，D.D.Chamberlin 和 R.F.Boyce 在研制关系数据库管理系统 System R 中，研制出一套规范语言——SEQUEL（Structured English Query Language），并在 1976 年 11 月的 IBM Journal of R&D 上公布新版本的 SQL（即 SEQUEL/2）。1980 年改名为 SQL。1979 年 Oracle 公司首先提供商用的 SQL，IBM 公司在 DB2 和 SQL/DS 数据库系统中也实现了 SQL。1986 年 10 月，美国 ANSI 采用 SQL 作为关系数据库管理系统的标准语言（ANSI X3.135-1986），后为国际标准化组织（ISO）采纳为国际标准。1989 年，美国 ANSI 采纳在 ANSI X3.135-1989 报告中定义的关系数据库管理系统的 SQL 标准语言，称为 ANSI SQL89，该标准替代 ANSI X3.135-1986 版本。目前主要的关系数据库管理系统支持某些形式的 SQL，大部分数据库遵守 ANSI SQL89 标准。

SQL 结构简洁，功能强大，简单易学，具有如下主要特点：

（1）SQL 是一体化的语言，它包括了数据定义、数据查询、数据操作和数据控制等方面的功能，可以完成数据库活动中的全部工作。以前的非关系模型的数据语言一般包括存储模式描述语言、概念模式描述语言、外部模式描述语言和数据操作语言等，这种模型的数据语言，一是内容多，二是掌握和使用起来都不如 SQL 简单、实用。

（2）SQL 是一种高度非过程化的语言，它没有必要一步步地告诉计算机"如何去做"，而只需要描述清楚用户要"做什么"，SQL 就可以将要求交给系统，自动完成全部工作。

（3）SQL 非常简洁。虽然 SQL 功能强大，但它只有为数不多的几条命令。另外，SQL 的语法也非常简单，它接近自然语言，因此容易学习和掌握。

（4）SQL 可以直接以命令方式交互使用，也可以嵌入到程序设计语言中以程序方式使用。现在很多数据库应用开发工具，都将 SQL 直接融入进来，使用起来更方便。这些使用方式为用户提供了灵活的选择。此外，尽管 SQL 的使用方式不同，但 SQL 的语法基本是一致的。

SQL 主要由以下几部分组成：

（1）数据定义语言 DDL（Data Definition Language）。数据定义语言用于建立、修改、删除数据库中的各种对象——表、视图、索引等。如：CREATE、ALTER、DROP。

（2）数据操作语言 DML（Data Manipulation Language）。数据操作语言用于改变数据库数据。主要有三条语句：INSERT、UPDATE、DELETE。

（3）数据控制语言 DCL（Data Control Language）。数据控制语言用来授予或回收访问数据库的某种特权，并控制数据库操纵事务发生的时间及效果，对数据库实行监视等。包括两条命令：GRANT、REVOKE。

（4）数据查询语言 DQL（Data Query Language）。数据查询语言用于检索数据库记录，基本结构是由 SELECT 子句、FROM 子句、WHERE 子句组成的查询块。

4.2　数据定义语言（DDL）

数据定义语言主要用于对数据库对象的创建、修改和删除。其中，数据库对象包括数据库、表、视图、触发器、函数等。DDL 的语法非常简单，以下分别是对三个 DDL 语句的简单说明。

CREATE 语句：用来创建新的数据库对象。

ALTER 语句：用来修改已有对象的结构。

DROP 语句：用来删除已有的数据库对象。

4.2.1　定义数据库

数据库是用来存储数据和数据库对象的逻辑实体，是数据库管理系统的核心内容。要更好地理解数据库的含义，应该首先了解数据库文件、文件组、数据库对象、数据库的物理空间、数据库状态等基本概念。

1. 数据库文件

在 SQL Server 2012 系统中，一个数据库在磁盘上可以保存为一个或多个文件，我们把这些文件称为数据库文件。数据库文件分成三类：主数据文件、次数据文件和事务日志文件。一个数据库至少有一个数据文件和一个事务日志文件。当然，一个数据库也可以有多个数据文件和多个事务日志文件。

主数据文件包含数据库及其系统表和对象的所有启动信息，还包括在数据库中创建的剩余文件。该文件可以用来存储用户定义的表和对象，每一个数据库只需有一个主数据文件，缺省的扩展名是 mdf。

如果数据库中的数据量很大，除了将数据存储在主数据文件中以外，还可以将一部分数据存储在次数据文件中。这样，有了次数据文件就可以将数据存在不同的磁盘中，便于操作管理。次数据文件是可选的，一个数据库可以没有次数据文件，也可以有多个次数据文件，缺省的扩展名是 ndf。

事务日志文件用来记录所有事务及每个事务对数据库所做的操作。如果数据库被损坏了，数据库管理人员可以利用事务日志文件恢复数据库。一个数据库至少有一个事务日志文件，缺省的扩展名是 ldf。

数据库文件在操作系统中存储的文件名称为物理文件名。每个物理文件名都具有明确的存储位置，其文件名称会比较长。由于在 SQL Server 系统内部要访问它们非常不方便，所以，每个数据库又有逻辑文件名，每一个物理文件名都对应一个逻辑文件名。逻辑文件名简单，引用起来非常方便。

2. 数据库文件组

为了方便管理，可以将多个数据文件组织成一组，称为文件组。每个文件组对应一个组名。可以将文件组中的文件存放在不同磁盘，以便提高数据库的访问性能。例如：在某个数据库中，创建了三个次数据文件，它们存储在三个不同的磁盘上，并将它们指定为同一个文件组 f1，当在文件组 f1 上创建一个表，并对表中数据进行访问时，系统可以在不同的磁盘上实现并行访问，这样就能大大提高系统的性能。

在 SQL Server 中，文件组有两种类型。

（1）主文件组

主数据文件所在的组称为主文件组。在创建数据库时，如果用户没有定义文件组，系统自动建立主文件组。当数据文件没有指定文件组时，默认都在主文件组中。

（2）次文件组

用户定义的文件组称为次文件组。如果次文件组中的文件被填满，那么只有该文件组中的用户表会受到影响。

在创建表时，不能指定将表放在某个文件中，只能指定将表放在某个文件组中。因此，如果希望将某个表放在特定的文件中，必须通过创建文件组来实现。

数据库文件和文件组必须遵循以下的规则：一个文件或文件组只能被一个数据库使用；一个数据文件只能属于一个文件组；事务日志文件不能属于文件组。

3. 对象标识符

在 SQL Server 中的所有对象都需要命名。主要的命名规则如下：

（1）名字长度不能超过 128 个字符，本地临时表的名称不能超过 116 个字符。

（2）名称的第一个字符必须是英文字母、中文、下划线、@和#等符号；除第一个字符之外的其他字符，还可以包括数字、$。

（3）与 SQL Server 关键字相同或包含内嵌空格的名称必须使用双引号或方括号。

另外，SQL Server 可以在命名中嵌入空格，甚至有时可以使用关键字来命名，但建议避免这种命名方式，因为这可能产生混淆，甚至引起其他严重后果。

4. 系统数据库

在 SQL Server 系统中，数据库可分为"系统数据库"和"用户数据库"两大类。用户数据库是用户自行创建的数据库，系统数据库则是 SQL Server 内置的，它们主要用于系统管理。SQL Server 中包括以下的系统数据库：

（1）Master 数据库

Master 数据库用来追踪与记录 SQL Server 的相关系统级信息。这些信息包括：SQL Server 的初始化信息，所有的登录账户信息，所有的系统配置设置，其他数据库的相关信息。

由此可见，Master 数据库在系统中是非常重要的，如果 Master 数据库不可用，则 SQL Server 也将无法启动。因此，在使用 Master 数据库时，比如进行了数据库的创建、修改或删除操作，更改了服务器或数据库的配置值，修改或添加了登录账户等操作时，应随时对 Master 数据库进行最新备份。

（2）Model 数据库

Model 数据库是所有新建数据库的模板，即新建的数据库中的所有内容都是从模板数据库中复制过来的。如果 Model 数据库被修改了，那么以后创建的所有数据库都将继承这些修改。

（3）Msdb 数据库

Msdb 数据库是代理服务数据库，也是由 SQL Server 系统使用的数据库，通常由 SQL Server 代理来计划警报和作业，也可以由数据库邮件等功能来使用。另外，有关数据库备份和还原的记录也会写在该数据库里。

（4）Tempdb 数据库

Tempdb 数据库用于为所有临时表、临时存储过程提供存储空间，也为所有其他临时存储要求提供空间。Tempdb 是一个全局资源，所有连接到 SQL Server 实例的用户都可以使用。

每次启动 SQL Server 时，系统都要重新创建 Tempdb，以保证该数据库为空。当 SQL Server 停止运行时，Tempdb 中的临时数据会自动删除。

（5）Resource 数据库

Resource 数据库用来存储 SQL Server 所有的系统对象（如以 sp_开头的存储过程）。该库是只读数据库，它不会存储用户数据或者用户的元数据。它与 Master 数据库的区别在于 Master 数据库存放的是系统级的信息，不是所有系统对象。

5. 创建数据库

创建数据库的语句是 CREATE DATABASE，其语法格式如下：

```
    CREATE DATABASE database_name          ——指定数据库逻辑名
    [ON                                    ——定义数据库的数据文件
        [PRIMARY]                          ——设置主文件组
        <数据文件描述符> [, …n]            ——设置数据文件的属性
        [, FILEGROUP  文件组名             ——设置次文件组
        <数据文件描述符>[, …n]]
    ]
    [LOG ON                                ——定义数据库的日志文件
        {日志文件描述符} [, …n]            ——设置日志文件的属性
    ]
```

其中，<数据文件描述符>和<日志文件描述符>为以下属性的组合：

```
    (NAME=逻辑文件名,                      ——设置在 SQL Server 中引用时的名称
    FILENAME='物理文件名'                  ——设置文件在磁盘上存放的路径和名称
    [, SIZE=文件初始容量]                  ——设置文件的初始容量
```

[, MAXSIZE={文件最大容量|UNLIMITED}]　——设置文件的最大容量

[, FILEGROWTH=文件增长幅度])　　　　　——设置文件的自动增量

该命令的选项说明如下：

（1）ON，用于定义数据库的数据文件。

（2）PRIMARY，用于指定其后所定义的文件为主数据文件，如果省略的话，系统将第一个定义的文件作为主数据文件。

（3）FILEGROUP，用于指定用户自定义的文件组。

（4）LOG ON，指定存储数据库日志的磁盘文件列表，列表中的<日志文件>用","分隔。如果不指定，则由系统自动创建事务日志文件。

（5）NAME，指定 SQL Server 系统引用数据文件或事务日志文件时使用的逻辑名，它是数据库在 SQL Server 中的标识。

（6）FILENAME，指定数据文件或事务日志文件的文件名和路径，而且该路径必须是某个 SQL Server 实例上的一个文件夹。

（7）SIZE，指定数据文件或事务日志文件的初始容量，可以是 KB、MB、GB 或 TB，默认单位为 MB，其值是一个整数值。如果主文件的容量未指定，则系统取 Model 数据库的主文件容量；如果是其他文件的容量未指定，则系统自动取 1MB 的容量。

（8）MAXSIZE，指定数据文件或事务日志文件的最大容量，可以是 KB、MB、GB 或 TB，默认单位为 MB。如果省略 MAXSIZE，或者指定为 UNLIMITED，则数据文件或事务日志文件的容量可不断增加，直到整个磁盘满为止。

（9）FILEGROWTH，指定数据文件或事务日志文件的增长幅度，是 KB、MB、GB、TB 或百分比（%），默认单位为 MB。当 FILEGROWTH=0 时，表示不让文件增长。增幅既可以用具体的容量表示，也可以用文件大小的百分比表示。默认情况下，系统按 1MB 或文件大小的 10%增长。任何小于 64KB 的增幅都近似成 64KB。

【例 4-1】创建一个不带任何参数的数据库 DB1。

```
CREATE DATABASE DB1
```

由该命令创建的数据库，所有设置都采用默认值，其主数据文件名为 db1.mdf，初始容量为 3MB，最大容量为不限制，增幅为 1MB；事务日志文件名为 db1_log.ldf，初始容量为 1MB，最大容量为 2097152MB，增幅为 10%；数据库文件放在"数据库默认位置"里。

【例 4-2】创建一个数据库，指定数据库的数据文件所在位置。

```
CREATE DATABASE DB2
ON
(NAME=DB2,
FILENAME='D:\DB\DB2.MDF')
```

注意：要创建 DB2 数据库，请先在 D 盘根目录里创建一个 DB 文件夹。

【例 4-3】创建一个数据库，指定数据库的数据文件所在位置、初始容量、最大容量和文件增量。

```
CREATE DATABASE DB3
ON
(NAME=DB3,
FILENAME='D:\DB\DB3.MDF',
```

```
SIZE=10,
MAXSIZE=50,
FILEGROWTH=5%
)
```

【例 4-4】创建一个数据库，该库共包含三个数据文件和两个日志文件。

```
CREATE DATABASE DB4
ON
(NAME=DB41, FILENAME='D:\DB\DB41.MDF',
SIZE=100, MAXSIZE=200,
FILEGROWTH=20),                    ——此处右括号后有逗号，表示继续创建数据文件
(NAME=DB42, FILENAME='D:\DB\DB42.NDF',
SIZE=100, MAXSIZE=200,
FILEGROWTH=20),                    ——此处右括号后有逗号，表示继续创建数据文件
(NAME=DB43, FILENAME='D:\DB\DB43.NDF',
SIZE=50, MAXSIZE=100,
FILEGROWTH=10)                     ——此处右括号后无逗号，表示结束创建数据文件
LOG ON
(NAME=DB4LOG1,
FILENAME='D:\DB\DB4LOG1.LDF'),     ——此处右括号后有逗号，表示继续创建日志文件
(NAME=DB4LOG2, FILENAME='D:\DB\DB4LOG2.LDF',
SIZE=50, MAXSIZE=200,
FILEGROWTH=20%)                    ——此处右括号后无逗号，表示结束创建日志文件
```

【例 4-5】创建一个数据库，该库共包含三个数据文件和两个自定义文件组。

```
CREATE DATABASE DB5
ON                                 ——默认为主文件组，其后的数据文件保存在主文件组中
(NAME=DB51, FILENAME='D:\DB\DB51.MDF',
SIZE=100, MAXSIZE=200, FILEGROWTH=20),
FILEGROUP FDB51                    ——创建次文件组，其后的次数据文件保存在 FDB51 组中
(NAME=DB52, FILENAME='D:\DB\DB52.NDF',
SIZE=100, MAXSIZE=300, FILEGROWTH=20),
FILEGROUP FDB52                    ——创建次文件组，其后的次数据文件保存在 FDB52 组中
(NAME=DB53, FILENAME='D:\DB\DB53.NDF',
SIZE=100, MAXSIZE=200, FILEGROWTH=20)
```

6. 修改数据库

创建数据库后，可以对它原来的定义进行修改。

修改数据库的语句是 ALTER DATABASE，其语法格式如下：

```
ALTER DATABASE 数据库名                ——指定要修改的数据库名
{
ADD FILE <数据文件描述符> [, …n]       ——增加数据文件
[TO FILEGROUP 文件组名|DEFAULT]        ——将数据文件添加到指定的文件组
| ADD LOG FILE <日志文件描述符> [, …n]  ——增加日志文件
| REMOVE FILE 逻辑文件名               ——删除文件
| MODIFY FILE <数据文件描述符> [, …n]   ——修改文件的逻辑名、大小和自动增量等
| ADD FILEGROUP 文件组名               ——增加文件组
```

    | REMOVE FILEGROUP 文件组名   ——删除文件组

    | MODIFY FILEGROUP 文件组名

        {NAME=新文件组名   ——修改文件组的名称

        |DEFAULT   ——将文件组设置为数据库的默认文件组

        |<文件组属性>   ——修改文件组的属性

        }

    | MODIFY NAME=新数据库名   ——修改数据库的名称

    }

其中，<数据文件描述符>和<日志文件描述符>为以下属性的组合：

    (NAME=逻辑文件名,

    [, NEWNAME=新逻辑文件名]

    [, FILENAME='物理文件名']

    [, SIZE=文件初始容量]

    [, MAXSIZE={文件最大容量|UNLIMITED}]

    [, FILEGROWTH=文件增长幅度])

    <文件组属性>可取值 READ（只读）、READWRITE（读写）和 DEFAULT（默认）。

【例 4-6】将数据库 DB1 改名为 TEST。

```
ALTER DATABASE DB1
MOFIY NAME=TEST
```

【例 4-7】在数据库 TEST 中增加一个数据文件和一个事务日志文件。

```
ALTER DATABASE TEST
ADD FILE(NAME=TEST1,FILENAME='D:\DB\TEST1.NDF')
ALTER DATABASE TEST
ADD LOG FILE(NAME=TESTLOG1,FILENAME='D:\DB\TESTLOG1.LDF')
```

【例 4-8】在数据库 TEST 中增加一个名为 FTEST1 的文件组。

```
ALTER DATABASE TEST
ADD FILEGROUP FTEST1
```

【例 4-9】在数据库 TEST 中增加两个数据文件到文件组 FTEST1 中，并将该文件组设为默认文件组。

```
ALTER DATABASE TEST
ADD FILE (NAME=TEST2,FILENAME='D:\DB\TEST2.NDF'),
(NAME=TEST3,FILENAME='D:\DB\TEST3.NDF')
TO FILEGROUP FTEST1
GO
ALTER DATABASE TEST
MODIFY FILEGROUP FTEST1 DEFAULT
```

【例 4-10】将数据库 TEST 中文件组 FTEST1 的数据文件 TEST2 删除，并将事务日志文件 TESTLOG1 删除。

```
ALTER DATABASE TEST
REMOVE FILE TEST2
ALTER DATABASE TEST
REMOVE FILE TESTLOG1
```

【例 4-11】将数据库 TEST 中的文件组 FTEST1 删除。
```
ALTER DATABASE TEST
MODIFY FILEGROUP [PRIMAY] DEFAULT
GO                        ——FTEST1 是默认文件组，先将 PRIMARY 设为默认文件组
ALTER DATABASE TEST
REMOVE FILE TEST3         ——删除 FTEST1 文件组中的 TEST3 数据文件
GO
ALTER DATABASE TEST
REMOVE FILEGROUP FTEST1   ——删除空文件组 FTEST1
GO
```

7. 删除数据库

当数据库不再需要时，就可以将其从 SQL Server 服务器上删除。数据库的删除是彻底地将相应的数据库文件从物理磁盘上删除，是永久性、不可恢复的，所以，用户应当小心使用删除操作。

删除数据库的语句是 DROP DATABASE，其语法格式如下：

```
DROP DATABASE  数据库名  [, …n]
```

【例 4-12】将数据库 DB2、DB3、DB4 删除。

```
DROP DATABASE DB2,DB3,DB4
```

4.2.2　定义数据库表

数据库表是存储数据的基本单元，在创建数据库表之前，必须作出有关表结构的决策，表要包含的内容，反映到表结构上是指表将要包含哪些字段以及这些字段的数据类型。

1. 数据类型

数据类型决定了数据在计算机中的存储格式，代表不同的信息类型。在 SQL Server 中，数据类型分为两大类：一是系统数据类型，提供给用户使用的数据类型；二是用户自定义类型，即用户根据自己的需要自定义的数据类型。

在 SQL Server 中，为列选择合适的数据类型尤为重要，因为它影响着系统的空间利用、性能、可靠性和是否易于管理等特征。因此在开发一个数据库系统之前，最好能够真正理解各种数据类型的存储特征。

在表中创建列或者声明局部变量时，都必须为它选择一种数据类型，选择数据类型后，就确定了如下特征：

（1）在列中可以存储何种数据（数字、字符串、二进制串、位值或日期值）。

（2）对于数值或日期数据类型，确定了允许在列中使用值的范围。

（3）对于字符串和十六进制数据类型，确定了允许在列中存储的最大数据长度。

SQL Server 支持的所有数据类型，将在 6.2 节中进行详细介绍。

2. 列的属性

数据表的列具有若干属性，包括是否允许为空值、默认值属性和标识列属性等。

（1）空值

空值用 NULL 表示，通常表明数值未知，没有内容，它既不是零长度的字符串，也不是数字 0，只意味着没有输入。它与空字符串不一样，空字符串是一个字符串，只是里面内容是空的。

（2）默认值属性

在 SQL Server 中，可以给列设置默认值。如果某列已设置默认值，当用户在数据表中插入记录时，没有给该列输入数据，那么系统会自动将默认值填入该列。

（3）标识列属性

设置了标识属性的列称为标识列。在 SQL Server 中，可以将列设置为标识列。如果某列已设置为标识列，那么系统会自动地为该列生成一系列数字。这些数字在该表中能唯一地标识一行记录。列的标识属性由两部分组成：一个是初始值，另一个是增量。初始值用于数据表标识列的第一行数据，以后每行的值依次为初始值加上增量。

注意：不是任何列都可以设置为标识列，这取决于该列的数据类型。只有数据类型为 bigint、int、smallint、tinyint、decimal 和 numeric 的列，才可以设置为标识列。指定为标识列后，不能再指定允许空值（NULL），系统自动指定为 NOT NULL。

3．表约束

为了减少输入错误、防止出现非法数据，可以在数据表的列字段上设置约束。例如：在学生表的学号列上设置主键约束，这样就可以保证该列中不会出现空值和重复的数据。表约束是为了保证数据库中数据的一致性和完整性而实现的一套标准机制。

（1）主键约束

主键能够唯一标识数据表中每一行的列或列的组合。所以，定义为主键的列或列的组合既不能为空值，也不能为重复的值。应该注意的是，当主键是由多个列组成时，某一列上的数据可以重复，但其组合仍是唯一的。主键约束实现了实体完整性规则。

（2）唯一性约束

唯一性约束用于保证列中不会出现重复的数据。在一个数据表上可以定义多个唯一性约束，定义了唯一性约束的列可以取空值。唯一性约束实现了实体完整性规则。

唯一性约束与主键约束的区别有两点：一是在一个表中可以定义多个唯一性约束，但只能定义一个主键约束；二是定义了唯一性约束的列可以输入空值，而定义了主键约束的列则不能。

（3）外键约束

外键约束是用于建立和强制两个表之间的关联的一个列或多个列。也就是说，将数据表中的某列或列的组合定义为外键，并且指定该外键要关联到哪一个表的主键字段上。

定义为主键的表为主表，定义为外键的表为从表。设置了外键约束后，当主表中的数据更新后，从表中的数据也会自动更新。外键约束实现了参照完整性规则。

（4）检查约束

检查约束也称为 CHECK 约束。它通过限制列上可以输入的数据值来实现域完整性规则。检查约束的实质就是在列上设置逻辑表达式，以此来判断输入数据的合法性。

4．创建表

创建表的语句是 CREATE TABLE，其完整语法很复杂，下面只介绍其基本的语法：

```
CREATE TABLE  表名                    ——设置表名
(
    {<列定义>                         ——定义列属性
    [<列约束>]}                       ——设置列约束
    [, …n]                           ——定义其他的列
```

```
)
    [ON {文件组名|DEFAULT}]                    ——指定存放表数据的文件组
其中，<列定义>的语法为：
    {
    列名数据类型[(长度)]                        ——设置列名和数据类型
        [[DEFAULT  常量表达式]                 ——设置默认值
        |[IDENTITY [(初值,增量)]]]              ——定义标识列
    }
<列约束>的语法为：
    [CONSTRAINT  约束名]                      ——设置约束名
    {[NULL|NOT NULL]                         ——设置空值或非空值约束
    |[[PRIMARY KEY|UNIQUE]                   ——设置主键或唯一性约束
        [CLUSTERED|NONCLUSTERED]             ——指定聚集索引或非聚集索引
        [(主关键字列 1[, …n])]]               ——指定主键的列或列的组合
    |[[FOREIGN KEY (外关键字列 1 [, …n])]     ——设置外键约束
        REFERENCES  参照表名(列 1 [,…n])]
    |CHECK (逻辑表达式)                        ——设置检查约束
    }
```

该命令的选项说明如下：

（1）ON，指定在哪个文件组上创建表，默认在 PRIMARY 文件组中创建表。

（2）DEFAULT，在<列定义>中使用，指定所定义的列的默认值，该值由常量表达式确定。

（3）IDENTITY，指定所定义的列为标识列，每张表中只能有一个标识列。当初值和增量都为 1 时，它们可以省略不写。

（4）CONSTRAINT，为列约束指定名称，省略时由系统命名。

（5）NULL|NOT NULL，指定所定义的列的值可否为空，默认为 NULL。

（6）PRIMARY KEY|UNIQUE，指定所定义的列为主关键字或具有唯一性。

（7）CLUSTERED|NONCLUSTERED，指定所定义的列为聚集索引或非聚集索引。

（8）FOREIGN KEY REFERENCES，指定所定义的列为外关键字，且与该列相对的参照是参照表的主关键字或具有唯一性约束。

（9）CHECK，为所定义的列指定检查约束，规则由逻辑表达式指定。

【例 4-13】创建班级信息表（ClassInfo）。

```
CREATE TABLE ClassInfo
(
ClassID varchar(10) primary key,        ——设置主键约束
ClassName varchar(50) not null,
ClassDesc varchar(100) null
)
```

【例 4-14】创建学生信息表（StudInfo）。

```
CREATE TABLE StudInfo
(
```

```
StudNO varchar(15) primary key,
StudName varchar(20) not null,
StudSex char(2) default '男' not null,        ——StudSex 默认值为'男'且不能取空值
StudBirthday datetime null,
ClassID varchar(10) constraint FK_ClassID foreign key references ClassInfo (ClassID) not null
                                ——设置外键约束
)
```

【例 4-15】创建学生成绩信息表（StudScoreInfo）。

```
CREATE TABLE StudScoreInfo
(
StudNO varchar(15),
CourseID varchar(10),
StudScore numeric(4,1) default 0 check(StudScore>=0 and StudScore<=100),
    ——设置检查约束学生成绩在 0～100 之间取值
constraint PK_S_C primary key (StudNO,CourseID)
    ——建立复合主键
)
```

复合主键即多个字段同时作为主键。在学生选课关系中，一个学生可以选多门课程，同一门课程可以被多个学生选修，学生与课程之间为多对多的关系。所以在学生成绩信息表中学号和课程编号组合在一起作为主键，使用 constraint PK_S_C primary key (StudNO,CourseID)语句进行复合主键限制。

【例 4-16】创建带标识列的学生报到信息表（StudEnrollInfo）。

```
CRATE TABLE StudEnrollInfo
(
Seq_ID int identity(100001,1),        ——报名序号初值为 100001，步长为 1
StudNO varchar(15) primary key,
StudName varchar(30) not null
)
```

5. 修改表

使用 ALTER TABLE 命令可以修改表的结构：增加列、删除列，也能修改列的属性，还能增加、删除、启用和暂停约束。但是在修改表时，不能破坏表原有的数据完整性，例如不能向有主键的表添加主键列，不能向已有数据的表添加 NOT NULL 属性的列等。

ALTER TABLE 命令的基本语法如下：

```
ALTER TABLE  表名
{
 ADD {<列定义><列约束>} [, …n]
|ADD {<列约束>} [, …n]
|DROP {COLUMN 列名|[CONSTRAINT] 约束名}[, …n]
|ALTER COLUMN  列名{新数据类型[(新数据宽度[,新小数位数])] [NULL | NOT NULL]}
|[[WITH [CHECK| NOCHECK]
|[CHECK |NOCHECK] ] CONSTRAINT {ALL |约束名[, …n]}
}
```

其中，<列定义>的语法为：

　　{

　　列名数据类型 [(长度)]　[[DEFAULT 常量表达式] | [IDENTITY [(初值,增量)]]]

　　}

<列约束>的语法为：

　　[CONSTRAINT 约束名]

　　{[NULL | NOT NULL]

　　|[[PRIMARY KEY |UNIQUE] [CLUSTERED|NONCLUSTERED][(主关键字列 1[, …n])]]

　　|[[FOREIGN KEY (外关键字列 1 [, …n])] REFERENCES 参照表名(列 1 [,…n])]

　　|CHECK (逻辑表达式)

　　}

【例 4-17】修改学生成绩信息表（StudScoreInfo），增加自动编号新列。

　　　ALTER TABLE StudScoreInfo ADD Seq_ID int IDENTITY(1001,1)

【例 4-18】修改学生成绩信息表（StudScoreInfo），删除主键 PK_S_C。

　　　ALTER TABLE StudScoreInfo DROP CONSTRAINT PK_S_C

【例 4-19】修改学生成绩信息表（StudScoreInfo），将(StudNO,CourseID)设置为复合主键（PK_S_C）。

　　　ALTER TABLE StudScoreInfo ADD CONSTRAINT PK_S_C PRIMARY KEY(StudNO,CourseID)

【例 4-20】修改学生成绩信息表（StudScoreInfo）删除自动编号列。

　　　ALTER TABLE StudScoreInfo DROP COLUMN Seq_ID

6.　删除表

删除表的语句是 DROP TABLE，其语法格式如下：

　　DROP TABLE　表名

【例 4-21】删除学生成绩信息表（StudScoreInfo）。

　　　DROP TABLE StudScoreInfo

4.3　数据操作语言（DML）

数据操作语言是指对数据库中数据的操作功能，主要包括数据的插入、更新和删除 3 个方面的内容。

4.3.1　插入数据

SQL 使用 INSERT 语句为数据表添加行。使用 INSERT 语句既可以一次插入一行数据，也可以从其他表中选择符合条件的多行数据一次插入表中。无论使用哪一种方式，输入的数据都必须符合相应列的数据类型，且符合相应的约束，以保证表中的数据完整性。

1.　插入一行数据

INSERT 命令的语法如下：

　　INSERT [INTO]　表名　[(列名　[, …n])]

　　VALUES ({表达式|NULL|DEFAULT}[, ..n])

在插入数据时，必须给出相应的列名，次序可任意，如果是对表中所有列插入数据，则可以省略列名。插入的列值由表达式指定，对于具有默认值的列可使用 DEFAULT 插入默认值，对于允许为空的列可使用 NULL 插入空值。对于没有在 INSERT 命令中给出的表中的其他列，如果可自动取值，则系统在执行 INSERT 命令时，会自动给其赋值，否则执行 INSERT 命令会报错。

【例 4-22】向班级信息表（ClassInfo）插入一行数据。

    INSERT INTO ClassInfo VALUES('2015001','计算机科学与技术','30 人')

【例 4-23】向班级信息表（ClassInfo）插入一行数据。

    INSERT INTO ClassInfo(ClassName,ClassID)
    VALUES('2015002','信息管理')

注意：因 ClassDesc 字段允许为空，所以可以添加没有班级描述值的行。

【例 4-24】向学生成绩信息表（StudScoreInfo）插入两行数据。

    INSERT INTO StudScoreInfo(StudNO,CourseID,StudScore)
    VALUES('201500101','C0001',90)
    INSERT INTO StudScoreInfo(StudNO,CourseID,StudScore)
    VALUES('201500102','C0001',85)

注意：由于 INSERT 语句一次只能插入一行数据，本例要求插入两行数据，因此要用两条 INSERT 语句来实现。

2. 使用 SELECT 子句插入多行数据

使用 SELECT 子句的 INSERT 命令语法如下：

    INSERT [INTO] 目的表名 [(列名 [, …n])]
    SELECT [源表名.] 列名 [, …n]
    FROM 源表名[, …n]
    [WHERE 逻辑表达式]

该命令先从多个数据源表中选取符合逻辑表达式的所有数据，从中选择所需要的列，将其数据插入到目的表中。当选取源表中的所有数据行时，WHERE 子句可以省略；当插入到目的表中的所有列时，列名可省略。

【例 4-25】将 StudScoreInfo 表中成绩不及格的记录插入到 NOPASS 表中。

    INSERT INTO NOPASS
    SELECT * FROM StudScoreInfo
    WHERE StudScore<60

注意：该例中用到的 NOPASS 表必须已经存在，且该表的结构与 StudScoreInfo 一致。如果还没有 NOPASS 表，则用户应该先定义该表。

4.3.2 更新数据

当需要更新表中一列或多列的值时可以使用 UPDATE 语句。使用 UPDATE 语句，可以指定要更新的列和想赋予的新值。通过给出检索匹配数据行的 WHERE 子句，还可以指定要更新的列所必须符合的条件。

UPDATE 命令的语法如下：

    UPDATE 表名

　　　　SET {列名=表达式|NULL |DEFAULT} [, …n]

　　　　[WHERE 逻辑表达式]

　　当省略 WHERE 子句时，表示对所有行的指定列都进行修改，否则只对满足逻辑表达式行的指定列进行修改。修改的列值由表达式指定，对于具有默认值的列可使用 DEFAULT 修改为默认值，对于允许为空的列使用 NULL 修改为空值。

　　【例 4-26】将 StudScoreInfo 表中 CourseID 为 C0001 的不及格的学生成绩加 5 分。

　　　　UPDATE StudScoreInfo

　　　　SET StudScore= StudScore+5

　　　　WHERE CourseID='C0001' and StudScore<60

4.3.3　删除数据

SQL 语言使用 DELETE 语句删除表中的行。DELETE 语句的语法如下：

　　　　DELETE [FROM] 表名

　　　　[WHERE 逻辑表达式]

当省略 WHERE 子句时，表示删除表中所有数据，否则只删除满足逻辑表达式的数据行。

　　【例 4-27】删除 StudScoreInfo 表中所有不及格的数据行。

　　　　DELETE FROM StudScoreInfo

　　　　WHERE StudScore<60

4.4　数据查询语言（DQL）

　　SQL 使用 SELECT 语句来实现数据的查询，并按用户要求检索数据，将查询结果以表格的形式返回。SELECT 语句在 SQL 中是使用频率最高的语句。完全可以说，SELECT 语句是 SQL 的灵魂。SELECT 语句具有强大的查询功能。有的用户甚至只需熟练掌握 SELECT 语句的一部分，就可以轻松地使用数据库来完成自己的工作。

4.4.1　SELECT 语句的基本语法格式

SELECT 语句的完整语法比较复杂，下面只介绍基本语法格式：

　　　　SELECT 字段列表

　　　　[INTO 新表名]

　　　　FROM 表名 [,…n]

　　　　[WHERE 条件表达式]

　　　　[GROUP BY 列名]

　　　　[HAVING 逻辑表达式]

　　　　[ORDER BY 列名 [ASC|DESC]]

说明：

　　（1）SELECT，指定从数据库表中要查询的列或表达式。

　　（2）INTO，创建新表，并将查询的结果行插入到新表中。

　　（3）FROM，指定要查询的数据所在的表。

（4）WHERE，指定查询返回的数据要符合的条件。

（5）ORDER BY，指定查询的排序条件。

（6）GROUP BY，指定查询结果的分组条件。

（7）HAVING，分组后查询要符合条件的组。

SELECT 语句主要用于从数据库中检索数据，同时它也可以向局部变量赋值或者调用一个函数。SELECT 语句既可以简单，也可以复杂，能达到同样目的，选择同样的数据时，尽量使用 SELECT 语句。在检索需要的结果时，要尽量简化 SELECT 语句。例如，如果仅需要返回表中两列的数据，则在 SELECT 语句中仅包括这两列就可以大大减少返回的数据量。

在使用 SELECT 语句检索数据时，可以使用过滤条件过滤掉不需要的数据。同时，在检索数据时，也应该考虑检索数据的速度，特别是从数据量很大的表中检索数据。一般可以在 WHERE 子句中尽量使用有索引的列以加速数据检索的速度。

SELECT 语句包含几个子句，大多数子句都是可选的。一个 SELECT 语句至少要包括一个 SELECT 语句和一个 FROM 子句。这两个子句识别检索哪些列或者列中的数据，以及分别从哪些表中检索数据。

假设在本节示例中使用的 school 数据库的基本表结构及内容如表 4-1 至表 4-6 所示。

表 4-1　StudInfo 表结构

列名	数据类型	含义
StudNO	varchar(15)	学生学号
StudName	varchar(20)	学生姓名
StudSex	char(2)	性别
StudBirthday	datetime	出生日期
ClassID	char(7)	班级号

表 4-2　StudInfo 表数据

StudNO	StudName	StudSex	StudBirthday	ClassID
20130101	周平	男	1995-05-01	201301
20130102	姚小力	男	1995-08-21	201301
20130103	李芬	女	1994-04-07	201301
20130201	黄雅丽	女	1994-01-19	201302
20130202	黄晨	男	1994-10-05	201302
20130301	刘小兰	女	1995-12-11	201303
20130302	陈玫瑰	女	1995-10-17	201303
20130401	欧阳天	男	NULL	201304
20130402	李小军	男	1994-06-08	201304

表 4-3　CourseInfo 表结构

列名	数据类型	含义
CourseID	varchar(10)	课程号
CourseName	varchar(40)	课程名
CourseCredit	int	学分

表 4-4　CourseInfo 表数据

CourseID	CourseName	CourseCredit
0001	Java 程序设计	4
0002	数据库系统原理	4
0003	操作系统	4
0004	计算机组成原理	3

表 4-5　StudScoreInfo 表结构

列名	数据类型	含义
StudNO	varchar(15)	学号
CourseID	varchar(10)	课程号
StudScore	numeric(4,1)	分数

表 4-6　StudScoreInfo 表数据

StudNO	CourseID	StudScore
20130101	0001	85.0
20130101	0002	55.0
20130102	0001	80.0
20130102	0003	72.0
20130103	0001	49.0
20130201	0002	68.0
20130202	0003	93.0
20130301	0001	80.0
20130301	0003	NULL
20130301	0004	79.0
20130302	0003	72.0
20130302	0004	68.0
20130401	0003	53.0

4.4.2 简单查询

1. 使用 SELECT 子句选择列

SELECT 子句的作用是指定查询返回的列。最简单的 SELECT 语句格式是：

    SELECT 字段列表

    FROM 表名

其中，字段列表指定了查询结果集中要包含的列的名称。有多个列名时用逗号分隔。在字段列表中可以是以下参数：

（1）字段名，指定在查询结果集中要包含的字段名。在字段名前还可以加上 ALL 和 DISTINCT 参数。

ALL，指定在查询结果集中包含所有行，此参数为默认值。

DISTINCT，指定在查询结果集中只能包含不重复的数据行。

（2）*，返回指定表中的所有列。

（3）TOP 表达式，限制查询结果集中返回的数据行的数目。

（4）常量表达式，使用常量表达式在查询结果集中增加说明列。

（5）列表达式，使用列表达式在查询结果集中增加计算列。

（6）字段名 AS 别名，在查询结果集中为列重新指定名称。

【例 4-28】查询学生信息表（StudInfo）所有记录。

    SELECT StudNO, StudName, StudSex, StudBirthday, ClassID FROM StudInfo

说明： 可以用符号*来选取表的全部列。

    SELECT * FROM StudInfo

执行结果如图 4-1 所示。

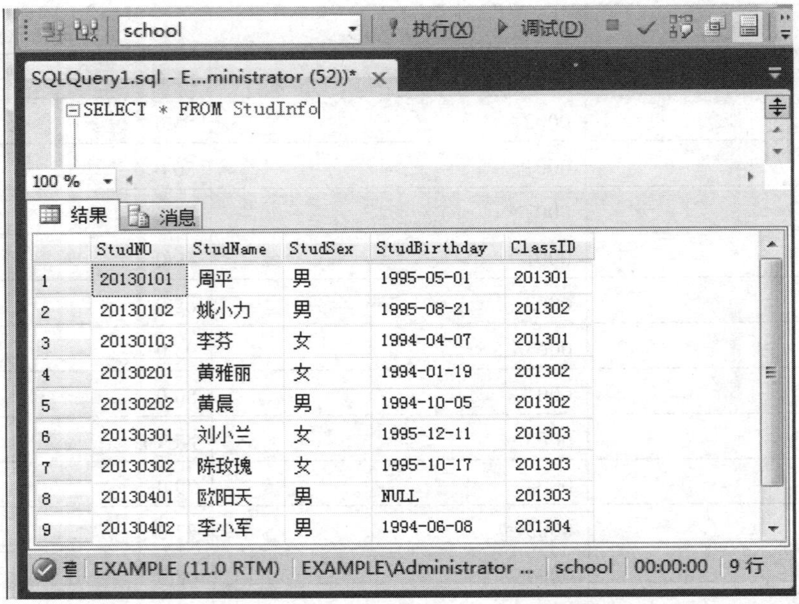

图 4-1 　【例 4-28】执行结果

【例 4-29】查询所有学生姓名的列表。
　　　　SELECT StudName FROM StudInfo
执行结果如图 4-2 所示。

图 4-2　【例 4-29】执行结果

【例 4-30】查询所有学生班级的列表。
　　　　SELECT DISTINCT ClassID FROM StudInfo
执行结果如图 4-3 所示。

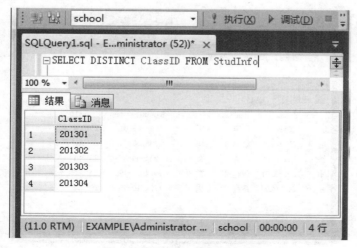

图 4-3　【例 4-30】执行结果

　　说明：因为每个学生班级均有许多学生，为在列表中不出现重复班级编号，故使用了
"DISTINCT"。

【例 4-31】查询所有学生姓名、年龄。

SELECT StudName, year(getdate())-year(StudBirthday) AS StudAge FROM StudInfo

执行结果如图 4-4 所示。

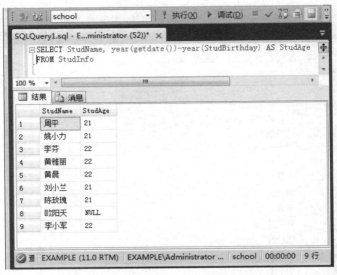

图 4-4 【例 4-31】执行结果

说明：因为 StudInfo 表中存储的是学生出生日期信息，因此需要将当前系统的年份和学生出生年份相减以获得学生的年龄。

【4-32】查询学生信息表中的前 5 条记录。

SELECT TOP 5 * FROM StudInfo

执行结果如图 4-5 所示。

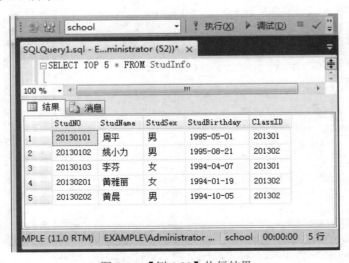

图 4-5 【例 4-32】执行结果

2. 使用 WHERE 子句选择行

在前面的示例中，查询的都是数据表中所有的行，但在实际情况中，用户通常只要求查询部分数据行，即找出满足某些条件的数据记录。此时用户可以在 SELECT 语句中使用 WHERE 子句来指定查询条件，过滤不符合条件的记录行。WHERE 子句后面跟着逻辑表达式，该表达式定义了返回结果需符合的条件，满足条件的行被返回，不满足条件的行则不返回。

WHERE 子句的限定条件可以有多种表达式形式，下面分别进行讨论。

（1）使用比较运算符

比较运算符包括以下几个：等于（=）、大于（>）、小于（<）、大于等于（>=）、小于等于（<=）、不等于（<>或者!=）、不大于（!>）、不小于（!<）。

【例 4-33】查询学号为 20130101 的学生基本信息。

SELECT * FROM StudInfo WHERE StudNO='20130101'

执行结果如图 4-6 所示。

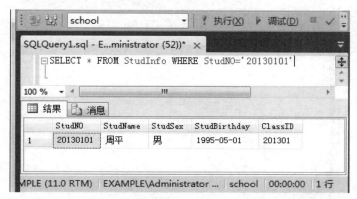

图 4-6　【例 4-33】执行结果

【例 4-34】查询所有成绩在 85 分（包括 85）以上的学生成绩信息。

SELECT * FROM StudScoreInfo WHERE StudScore>=85

执行结果如图 4-7 所示。

图 4-7　【例 4-34】执行结果

（2）使用逻辑运算符

逻辑运算符包括 3 个，分别是 AND、OR 和 NOT。

AND：组合两个条件，当两个条件都为真时其取值为真。

OR：组合两个条件，当两个条件中有一个为真时其取值为真。

NOT：对指定的条件取反。

【例 4-35】查询所有课程成绩在 85 分以上、100 分以下的学生成绩信息。

SELECT * FROM StudScoreInfo WHERE StudScore>=85 AND StudScore<=100

执行结果如图 4-8 所示。

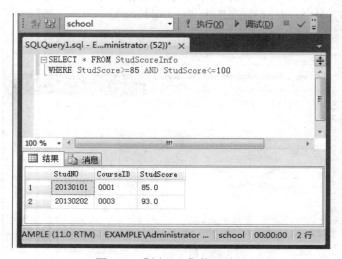

图 4-8　【例 4-35】执行结果

【例 4-36】查询分数在 59 分以上（不包括 59）的学生成绩信息。

SELECT * FROM StudScoreInfo WHERE NOT StudScore<=59

执行结果如图 4-9 所示。

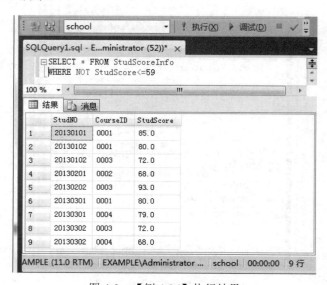

图 4-9　【例 4-36】执行结果

说明：本例中的 WHERE 子句还可以使用其他形式的条件表达式，例如，StudScore>=60，或者 StudScore!<60。

【例 4-37】查询 201301 班和 201302 班所有学生的基本信息。

　　　SELECT * FROM StudInfo WHERE ClassID='201301' OR ClassID='201302'

执行结果如图 4-10 所示。

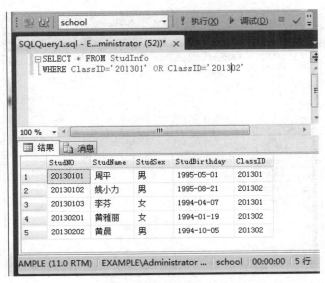

图 4-10　【例 4-37】执行结果

【例 4-38】查询 201301 班和 201302 班所有女生的基本信息。

　　　SELECT * FROM StudInfo
　　　WHERE (ClassID='201301' OR ClassID='201302') AND StudSex='女'

执行结果如图 4-11 所示。

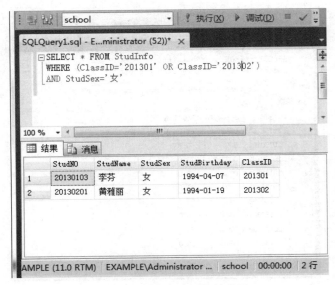

图 4-11　【例 4-38】执行结果

（3）限定查询的范围

使用 BETWEEN…AND 和 NOT BETWEEN …AND 关键字对条件进行限制。

【例 4-39】查询分数在 0～59 之间的学生成绩信息。

SELECT * FROM StudScoreInfo WHERE StudScore BETWEEN 0 AND 59

执行结果如图 4-12 所示。

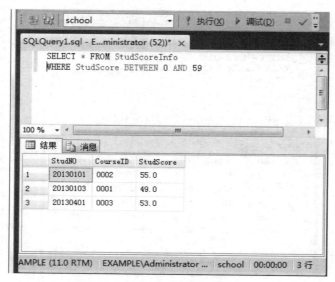

图 4-12 【例 4-39】执行结果

说明：StudScore BETWEEN 0 AND 59 等价于 StudScore>=0 AND StudScore<=59。

【例 4-40】查询分数不在 0～59 之间的学生成绩信息。

SELECT * FROM StudScoreInfo WHERE StudScore NOT BETWEEN 0 AND 59

执行结果如图 4-13 所示。

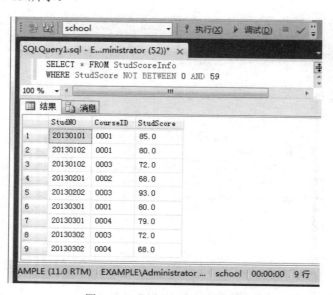

图 4-13 【例 4-40】执行结果

说明：StudScore NOT BETWEEN 0 AND 59 等价于 StudScore<0 OR StudScore>59。

（4）使用列表（IN 和 NOT IN）

使用 IN 和 NOT IN 关键字查询与 IN 子句中的列表匹配或不匹配的记录行。

【例 4-41】查询 201301 班和 201302 班所有学生的基本信息。

```
SELECT * FROM StudInfo WHERE ClassID IN ('201301','201302')
```

执行结果如图 4-14 所示。

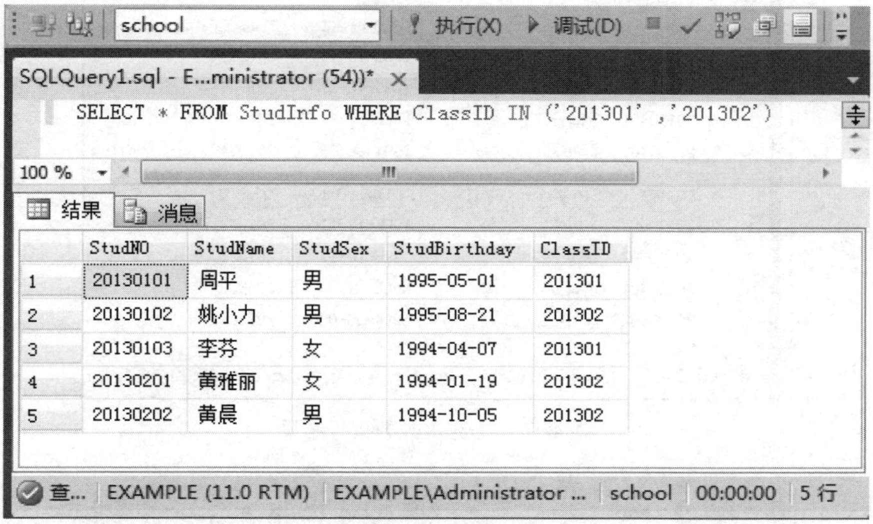

	StudNO	StudName	StudSex	StudBirthday	ClassID
1	20130101	周平	男	1995-05-01	201301
2	20130102	姚小力	男	1995-08-21	201302
3	20130103	李芬	女	1994-04-07	201301
4	20130201	黄雅丽	女	1994-01-19	201302
5	20130202	黄晨	男	1994-10-05	201302

图 4-14　【例 4-41】执行结果

【例 4-42】查询不是 201301 班和 201302 班所有学生的基本信息。

```
SELECT * FROM StudInfo WHERE ClassID NOT IN ('201301' ,'201302')
```

等价于：

```
SELECT * FROM StudInfo WHERE ClassID!='201301' AND ClassID!='201302'
```

执行结果如图 4-15 所示。

（5）模糊查询（LIKE 和 NOT LIKE）

使用 LIKE 和 NOT LIKE 关键字可以实现模糊查询。LIKE 后跟匹配的模式，可以是字符串、日期或者时间值。匹配使用的通配符包含以下 4 种。

%：包含零个或多个字符的任意字符串。

_：下划线，任何单个字符。

[]：在指定范围[a～f]或集合[abcdef]内的任何单个字符。

[^]：不在指定范围[^a～f]或集合[^abcdef]内的任何单个字符。

【例 4-43】查询所有姓李的学生信息。

```
SELECT * FROM StudInfo WHERE StudName LIKE '李%'
```

执行结果如图 4-16 所示。

图 4-15 【例 4-42】执行结果

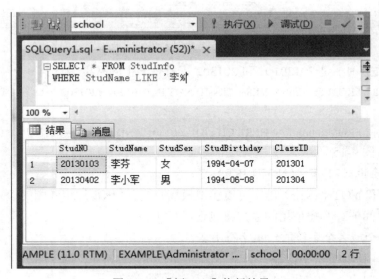

图 4-16 【例 4-43】执行结果

【例 4-44】查询学号尾数不为 1 和 3 的学生信息。

SELECT * FROM StudInfo WHERE StudNO LIKE '%[^13]'

或

SELECT * FROM StudInfo WHERE StudNO NOT LIKE '%[13]'

执行结果如图 4-17 所示。

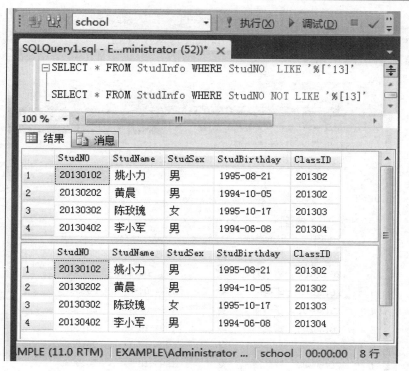

图 4-17　【例 4-44】执行结果

（6）空值查询

如果要查询字段中的空值 NULL，可以使用 IS 运算符设置条件进行判断。

【例 4-45】查询出生日期为空值的学生信息。

SELECT * FROM StudInfo WHERE StudBirthday IS NULL

执行结果如图 4-18 所示。

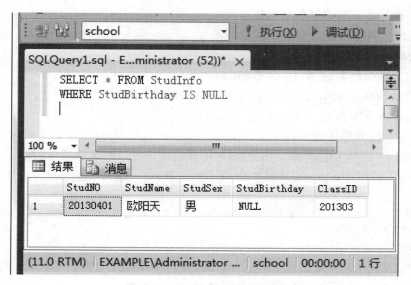

图 4-18　【例 4-45】执行结果

【例 4-46】查询出生日期不为空值的学生信息。

　　　SELECT * FROM StudInfo WHERE StudBirthday IS NOT NULL

执行结果如图 4-19 所示。

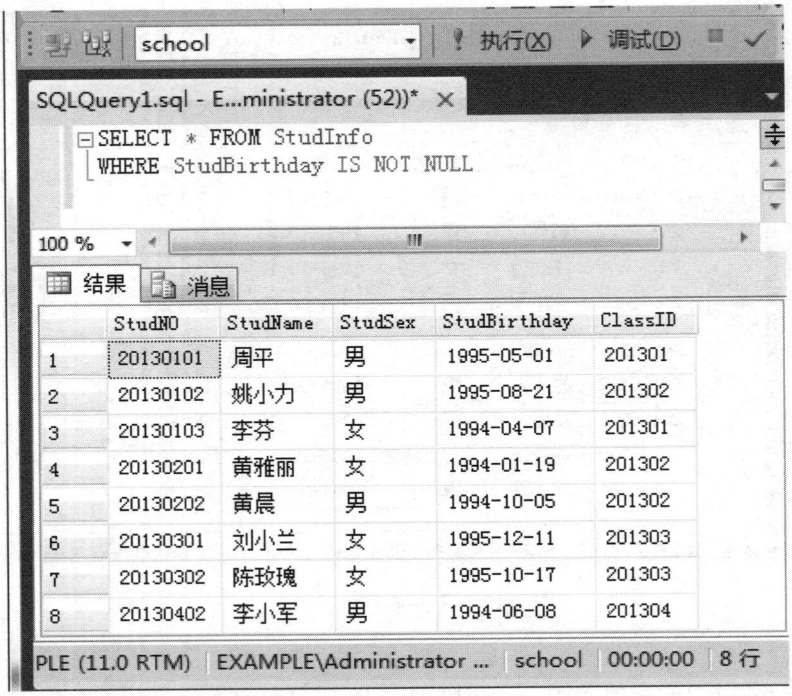

图 4-19 　【例 4-46】执行结果

3. 使用 ORDER BY 子句为返回的结果排序

ORDER BY 子句的作用是设置排序顺序，使用它可以使查询结果按照用户的要求对一个
列或者是多个列排序。其语法格式如下：

　　　SELECT 字段列表

　　　FROM 表名

　　　ORDER BY 列名|列号 [ASC|DESC] [, …n]

列号：表示该列在 SELECT 子句指定的列表中的相对顺序号。

ASC：表示按升序排列，为默认值，可省略。

DESC：表示按降序排列。

【例 4-47】查询学生信息表（StudInfo）所有记录，并以姓名降序排列。

　　　SELECT * FROM StudInfo ORDER BY StudName DESC

或

　　　SELECT StudNO, StudName, StudSex, StudBirthday, ClassID FROM StudInfo

　　　ORDER BY 2 DESC

执行结果如图 4-20 所示。

当 ORDER BY 子句指定了多个列时，系统先按照 ORDER BY 子句中第一列的顺序排列，
当该列出现相同值时，再按照第二列的顺序排列，以此类推。

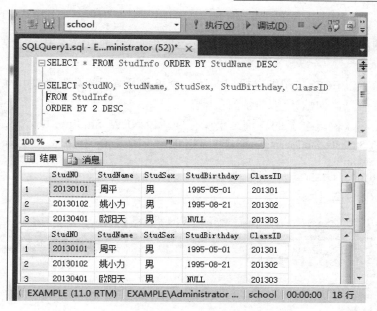

图 4-20 【例 4-47】执行结果

【例 4-48】查询学生信息表（StudInfo）所有记录，先按班级编号升序排列，当班级编号相同时再按学号降序排列。

    SELECT * FROM StudInfo ORDER BY ClassID, StudNO DESC
或
    SELECT StudNO, StudName, StudSex, StudBirthday, ClassID FROM StudInfo
    ORDER BY 5, 1DESC
执行结果如图 4-21 所示。

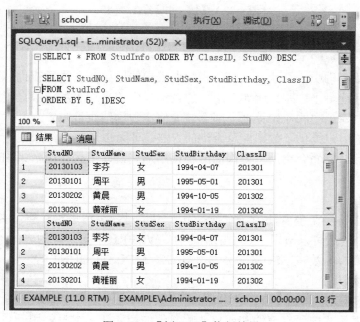

图 4-21 【例 4-48】执行结果

4. 使用 INTO 子句保持查询结果

用户可以使用 INTO 子句将查询结果生成一个新表，这种方法常用于创建表的副本和创建临时表。

新表的列为 SELECT 子句指定的列，且不改变原表中列的数据类型和允许空属性，但是忽略其他的所有信息，如默认值、约束等信息。

【例 4-49】将【例 4-48】的查询结果保存到新表 NEW_StudInfo 中。

```
SELECT StudNO, StudName, StudSex, StudBirthday, ClassID INTO NEW_StudInfo
FROM StudInfo
ORDER BY 5, 1DESC
```

执行结果如图 4-22 所示。

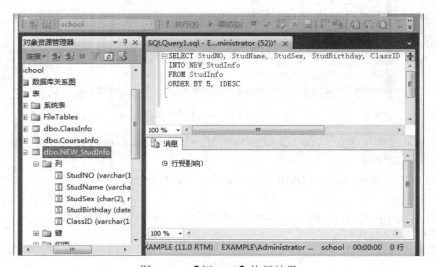

图 4-22　【例 4-49】执行结果

4.4.3　汇总查询

在前面的简单查询中，只涉及了对一张数据表中的原始数据进行查询，而在实际应用中，用户的查询需求远远不止这些。例如：用户想查询学生的平均年龄、最大年龄、最小年龄等，这些数据不是数据库表中的原始数据，那么该如何实现这些查询呢？

SQL Server 给用户提供了数据汇总查询的方法，即可以对查询结果集进行求和、平均值、最大值、最小值等。下面介绍汇总查询的两种使用形式，即用聚合函数、GROUP BY 子句进行汇总查询。

1. 聚合函数

聚合函数可以将多个值合并为一个值，其作用是对一组值进行计算，并在查询结果集中返回一个值。聚合函数可以应用于表中的所有行、WHERE 子句指定的表的子集或表中一组或多组行。常用的聚合函数有：SUM、AVG、MAX、MIN 和 COUNT 等。

（1）SUM 函数

用法：SUM([ALL|DISTINCT] 表达式)。

功能：返回表达式中所有值的和或仅非重复值的和。该函数只能用于数值型数据。

【例 4-50】统计学号为"200500101"学生成绩总分，并为该列指定别名为"总分"。

  SELECT SUM(StudScore) AS 总分 FROM StudScoreInfo
  WHERE StudNO='200500101'

执行结果如图 4-23 所示。

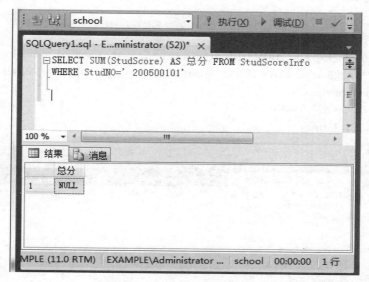

图 4-23 【例 4-50】执行结果

（2）AVG 函数

用法：AVG([ALL|DISTINCT] 表达式)。

功能：返回表达式中所有值的平均值。该函数只能用于数值型数据。

【例 4-51】统计所有学生的平均年龄。

  SELECT AVG(year(getdate())-year(StudBirthday)) AS 平均年龄 FROM StudInfo

执行结果如图 4-24 所示。

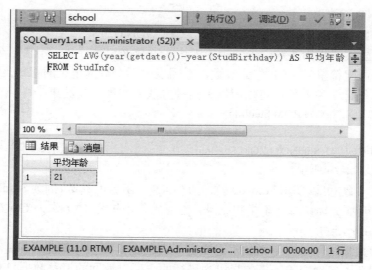

图 4-24 【例 4-51】执行结果

（3）MAX 函数

用法：MAX(表达式)。

功能：返回表达式中的最高值。

（4）MIN 函数

用法：MIN(表达式)。

功能：返回表达式中的最低值。

【例 4-52】统计学号为"200500101"学生成绩最高分、最低分和平均分。

```
SELECT MAX(StudScore) AS 最高分, MIN(StudScore) AS 最低分, AVG(StudScore) 平均分
FROM StudScoreInfo
WHERE StudNO='200500101'
```

执行结果如图 4-25 所示。

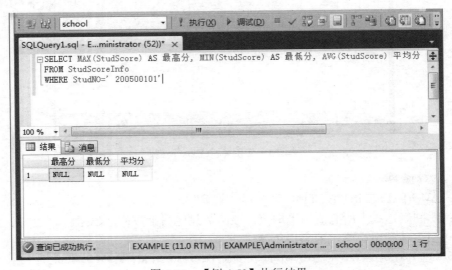

图 4-25　【例 4-52】执行结果

（5）COUNT 函数

用法：COUNT([ALL|DISTINCT] 表达式) 或 COUNT(*)。

功能：使用表达式作为参数，返回指定表达式的数据记录行数，不包括全部为 NULL 值的记录行；使用通配符星号（*）作为参数，返回表中所有数据记录的行数。

【例 4-53】统计学生人数。可以用以下两种方法来实现，其结果一样。

```
SELECT COUNT(*) FROM StudInfo
```

或

```
SELECT COUNT(StudNO) FROM StudInfo
```

执行结果如图 4-26 所示。

要统计学生人数，可以使用 StudNO 列作为 COUNT 函数的参数，因为 StudNO 列是 StudInfo 表的主关键字，能唯一标识每一条学生记录；也可以使用星号（*）作为 COUNT 函数的参数。

2．GROUP BY 子句

一个聚合函数只返回一个单个的汇总数据。在前面介绍的实例中，汇总数据都是针对整个表或由 WHERE 子句确定的子表的指定列进行的，所以返回的汇总数据只有一行。

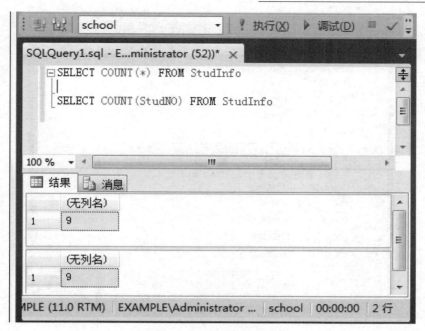

图 4-26　【例 4-53】执行结果

　　在实际应用中，用户常需要得到不同类别的汇总数据，可以使用 SQL Server 提供的 GROUP BY 子句来实现分类汇总。

　　用法：GROUP BY　列名 1 [,…n]。

　　功能：该子句根据指定的列将数据分成多个组（即列值相同的记录组成一组），然后对每一组进行汇总。

　　（1）按一个字段分组

　　【例 4-54】统计每门课程的平均成绩。

　　分析：先将 StudScoreInfo 表中的数据记录按 CourseID 分组，然后再统计每一组课程的平均成绩。

```
SELECT CourseID, AVG(StudScore) AS  平均成绩
FROM StudScoreInfo
GROUP BY CourseID
```

执行结果如图 4-27 所示。

　　注意：SELECT 子句中出现的列名必须是 GROUP BY 子句中指定的列名，或者和聚合函数一起使用。

　　（2）按多个字段分组

　　如果 GROUP BY 子句指定了多个列，则表示基于这些列的唯一组合来进行分组。在该分组过程中，首先按第一列进行分组，然后再按第二列进行分组，依此类推，最后在分好的组中进行汇总。因此当指定的列顺序不同时，返回的结果也不同。

　　注意：GROUP BY 子句返回的组没有任何特定的顺序，若要指定特定的数据排序，需使用 ORDER BY 子句。

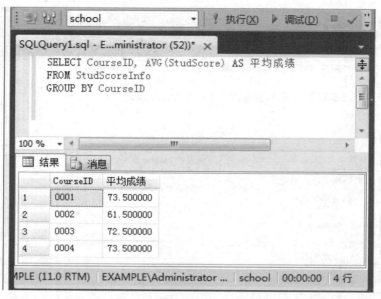

图 4-27 【例 4-54】执行结果

【例 4-55】统计各班男、女生的人数。

```
SELECT ClassID, StudSex ,COUNT(*) 人数
FROM StudInfo
GROUP BY ClassID, StudSex
ORDER BY ClassID
```

执行结果如图 4-28 所示。

图 4-28 【例 4-55】执行结果

3. HAVING 子句

HAVING 子句指定分组搜索条件，是对分组之后的结果再次筛选。HAVING 子句必须与 GROUP BY 子句一起使用，有 HAVING 子句则必须有 GROUP BY 子句，有 GROUP BY 子句但可以没有 HAVING 子句。

HAVING 语法与 WHERE 语法类似，其区别在于 WHERE 子句在进行分组操作之前对查询结果进行筛选，而 HAVING 子句搜索条件对分组操作之后的结果再次筛选。同时作用的对象也不同，WHERE 子句作用于表和视图，HAVING 子句作用于组。HAVING 子句中可以使用聚合函数，WHERE 子句则不能。

当 GROUP BY 子句、HAVING 子句和 WHERE 子句同时存在时，其执行顺序为先 WHERE，后 GROUP BY，再 HAVING，即先用 WHERE 子句过滤不符合条件的数据记录，接着用 GROUP BY 子句对余下的数据记录按指定列分组，最后再用 HAVING 子句排除一些组。

【例 4-56】统计重修 1 门以上课程的学生平均分信息。

```
SELECT StudNO,AVG(StudScore) AS 平均分
FROM StudScoreInfo
WHERE StudScore<60
GROUP BY StudNO
HAVING COUNT(*)>=1
```

执行结果如图 4-29 所示。

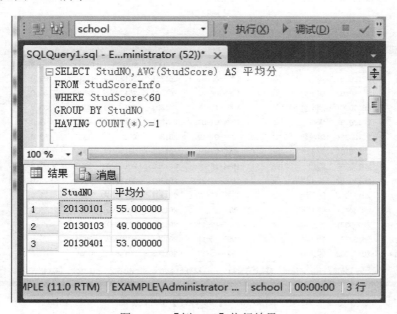

图 4-29　【例 4-56】执行结果

4.4.4　关联表查询

前面介绍的简单查询和统计都是基于单个数据表来实现的。因数据库的各个表中存放着不同的数据，往往需要用多个表中的数据来组合查询出需要的信息。所谓多表查询是相对单表而言的，指从多个数据表中查询数据。等值多表查询将按照等值的条件查询多个数据表中关联

的数据。要求关联的多个数据表的某些字段具有相同的属性，即具有相同的数据类型、宽度和取值范围。这里介绍使用 WHERE 子句关联表实现等值多表查询。

语法格式如下：

SELECT 字段列表

FROM 表名 [, …n]

WHERE {查询条件 AND| OR 连接条件} [, …n]

【例 4-57】求所有学生信息，包括他的基本信息以及所学课程的课程号和成绩，并按课程号和成绩排名。

SELECT StudInfo.*, StudScoreInfo.*

FROM StudInfo, StudScoreInfo

WHERE StudInfo. StudNO=StudScoreInfo. StudNO

ORDER BY CourseID, StudScore DESC

执行结果如图 4-30 所示。

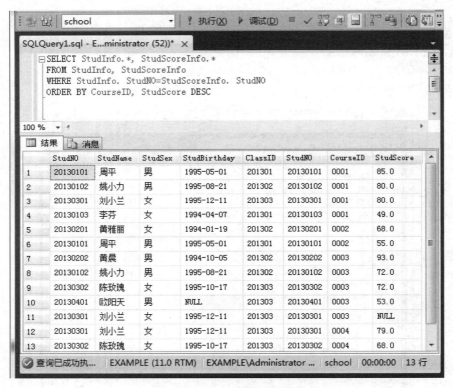

图 4-30 【例 4-57】执行结果

其中 "StudInfo. StudNO=StudScoreInfo. StudNO" 称为连接条件。本例是实现两表等值连接的示例。如在 FROM 子句中涉及两个以上的表名，则在 WHERE 子句描述中一定要有表间连接的描述语句。在本例 StudInfo 和 StudScoreInfo 两表中都有 StudNO，因此在结果表中系统将两个 StudNO 命名为不同的名字。

注意：当引用的列存在于多个表中时，必须用 "表名.列名" 的形式来明确指定是哪个表中的列。

【例 4-58】求分数为优良（80 分及以上）的所有成绩组成的表，要求显示内容包括学号、姓名、课程号、课程名和分数。

> SELECT StudInfo. StudNO 学号, StudName 姓名, CourseInfo. CourseID 课程号, CourseName 课程名, StudScore 分数
> FROM StudInfo, StudScoreInfo, CourseInfo
> WHERE StudInfo. StudNO=StudScoreInfo. StudNO
> AND StudScoreInfo. CourseID= CourseInfo. CourseID AND StudScore>=80

执行结果如图 4-31 所示。

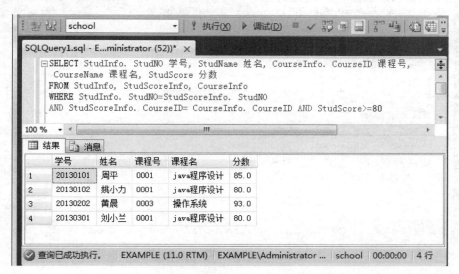

图 4-31　【例 4-58】执行结果

4.4.5　连接查询

连接查询就是把多个表中的行按给定的条件进行连接生成新表，从中查询数据。其语法格式如下：

> SELECT　字段列表
> FROM　表名 1 [连接类型]　JOIN　表名 2 [... JOIN　表名 n]
> ON {连接条件}
> WHERE　查询条件

在 SQL Server 中，连接类型有多种：内连接、左外连接、右外连接、全外连接、交叉连接和自连接。下面分别进行介绍。

1. 内连接（[INNER] JOIN）

内连接使用比较运算符进行表间某（些）列数据的比较操作，并列出这些表中与连接条件相匹配的数据行。在内连接查询中，只有满足连接条件的记录才能出现在结果集中，而相连的两个表中不匹配的记录则不显示。内连接分为等值连接和非等值连接。等值连接就是使用"="运算符设置连接条件的连接，非等值连接就是使用">、>=、<和<="等运算符设置连接条件的连接。在实际应用中，等值连接应用较广泛，而非等值连接只有与自身连接时使用才有意义。

【例 4-59】查询不及格学生的学号、姓名、课程号和分数信息。

    SELECT StudInfo. StudNO 学号, StudName 姓名, CourseID 课程号, StudScore 分数
    FROM StudInfo INNER JOIN StudScoreInfo
    ON StudInfo. StudNO=StudScoreInfo. StudNO
    WHERE StudScore<60

执行结果如图 4-32 所示。

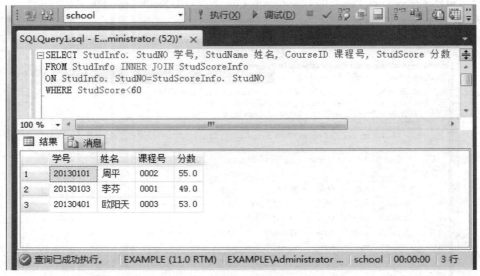

图 4-32　【例 4-59】执行结果

说明："INNER JOIN"表示该连接属于内连接，在查询结果集中只显示符合条件的记录，INNER 可省略。

【例 4-60】查询男同学基本信息、课程信息和成绩信息。

格式一：

    SELECT StudInfo.*, CourseInfo.* , StudScoreInfo. StudScore
    FROM StudInfo INNER JOIN StudScoreInfo
    ON StudInfo. StudNO=StudScoreInfo. StudNO
    INNER JOIN CourseInfo
    ON StudScoreInfo. CourseID= CourseInfo. CourseID
    WHERE StudSex ='男'

或

格式二：

    SELECT StudInfo.*, CourseInfo.* , StudScoreInfo. StudScore
    FROM StudInfo INNER JOIN StudScoreInfo INNER JOIN CourseInfo
    ON StudScoreInfo. CourseID= CourseInfo. CourseID
    ON StudInfo. StudNO=StudScoreInfo. StudNO
    WHERE StudSex ='男'

执行结果如图 4-33 所示。

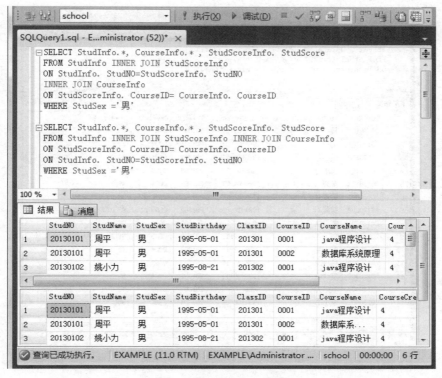

图 4-33   【例 4-60】执行结果

注意：JOIN 连接格式在连接多个表时的书写方法要特别注意，在格式二中 JOIN 的顺序和 ON 的顺序很重要，特别要注意 JOIN 的顺序要和 ON 的顺序（相应的连接条件）正好相反。

2. 左外连接（LEFT [OUTER] JOIN）

左外连接的结果集包括 LEFT JOIN 或 LEFT OUTER JOIN 子句中指定的左表的所有行，而不仅仅是连接列所匹配的行。如果左表的某行在右表中没有匹配行，则在相关联的结果集中，来自右表的所有选择列表的列均为空值。

【例 4-61】查询所有的学生信息和学生成绩信息。

        SELECT StudInfo. *, StudScoreInfo. CourseID, StudScore

        FROM StudInfo LEFT JOIN StudScoreInfo

        ON StudInfo. StudNO=StudScoreInfo. StudNO

执行结果如图 4-34 所示。

3. 右外连接（RIGHT [OUTER] JOIN）

右外连接和左外连接是反向的，右外连接返回 RIGHT JOIN 或 RIGHT OUTER JOIN 子句中指定的右表的所有行，而不仅仅是连接列所匹配的行。如果右表的某行在左表中没有匹配行，则将为左表返回空值。

【例 4-62】查询所有的学生成绩信息和学生信息。

        SELECT StudInfo. *, StudScoreInfo. CourseID, StudScore

        FROM StudInfo RIGHT JOIN StudScoreInfo

        ON StudInfo. StudNO=StudScoreInfo. StudNO

执行结果如图 4-35 所示。

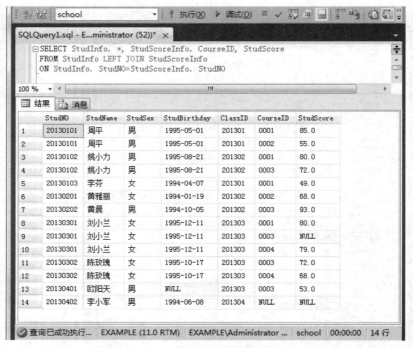

```sql
SELECT StudInfo. *, StudScoreInfo. CourseID, StudScore
FROM StudInfo LEFT JOIN StudScoreInfo
ON StudInfo. StudNO=StudScoreInfo. StudNO
```

	StudNO	StudName	StudSex	StudBirthday	ClassID	CourseID	StudScore
1	20130101	周平	男	1995-05-01	201301	0001	85.0
2	20130101	周平	男	1995-05-01	201301	0002	55.0
3	20130102	姚小力	男	1995-08-21	201302	0001	80.0
4	20130102	姚小力	男	1995-08-21	201302	0003	72.0
5	20130103	李芬	女	1994-04-07	201301	0001	49.0
6	20130201	黄雅丽	女	1994-01-19	201302	0002	68.0
7	20130202	黄晨	男	1994-10-05	201302	0003	93.0
8	20130301	刘小兰	女	1995-12-11	201303	0001	80.0
9	20130301	刘小兰	女	1995-12-11	201303	0003	NULL
10	20130301	刘小兰	女	1995-12-11	201303	0004	79.0
11	20130302	陈玫瑰	女	1995-10-17	201303	0003	72.0
12	20130302	陈玫瑰	女	1995-10-17	201303	0004	68.0
13	20130401	欧阳天	男	NULL	201303	0003	53.0
14	20130402	李小军	男	1994-06-08	201304	NULL	NULL

图 4-34 【例 4-61】执行结果

```sql
SELECT StudInfo. *, StudScoreInfo. CourseID, StudScore
FROM StudInfo RIGHT JOIN StudScoreInfo
ON StudInfo. StudNO=StudScoreInfo. StudNO
```

	StudNO	StudName	StudSex	StudBirthday	ClassID	CourseID	StudScore
1	20130101	周平	男	1995-05-01	201301	0001	85.0
2	20130101	周平	男	1995-05-01	201301	0002	55.0
3	20130102	姚小力	男	1995-08-21	201302	0001	80.0
4	20130102	姚小力	男	1995-08-21	201302	0003	72.0
5	20130103	李芬	女	1994-04-07	201301	0001	49.0
6	20130201	黄雅丽	女	1994-01-19	201302	0002	68.0
7	20130202	黄晨	男	1994-10-05	201302	0003	93.0
8	20130301	刘小兰	女	1995-12-11	201303	0001	80.0
9	20130301	刘小兰	女	1995-12-11	201303	0003	NULL
10	20130301	刘小兰	女	1995-12-11	201303	0004	79.0
11	20130302	陈玫瑰	女	1995-10-17	201303	0003	72.0
12	20130302	陈玫瑰	女	1995-10-17	201303	0004	68.0
13	20130401	欧阳天	男	NULL	201303	0003	53.0

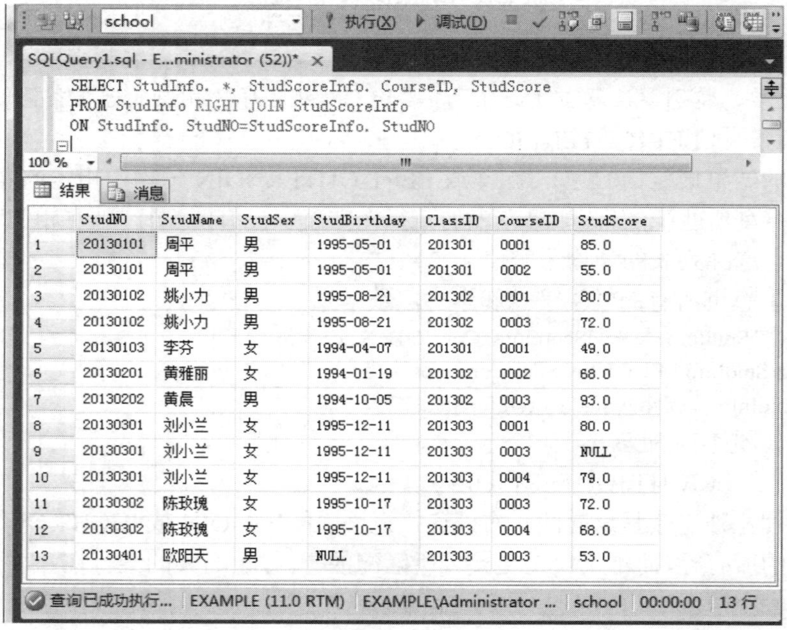

图 4-35 【例 4-62】执行结果

4. 全外连接（FULL [OUTER] JOIN）

全外连接使用 FULL JOIN 或 FULL OUTER JOIN 子句返回左表和右表中的所有行。当某行在另一个表中没有匹配行时，则另一个表的选择列表的列为空值。如果表之间没有匹配行，则整个结果集行包含基表的数据值。

【例 4-63】查询所有的学生信息和所有的学生成绩信息。

```
SELECT StudInfo. *, StudScoreInfo. CourseID, StudScore
FROM StudInfo FULL JOIN StudScoreInfo
ON StudInfo. StudNO=StudScoreInfo. StudNO
```

执行结果如图 4-36 所示。

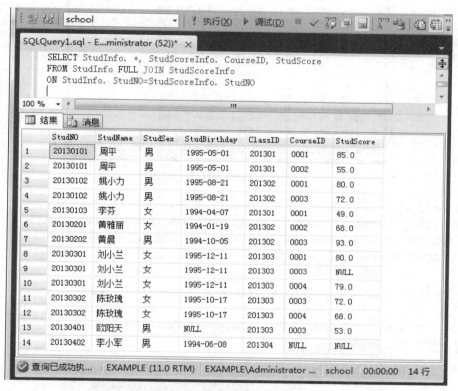

图 4-36 【例 4-63】执行结果

5. 交叉连接（CROSS JOIN）

交叉连接将返回左表中的所有行，左表中的每一行均与右表中的所有行组合。交叉连接返回的行数是两个表的行数的乘积，即笛卡尔积。交叉连接没有连接条件。

如果两个表的行数分别是 m 和 n，那么结果集中的行数是两个表的行数的乘积，即 m*n。

【例 4-64】使用交叉连接查询学生信息和学生成绩信息。

```
SELECT * FROM StudInfo CROSS JOIN StudScoreInfo
```

下面的语句与上面的语句执行的结果相同。

```
SELECT * FROM StudInfo, StudScoreInfo
```

执行结果如图 4-37 所示。

6. 自连接

自连接就是使用内连接或外连接把一个表中的行同该表中另外一些行连接起来，它主要用于查询比较相同的信息。为了连接同一个表，必须为该表指定两个别名，这样才能在逻辑上把该表作为两个不同的表使用。

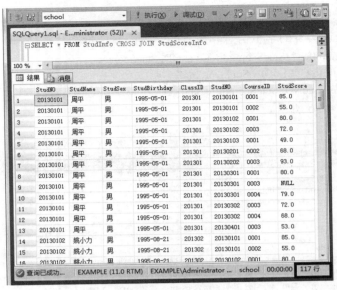

图 4-37　【例 4-64】执行结果

【例 4-65】在查询结果集中一行显示每个学生的两门课程成绩。
　　SELECT A. StudNO, A. CourseID, A. StudScore, B. CourseID, B. StudScore
　　FROM StudScoreInfo A JOIN StudScoreInfo B ON A. StudNO=B. StudNO
　　WHERE A. CourseID<B. CourseID
或
　　SELECT A. StudNO, A. CourseID, A. StudScore, B. CourseID, B. StudScore
　　FROM StudScoreInfo A, StudScoreInfo B
　　WHERE A. StudNO=B. StudNO AND A. CourseID<B. CourseID
执行结果如图 4-38 所示。

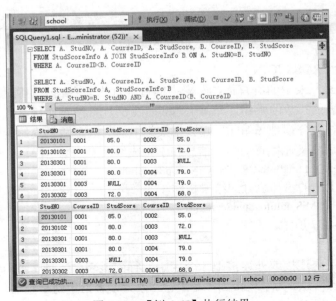

图 4-38　【例 4-65】执行结果

4.4.6　子查询

子查询是指在一个 SELECT 语句中再包含另一个 SELECT 语句，外层的 SELECT 语句称为外部查询，内层的 SELECT 语句称为内部查询或子查询。

多数情况下，子查询出现在外部查询的 WHERE 子句中，并与比较运算符、列表运算符 IN 和存在运算符 EXISTS 等一起构成查询条件，完成有关操作。

根据内外查询的依赖关系，可以将子查询分为两类：相关子查询和不相关子查询。

（1）相关子查询

如果内部查询的执行依赖于外部查询，则称这种查询为相关子查询。相关子查询的工作方式是：首先外部查询将值传递给子查询后执行子查询；然后根据子查询的执行结果判断外部查询的条件是否满足要求，若条件值为真则显示结果行，否则不显示；接着外部查询再将下一个值传递给子查询，重复上面的步骤直到外部查询处理完外部表中的每一行。

（2）不相关子查询

如果内部查询的执行不依赖于外部查询，则称这种查询为不相关子查询或嵌套子查询。不相关子查询的工作方式是：首先执行子查询，将子查询得到的结果集（不被显示出来）传递给外部查询，并作为外部查询条件的组成部分；然后执行外部查询，如果外部查询的条件成立，则显示查询结果，否则不显示。

说明：不管是相关子查询还是不相关子查询，其外部查询用于显示结果集，而内部查询的结果只能用来作为外部查询条件的组成部分。

使用子查询时应注意以下几点：

（1）子查询需用圆括号()括起来。

（2）子查询内还可以再嵌套子查询。

（3）子查询返回的结果值的数据类型必须匹配新增列或 WHERE 子句中的数据类型。

子查询可以多层嵌套，系统执行时依次从内层到外层进行。子查询的不同关键字之间可以相互转换，许多子查询也可以使用连接的方式表示。

子查询的表现形式有：使用比较运算符，使用 IN 关键字，使用 ANY、SOME 或 ALL 关键字以及使用 EXISTS 关键字。

1.　使用比较运算符的子查询

如果子查询返回的是单列单个值，可以通过比较运算符（<、<=、>、>=、=、<>、!=、!< 和!>）进行比较，如果比较结果为真，则显示外部查询的结果，否则不显示。如果使用了比较运算符，则子查询的返回结果必须是只有一个值。

【例 4-66】查询和"周平"同学在同一个班的所有学生的基本信息。

```
SELECT *
FROM StudInfo
WHERE ClassID=(SELECT ClassID FROM StudInfo WHERE StudName= '周平')
```

执行结果如图 4-39 所示。

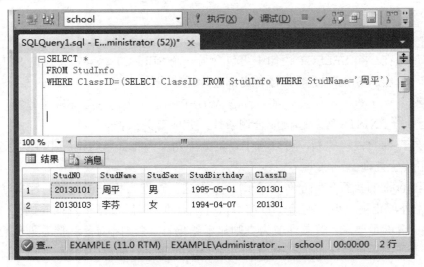

图 4-39　【例 4-66】执行结果

需要注意的是，使用比较运算符的子查询必须返回单个值，否则会出错。

【例 4-67】查询平均分低于 60 分的学生学号和姓名。

SELECT StudNO, StudName

FROM StudInfo A

WHERE (SELECT AVG(StudScore) FROM StudScoreInfo B WHERE A. StudNO=B. StudNO)<60

执行结果如图 4-40 所示。

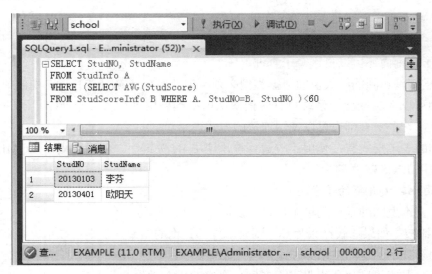

图 4-40　【例 4-67】执行结果

上例中，该子查询属于相关子查询，每执行一次子查询，只返回单列单个值。

2. 使用 IN/NOT IN 关键字的子查询

如果子查询返回的是单列多个值，还可以使用 IN 或 NOT IN 运算符进行连接，判断某个属性列值是否在子查询的结果中。使用 IN 运算符，如果属性列值在子查询的结果中，则显示外部查询的结果，否则不显示。

【例 4-68】查询平均分在 80 分及以上的学生的学号和姓名。

    SELECT StudNO, StudName
    FROM StudInfo
    WHERE StudNO IN
    (SELECT StudNO FROM StudScoreInfo GROUP BY StudNO HAVING AVG(StudScore)>=80)

执行结果如图 4-41 所示。

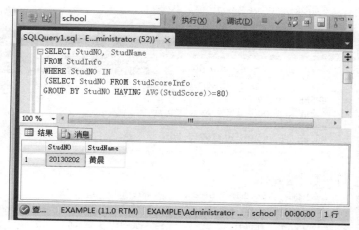

图 4-41　【例 4-68】执行结果

除了 IN 关键字外，还可以使用 NOT IN 关键字来进行列表查询。NOT IN 关键字的含义与 IN 关键字正好相反，查询结果将返回不在列表范围的所有记录。

【例 4-69】查询重修 5 门以下课程的学生信息。

    SELECT * FROM StudInfo
    WHERE StudNO IN
    (SELECT StudNO FROM StudScoreInfo
    WHERE StudScore <60
    GROUP BY StudNO HAVING COUNT(*)<5)

执行结果如图 4-42 所示。

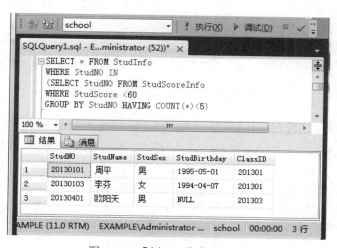

图 4-42　【例 4-69】执行结果

思考：将【例 4-69】语句改写成如下语句，查询结果是否一样？

```
SELECT * FROM StudInfo
WHERE StudNO NOT IN
(SELECT StudNO FROM StudScoreInfo
WHERE StudScore <60
GROUP BY StudNO HAVING COUNT(*)>=5)
```

执行结果如图 4-43 所示。

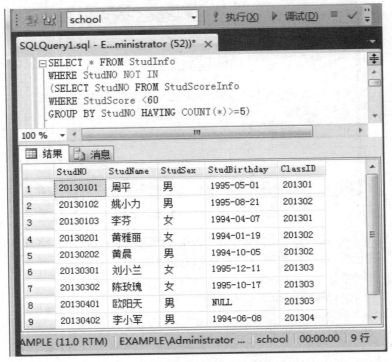

图 4-43　执行结果

由图可知，与【例 4-69】查询结果不一样，比【例 4-69】查询结果包含更多的学生记录，因为此查询结果将没有选课的学生记录也查询出来了。

3. 使用 SOME/ANY/ALL 关键字的子查询

如果子查询返回的是单列多个值，可以把比较运算符与 SOME、ANY 和 ALL 配合使用进行比较，如果比较结果为真，则显示外部查询的结果，否则不显示。

（1）ANY/SOME

ANY 表示在进行比较运算时，只要子查询中有一行数据能使结果为真，则 WHERE 子句的条件为真。例如：表达式"<ANY(7,8,9)"与"<9"等价，表达式>ANY(7,8,9)"与">7"等价。ANY 和 SOME 关键字完全等价。

【例 4-70】查询学生成绩高于课程最低分的成绩信息。

```
SELECT * FROM StudScoreInfo
WHERE StudScore>ANY(SELECT StudScore FROM StudScoreInfo)
```

等价于：

SELECT * FROM StudScoreInfo
WHERE StudScore>SOME(SELECT StudScore FROM StudScoreInfo)
等价于：

SELECT * FROM StudScoreInfo
WHERE StudScore> (SELECT MIN(StudScore) FROM StudScoreInfo)
执行结果如图 4-44 所示。

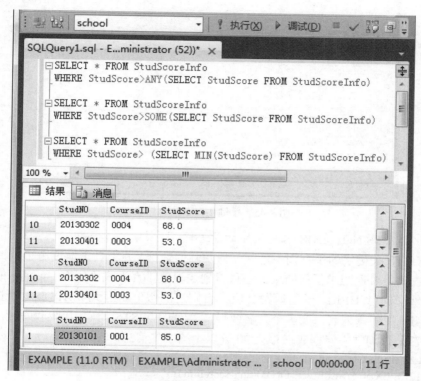

图 4-44　【例 4-70】执行结果

（2）ALL

ALL 表示在进行比较运算时，要求子查询中的所有行数据都使结果为真，则 WHERE 子句的条件才为真，例如："<=ALL(7,8,9)" 与 "<=7" 等价，表达式>=ALL(7,8,9)" 与 ">=9"等价。

【例 4-71】查询每门课程的最低分。

SELECT * FROM StudScoreInfo A
WHERE StudScore<=ALL
(SELECT StudScore FROM StudScoreInfo B WHERE A.CourseID=B. CourseID)
等价于：

SELECT * FROM StudScoreInfo A
WHERE StudScore=
(SELECT MIN(StudScore) FROM StudScoreInfo B WHERE A.CourseID=B. CourseID)
执行结果如图 4-45 所示。

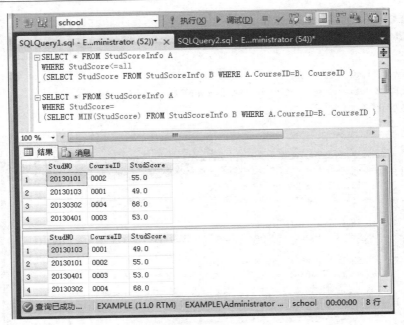

图 4-45 【例 4-71】执行结果

4. 使用 EXISTS/NOT EXISTS 关键字的子查询

带有 EXISTS 关键字的子查询不返回任何实际的数据，并不真正地使用子查询的结果。它仅仅检查子查询是否返回了任何结果。它只得到逻辑值"真"或"假"，当子查询的查询结果不为空时，外层的 WHERE 子句返回真值，否则返回假值。因此 EXISTS 关键字子查询的 SELECT 子句可用任意列名，或多个列名或*号。NOT EXISTS 的作用则刚好相反。

【例 4-72】查询学生课程成绩存在 90 分以上的学生信息。

```
SELECT * FROM StudInfo A
WHERE EXISTS(SELECT * FROM StudScoreInfo B
WHERE A. StudNO=B. StudNO AND StudScore>=90)
```

执行结果如图 4-46 所示。

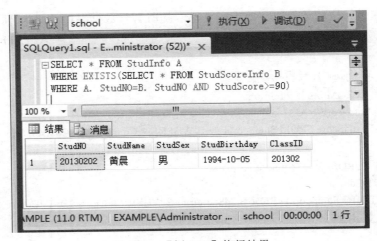

图 4-46 【例 4-72】执行结果

在上例中，由于不需要用到子查询返回的具体值，所以子查询的选择列常用"SELECT *"的格式。

【例 4-73】查询至少有一门课程不及格的学生信息。

```
SELECT * FROM StudInfo
WHERE EXISTS (SELECT * FROM StudScoreInfo
WHERE StudInfo. StudNO= StudScoreInfo. StudNO AND StudScore<60)
```

执行结果如图 4-47 所示。

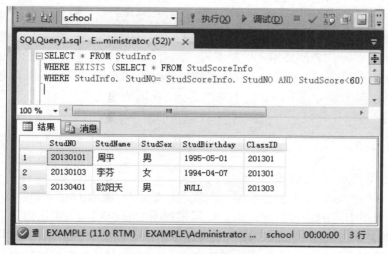

图 4-47   【例 4-73】执行结果

4.5   视图

4.5.1   视图概述

视图是一种数据库对象，它是保存在数据库中的选择查询，即它可以从一个或多个表中的一个或多个列中提取数据，并按照表的组成行和列来显示这些信息。视图的结构和数据是建立在对表的查询基础上的。视图既可以看作是一个虚拟表，也可以看作是一个查询的结果。视图所对应的数据并不实际地以视图的结构存储在数据库中，而是存储在视图所引用的表中。

视图一经定义便存储在数据库中，与其相对应的数据并没有像表那样又在数据库中再存储一份，通过视图看到的数据只是存放在基本表中的数据。对视图的操作与对表的操作一样，可以对其进行查询、修改、删除和更新。

当对通过视图看到的数据进行修改时，相应的基本表的数据也要发生变化，同时，若基本表中的数据发生变化，则这种变化也可以自动地反映到视图中。

视图与数据表之间的区别：视图是引用存储在数据库中的查询语句时动态创建的，它本身并不存储数据，真正的数据依然存储在数据表中。

使用视图不仅可以简化数据操作，还可以提高数据库的安全性，使用视图有很多优点，这些优点主要如下：

（1）提高数据操作效率。视图使用户着重于其感兴趣的某些特定数据和其所负责的特定任务，可以提高数据操作效率。

（2）简化操作。视图大大简化了用户对数据的操作。因为在定义视图时，若视图本身就是一个复杂查询的结果集，这样在每一次执行相同的查询时，不必重新写这些复杂的查询语句，只要用一条简单的查询视图语句即可。可见视图向用户隐藏了表与表之间的复杂的连接操作。

（3）定制数据。视图能够实现让不同的用户以不同的方式看到不同或相同的数据集。因此，当有许多不同水平的用户公用同一数据库时，这显得极为重要。

（4）合并分割数据。在有些情况下，由于表中数据量太大，故在表的设计时常将表进行水平分割或垂直分割，但表结构的变化却对应用程序产生不良影响。如果使用视图就可以重新保持原有的结构关系，从而使外模式保持不变，原有的应用程序仍可以通过视图来重载数据。

（5）安全性。视图可以作为一种安全机制。通过视图，用户只能查看和修改他们所能看到的数据。其他数据库或表既不可见也不可以访问。视图所引用表的访问权限与视图权限的设置互不影响。

4.5.2 创建视图

在创建或使用视图时，应该注意到以下情况：

（1）只能在当前数据库中创建视图，在视图中最多只能引用 1024 列。

（2）如果视图引用的表被删除，则当使用该视图时将返回一条错误信息。如果创建具有相同表结构的新表来替代已删除的表视图则可以使用，否则必须重新创建视图。

（3）如果视图中某一列是函数、数学表达式、常量或来自多个表的列名相同，则必须为列定义名字。

（4）不能在视图上创建索引，不能在规则、默认值、触发器的定义中引用视图。

（5）当通过视图查询数据时，SQL Server 不仅要检查视图引用的表是否存在，是否有效，而且还要验证对数据的修改是否违反了数据的完整性约束。如果失败将返回错误信息，若正确，则把对视图的查询转换成为对引用表的查询。

使用 CREATE VIEW 语句创建视图的语法如下：

    CREATE VIEW 视图名 [(列名 [, ...n])]
    [WITH ENCRYPTION]
    AS
    SELECT 语句
    [WITH CHECK OPTION]

其中，各参数含义如下。

（1）列名，用于指定新建视图中要包含的列名。该列名可省略，如果未指定列名，则视图的列与 SELECT 语句中的列具有相同的名称。但在下列情况下需要明确指定视图中的列名：

①列是从算术表达式、函数或常量派生的。

②在多表连接中有几个同名的列作为视图的列。

③需要在视图中为某个列使用新的名字。

（2）WITH ENCRYPTION，对视图的定义进行加密，保证视图的定义不被非法获得。

（3）SELECT 语句，用于定义视图的语句，以便从源表或另一视图中选择列和行构成新视图的列和行。但是在 SELECT 语句中，不能使用 INTO 关键字，不能使用临时表或表变量。另外，使用 ORDER BY 子句时，必须保证 SELECT 语句的选择列表中有 TOP 子句。

（4）WITH CHECK OPTION，表示对视图进行 INSERT、UPDATE 和 DELETE 操作时要保证插入、更新和删除的行满足视图定义中设置的条件。

【例 4-74】创建统计各学生平均分、最高分、最低分、课程门数的视图（V_StudTotalScore）。

```
CREATE VIEW V_StudTotalScore
AS
SELECT  StudNO,AVG(StudScore)  AvgScore,MAX(StudScore)  MaxScore,MIN(StudScore)  MinScore,
COUNT(*) CoureCount
FROM StudScoreInfo
GROUP BY StudNO
```

或

```
CREATE VIEW V_StudTotalScore(StudNO, AvgScore, MaxScore, MinScore, CoureCount)
AS
SELECT StudNO,AVG(StudScore),MAX(StudScore),MIN(StudScore),COUNT(*)
FROM StudScoreInfo
GROUP BY StudNO
```

【例 4-75】使用视图和数据表创建学生成绩统计视图，包括学生基本信息和成绩统计信息。

分析：在【例4-74】中创建了各学生平均分、最高分、最低分、课程门数的统计视图，但该视图中并不包含学生的基本信息。因学生的基本信息在 StudInfo 表中，所以需要使用统计视图 V_StudTotalScore 和 StudInfo 关联创建新视图。

```
CREATE VIEW V_StudAllTotalScore
AS
SELECT S.*, AvgScore, MaxScore, MinScore, CoureCount
FROM StudInfo S, V_StudTotalScore V
WHERE S. StudNO=V. StudNO
```

视图创建以后，系统将这个视图的定义存储在系统表 syscomments 中。通过执行系统存储过程 sp_helptext 或直接打开系统表 syscomments，可能查看视图的定义文本。

SQL Server 为了保护视图的定义，提供了 WITH ENCRYPTION 子句。通过在 CREATE VIEW 语句中添加 WITH ENCRYPTION 子句，可以不让用户看到视图的定义文本。

【例 4-76】创建包含所有有不及格课程的学生信息的视图（V_NoPass StudInfo），使用加密选项。

```
CREATE VIEW V_NoPass StudInfo
WITH ENCRYPTION
AS
SELECT StudInfo.*
FROM StudInfo, StudScoreInfo
WHERE StudInfo. StudNO= StudScoreInfo. StudNO AND StudScore<60
```

视图的使用隔断了用户与数据表的联系，并带来了很多方便，但是也引发了一些问题。

【例 4-77】创建一个男学生视图（V_MaleStudInfo）。

```
CREATE VIEW V_MaleStudInfo
AS
```

```
SELECT * FROM StudInfo
WHERE StudSex='男'
```

此时可以在该视图中插入一条性别为女的记录。

```
INSERT INTO V_MaleStudInfo VALUES('201500122', '李丽', '女', '1996-5-6', '2015001')
```

从意义上来讲，这样的插入是不合理的。为了防止这种情况发生，可以在 CREATE VIEW 语句中添加 WITH CHECK OPTION 子句，强制通过视图插入或修改的数据满足视图定义中的 WHERE 条件。上面的语句可以改为：

```
CREATE VIEW V_MaleStudInfo
AS
SELECT * FROM StudInfo
WHERE StudSex='男'
WITH CHECK OPTION
```

4.5.3 使用视图

视图一经创建，便可以当成表来使用。可以使用单个视图查询，也可以使用视图和数据表或视图和视图关联查询。

【例 4-78】使用视图（V_StudTotalScore）查询平均分、最高分、最低分和课程门数。

```
SELECT * FROM V_StudTotalScore
```

【例 4-79】使用视图（V_StudTotalScore）查询平均分为 85 分及以上的成绩信息。

```
SELECT * FROM V_StudTotalScore
WHERE AvgScore>=85
```

【例 4-80】使用视图（V_StudTotalScore）和表（StudInfo）查询姓刘的参考课程在 10 门以上的学生信息和成绩统计信息。

```
SELECT * FROM V_StudTotalScore V, StudInfo S
WHERE S. StudNO=V. StudNO AND CoureCount>=10 AND StudName LIKE '刘%'
```

4.5.4 修改视图

用户可以使用 ALTER VIEW 命令来对视图进行修改。其语法格式如下：

```
ALTER VIEW 视图名 [(列名 [, …n])]
[WITH ENCRYPTION]
AS
SELECT 语句
[WITH CHECK OPTION]
```

其中，各参数含义与创建视图 CREATE VIEW 命令的参数相同，在此不再赘述。

【例 4-81】修改视图（V_NoPass StudInfo），使该视图用于查询所有男生中有不及格课程的学生信息，并强制检查指定的条件。

```
ALTER VIEW V_NoPass StudInfo
WITH ENCRYPTION
AS
SELECT StudInfo.*
FROM StudInfo, StudScoreInfo
WHERE StudInfo. StudNO= StudScoreInfo. StudNO AND StudScore<60 AND 性别='男'
WITH CHECK OPTION
```

说明：如果在创建视图时使用了 WITH ENCRYPTION 或 WITH CHECK OPTION 子句，并且要保留选项提供的功能，则必须在 ALTER　VIEW 命令中包含它，否则这些选项不再起作用。

4.5.5　删除视图

使用 DROP VIEW 命令删除视图。其语法格式如下：

　　DROP VIEW　视图名

【例 4-82】删除视图（V_NoPass StudInfo）。

　　　　DROP VIEW V_NoPass StudInfo

习　　题

一、选择题

1. 下列哪个不是 SQL Server 数据库文件的后缀（扩展名）（　　）。

　　A．.mdf　　　　　　　B．.ldf　　　　　　C．.tif　　　　　　D．.ndf

2. SQL 的视图是从（　　）中导出的。

　　A．基本表　　　　　　B．视图　　　　　　C．基本表或视图　　D．数据库

3. SQL 中，删除表中数据的命令是（　　）。

　　A．DELETE　　　　　B．DROP　　　　　　C．CLEAR　　　　　D．REMOVE

4. SQL Server 的物理存储主要包括 3 类文件（　　）。

　　A．主数据文件、次数据文件、事务日志文件

　　B．主数据文件、次数据文件、文本文件

　　C．表文件、索引文件、存储文件

　　D．表文件、索引文件、图表文件

5. SQL Server 系统中的所有系统级信息存储于哪个系统数据库（　　）。

　　A．master　　　　　　B．model　　　　　　C．tempdb　　　　　D．msdb

6. 要查询 book 表中所有书名中包含"计算机"的书籍情况，可用（　　）语句。

　　A．SELECT * FROM book WHERE book_name LIKE　'*计算机*'

　　B．SELECT * FROM book WHERE book_name LIKE　'%计算机%'

　　C．SELECT * FROM book WHERE book_name = '*计算机*'

　　D．SELECT * FROM book WHERE book_name = '%计算机%'

7. SELECT 查询中，要把结果中的行按照某一列的值进行排序，所用到的子句是（　　）。

　　A．ORDER BY　　　B．WHERE　　　　　C．GROUP BY　　　　D．HAVING

8. 对视图的描述错误的是（　　）。

　　A．是一张虚拟的表

　　B．在存储视图时存储的是视图的定义

　　C．在存储视图时存储的是视图中的数据

　　D．可以像查询表一样来查询视图

9. 在 SQL 中，SELECT 语句的完整语法较复杂，但至少应包括的部分是（　　　）。

　　A．SELECT，INTO　　　　　　　B．SELECT，FROM

　　C．SELECT，GROUP　　　　　　　D．仅 SELECT

10. 下面有关 HAVING 子句描述错误的是（　　　）。

　　A．HAVING 子句必须与 GROUP BY 子句同时使用，不能单独使用

　　B．使用 HAVING 子句的同时不能使用 WHERE 子句

　　C．使用 HAVING 子句的同时可以使用 WHERE 子句

　　D．使用 HAVING 子句的作用是限定分组的条件

11. 假如有两个表的连接是这样的：table_1 INNER JOIN table_2，其中 table_1 和 table_2 是两个具有公共属性的表。这种连接生成的结果集是（　　　）。

　　A．包括 table_1 中的所有行，不包括 table_2 的不匹配行

　　B．包括 table_2 中的所有行，不包括 table_1 的不匹配行

　　C．包括两个表的所有行

　　D．只包括 table_1 和 table_2 满足条件的行

12. 下面不属于数据定义功能的 SQL 语句是（　　　）。

　　A．CREATE TABLE　　　　　　　B．CREATE VIEW

　　C．UPDATE　　　　　　　　　　D．ALTER TABLE

13. 在 SQL 查询时，使用（　　　）子句指出的是分组后的条件。

　　A．WHERE　　　　B．HAVING　　　　C．WHEN　　　　　D．GROUP

14. 在 SELECT 语句的 WHERE 子句的条件表达式中，可以匹配 0 个到多个字符的通配符是（　　　）。

　　A．*　　　　　　　B．%　　　　　　C．-　　　　　　　D．?

15. 若用如下的 SQL 语句创建一个 student 表：

CREATE TABLE student(NO　char(4) NOT NULL,

NAME　char(8) NOT NULL,

SEX　char(2),

AGE　int)

可以插入到 student 表中的是（　　　）。

　　A．('1031','曾华',男,23)　　　　　　B．('1031','曾华',NULL,NULL)

　　C．(NULL,'曾华',男,23)　　　　　　D．('1031',NULL,男,23)

16. 要在学生表中增加一个日期型字段 B，应该用（　　　）。

　　A．INSERT INTO 学生表 ADD B

　　B．ALTER 学生表 ADD B DATETIME

　　C．ALTER TABLE 学生表 ADD B DATETIME

　　D．ALTER TABLE 学生表 ADD B DATE()

17. 要在学生表中删除一条字符类型字段 A 的值是字符串'B'的记录，应该用（　　　）。

　　A．DELETE FROM 学生表 WHERE A=B

　　B．ALTER 学生表 DROP A

　　C．DELETE FROM 学生表 WHERE A='B'

D．DELETE　FROM 学生表 WHERE A IS 'B'

18．限制输入到列的值的范围，应使用（　　）约束。

    A．CHECK　　　　　　　　　　　B．PRIMARY KEY

    C．FOREIGN KEY　　　　　　　　D．UNIQUE

19．下面描述错误的是（　　）。

    A．每个数据文件中有且只有一个主数据文件

    B．日志文件可以存在于任意文件组中

    C．主数据文件默认为在 primary 文件组

    D．文件组是为了更好地实现数据库文件组织

20．当执行 CREATE DATABASE 语句时，将通过复制（　　）数据库中的内容来创建数据库的第一部分。

    A．Master　　　　　B．Msdb　　　　　C．Model　　　　　D．Tempdb

二、填空题

1．如果要计算表中数据的平均值，可以使用聚合函数_____。

2．SQL 的全称是_____。

3．视图是一个虚表，它是从_____中导出的表。在数据库中，只存放视图的_____，不存放视图的_____。

4．用 SELECT 进行模糊查询时，可以使用 LIKE 或 NOT LIKE 匹配符，但要在条件值中使用_____等通配符来配合查询。并且，模糊查询只能针对_____类型字段的查询。

5．每个 SQL Server 数据库至少具有两个系统文件：一个_____和一个_____。

6．每个数据库文件有两个名称，分别是_____和_____。

7．SQL 是由_____语言、_____语言、_____语言和_____语言组成的。

三、简答题

1．数据库必须包含哪几种后缀名的文件？这些文件分别存放什么信息？

2．说出以下聚合函数的含义：AVG，SUM，MAX，MIN，COUNT。

3．INNER JOIN 是什么意思？作用是什么？

4．子查询分为几类，说明相互之间的区别。

四、编程题

1．现有关系数据库名为学生成绩，包含下列表：

    学生信息(学号，姓名，性别，民族，身份证号)

    课程信息(课号，名称)

    成绩信息(学号，课号，分数)

用 SQL 写出下列功能的代码。

（1）创建学生成绩数据库。

（2）创建课程信息表，要求使用：主键（课号）、非空（名称）。

（3）创建学生信息表，要求使用：主键（学号）、默认（民族为汉）、非空（民族，姓名）、唯一（身份证号）、检查（性别是男或是女）。

（4）创建成绩信息表，要求使用：外键（学号，课号）、检查（分数必须是 0～100 之间）。

（5）将下列课程信息添加到课程信息表的代码中。

  课号　名称
  100101　　西班牙语
  100102　　大学英语

（6）修改课号为 100102 的课程名称：专业英语。

（7）删除课号为 100101 的课程信息。

（8）创建视图：成绩信息(学号，姓名，课号，课程名称，分数)。

（9）从学生信息表中查询姓刘的女同学的情况：姓名、性别、民族。

（10）查询有一门或一门以上课程成绩小于 60 分的所有学生的信息，包括学号、姓名。

2．为管理岗位业务培训信息，现有 3 个表：

  S(SID,SN,SD,SA)　SID、SN、SD、SA 分别代表学号、学员姓名、所属单位、学员年龄
  C(CID,CN)　　　　　CID、CN 分别代表课程编号、课程名称
  SC(SID,CID,G)　　　SID、CID、G 分别代表学号、所选修的课程编号、学习成绩

（1）查询选修课程名称为"税收基础"的学员学号和姓名。

（2）查询选修课程编号为"C2"的学员姓名和所属单位。

（3）查询不选修课程编号为"C5"的学员姓名和所属单位。

（4）查询选修了课程的学员人数。

（5）查询选修课程超过 5 门的学员学号和所属单位。

第 5 章　索引

【学习目标】

- 理解索引的概念、创建索引的必要性和索引的类型。
- 掌握创建索引、修改索引和删除索引的方法。
- 理解全文索引的作用。
- 掌握全文目录的创建。
- 掌握全文索引的启用、创建和添加列。

当查阅书中某些内容时，为了提高查阅速度，并不是从书的第一页开始顺序查找，而是首先查看书的目录，找到需要的内容在目录中所列的页码，然后根据这一页码直接找到需要的内容。用户对数据库最频繁的操作是进行数据查询。一般情况下，数据库在进行查询操作时需要对整个表进行数据检索。当表中的数据很多时，检索数据就需要很长的时间，这就造成了服务器的资源浪费。为了提高检索数据的能力，数据库引入了索引机制。

5.1　索引概述

索引是对数据库表中一个或多个列的值进行排序的结构，它由该表的一列或多个列的值，以及指向这些列值对应记录存储位置的指针所组成，是影响数据库性能的一个重要因素，由数据库进行管理和维护。索引是依赖于表建立的，它提供了数据库中编排表内数据的内部方法。一个表的存储是由两部分组成的：一部分存放表的数据页面；另一部分存放索引页面。索引就存放在索引页面上，通常，索引页面相对于数据页面来说要小得多。当进行数据检索时，系统先搜索索引页面，从中找到所需数据的指针，再直接通过指针从数据页面中读取数据。合理地利用索引，将大大提高数据库的检索速度，同时也提高了数据库的性能。

数据库中的索引与书籍的目录类似。在一本书中，利用目录可以快速查找所需的信息，而无需阅读整本书。在数据库中，索引使数据库管理系统无需对整个表进行扫描，就可以在表中找到所需的数据。书中的目录是一个标题列表，其中包含了各个标题的页码。而数据库中的索引是一个表中所包含值的列表，其中包含了各个值的行所在的存储位置。可以为表中的单个列建立索引，也可以为若干列建立索引。

索引的优点：

（1）索引能够大大提高 SQL 语句的执行速度。通过索引还能够很快地删除行，这是由于索引会告诉 SQL Server 磁盘上行的位置，从而也加速了连接的操作。

（2）在执行查询时，SQL 会对查询进行优化。但是，优化器是依赖索引起作用的，决定了到底选择哪些索引可以使得该查询最快。

（3）通过创建唯一索引，可以保证表中的数据不重复。

索引带来的好处是有代价的。带索引的表在数据库中会占据更大的空间。另外，为了维护索引，对数据进行插入、修改、删除操作的命令所花费的时间更长。在设计和创建索引时，应确保性能的提高程度大于在存储空间和处理资源方面的代价。通常情况下，对于经常被查询的列、在 ORDER BY 子句中使用的列、主键和外键列等可以建立索引。而对于那些在查询中很少被引用的列不适合建立索引；包含太多重复选用值的列不适合建立索引，例如有的列上只有两个可选的值，如"性别"，在这种列上建立索引是没有什么意义的；有数据类型为 bit、text 和 image 等的列不能建立索引，特别是当 UPDATE 性能需求远大于 SELECT 的性能需求时不应该创建索引。

5.2　索引的类型

根据组成索引的是单列还是多列的组合，可以将索引分为单一索引和组合索引。单一索引就是仅在一个表列上定义的索引，在 SQL 语句的 WHERE 子句中引用该列，以便使用索引满足该语句。组合索引是在多列上定义的索引，可以通过一个或多个索引键访问组合索引。在 SQL Server 中，索引可由多达 16 个列组成，其键列可长达 900 字节。对于涉及组合索引的查询，不必将所有索引键都置于 SQL 语句的 WHERE 子句中，但最好是使用多个索引键。

根据索引键值的唯一与否，索引可以分为唯一索引和非唯一索引。唯一索引在各索引键中仅包含一行数据，唯一索引的操作性能良好，因为它们保证只需一次 I/O 操作就可以检索所请求的数据。SQL Server 在构成索引键的列或列组合上强制索引的唯一性。SQL Server 不允许重复的键值插入到数据库中，如果用户试图插入重复值，将产生错误信息。当用户在表上创建 PRIMARY KEY 约束或 UNIQUE 约束时，SQL Server 将创建唯一索引。只有数据本身唯一时，索引才可以是唯一的。非唯一索引的工作方式与唯一索引相同，只是非唯一索引在叶结点中包含重复值。如果它们符合 SELECT 语句中指定的标准，那么所有重复值都将被检索。

根据索引数据和物理数据的存放位置不同，将索引分为聚集索引和非聚集索引。下面具体介绍聚集索引和非聚集索引。

1. 聚集索引

若表中没有创建聚集索引，则 SQL Server 以堆的形式存储数据行，即数据行没有特定的顺序。在进行扫描或查询时，从表的起始处开始，对表中的所有行进行顺序的扫描，将耗费大量的时间。

聚集索引决定了数据在表中存储的物理顺序，它使用表中的一列或多列来排序记录，然后再重新存储在磁盘上，即聚集索引与数据是混为一体的，它的叶结点存储的是实际数据。表的物理行顺序和聚集索引中行的顺序是一致的，因此将大大提高查询的速度。

由于数据行只能按一个顺序排列，因此每一个表只能有一个聚集索引。一般在表中经常搜索的列或按顺序访问的列上创建聚集索引。

但是，聚集索引是将表的所有数据完全重新排列，它所需要的空间也特别大，相当于表中数据所占空间的 120%。

基于聚集索引的特点，在创建聚集索引时需要考虑以下几点：

（1）每个表只能有一个聚集索引。

（2）由于聚集索引改变了表中行的物理顺序，所以，在创建索引时，首先创建聚集索引。

SQL Server 在一个表上创建主键或唯一性约束的时候会创建一个唯一索引。在主键定义后，如果表中还没有定义聚集索引，SQL Server 会默认这个主键建立聚集索引。

2. 非聚集索引

与聚集索引不同，非聚集索引包含按顺序排列的键值，但丝毫不影响表中数据行排列的顺序。

例如，您认识某个字，您可以快速地从字典中查到这个字。但您也可能会遇到您不认识的字，不知道它的发音，这时候，就不能按照刚才的方法找到要查的字，而需要根据"偏旁部首"查到您要找的字，然后根据这个字后的页码直接翻到某页来找到该字。但您结合"部首目录"和"检字表"查到的字的排序并不是真正的正文的排序方法，比如您查"张"字，我们可以看到在查部首之后的检字表中"张"的页码是 627 页，检字表中"张"的上面是"驰"字，但页码却是 63 页，"张"的下面是"弩"字，页码是 390 页。很显然，这些字并不是真正的分别位于"张"字的上下方，现在您看到的连续的"驰、张、弩"三字实际上就是它们在非聚集索引中的排序，是字典正文中的字在非聚集索引中的映射。我们可以通过这种方式来找到您所需要的字，但它需要两个过程，即先找到目录中的结果，然后再翻到您所需要的页码。我们把这种目录纯粹是目录，正文纯粹是正文的排序方式称为"非聚集索引"。

由上面的例子可以看出，非聚集索引具有与表的数据完全分离的结构。非聚集索引并不存储数据本身，只存储指向表数据的指针，因此，使用非聚集索引的表，其中的数据并不是按照索引列排序的，而是由存储指针的索引页构成。非聚集索引的叶结点中存储了组成非聚集索引的关键字的值和行定位器。如果数据是以聚集索引方式存储的，则行定位器中存储的是聚集索引的索引值。如果数据不是以聚集索引方式存储的，这种方式又称为堆存储方式，则行定位器存储的是指向数据行的指针。非聚集索引将行定位器按关键字的值用一定的方式排序，这个顺序与表的行在数据表中的排序是不匹配的。

由于非聚集索引使用索引页存储，因此它比聚集索引需要更多的存储空间，且检索效率较低。但一个表只能建一个聚集索引，当用户需要建立多个索引时就需要使用非聚集索引。从理论上讲，一个表最多可以创建 249 个非聚集索引。

非聚集索引的主要优点：

（1）非聚集索引的页不是数据，而是指向数据页的页。

（2）若未指定索引类型，则默认为非聚集索引。

（3）叶结点页的次序和表的物理存储次序不同。

（4）每个表最多可以有 249 个非聚集索引。

（5）在非聚集索引创建之前创建聚集索引（否则会引发索引重建）。

5.3　创建索引

在创建索引时，首先要考虑以下设计准则：

（1）使用索引的效果在很大程度上取决于对表访问的形式。要使得索引最有效，必须使索引与用户访问数据的形式匹配。

（2）要保证索引的更新与数据库的更新同步。

（3）一般而言，存取表最常用的方法是通过主键来进行，因此，应该在主键上建立索引。

同时，在连接中频繁检索的列，也应当建立索引。

（4）由于建立和维护索引需要一定的开销，很少或从来不在查询中引用的列，只有两个或若干个较少值的列，以及行数较少的表不要创建索引。

（5）对表进行大批量插入和更新时，应先删除索引，待插入和更新完成后，再重新建立索引。

1. 以界面（对象资源管理器）方式创建索引

下面以在 StudScoreInfo 表中按 StudScore 列建立非聚集索引为例，介绍索引的创建方法。

（1）启动 Microsoft SQL Server Management Studio，并连接到目标服务器。

（2）在"对象资源管理器"窗口中展开 school 数据库中的 StudScoreInfo 表，右击其中的"索引"项，在弹出的快捷菜单中选择"新建索引"，并在其后选择索引类型，如图 5-1 所示。

图 5-1　选择"新建索引"

因为创建表时已经设置"主键"，系统据此创建了聚集索引，所以此后只能创建"非聚集索引"。

（3）在打开的"新建索引"窗口中（如图 5-2 所示），单击"添加"按钮，系统打开一个 StudScoreInfo 表字段选择窗口（如图 5-3 所示），勾选需要索引的列（如 StudScore 列），单击"确定"按钮，在"索引键列"列表中就会显示该列，如图 5-2 所示。

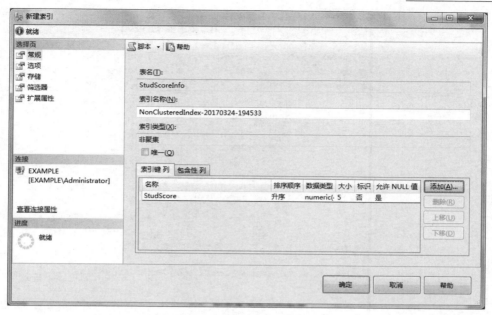

图 5-2 "新建索引"窗口

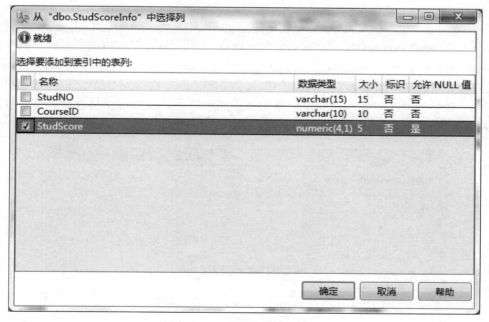

图 5-3 "选择列"窗口

2. 以界面（表设计器）方式创建索引

（1）启动 Microsoft SQL Server Management Studio，并连接到目标服务器。

（2）在"对象资源管理器"窗口中展开 school 数据库中的表，右击其中的 StudScoreInfo 表，在弹出的快捷菜单中选择"设计"选项，打开"表设计器"窗口，在"表设计器"窗口中，选择任意列，右击鼠标，在弹出的快捷菜单中选择"索引/键"选项，如图 5-4 所示。

图 5-4　"索引/键"选项

（3）如图 5-5 所示，在打开的"索引/键"对话框中单击"添加"按钮，系统创建一个默认的索引"IX_StudScoreInfo"，索引列为"StudNO"，用户可以在右边的"标识"属性区域的"名称"栏中确定新索引的名称，单击右边的"常规"属性区域中"列"栏后面的按钮，可以修改要创建索引的列（如图 5-6 所示）。如果将"是唯一的"栏设为"是"，则表示索引是唯一索引。在"表设计器"属性区域的"创建为聚集的"栏中，可以设置是否为聚集索引，由于StudScoreInfo 表中已经存在聚集索引，所以此选项不可修改。

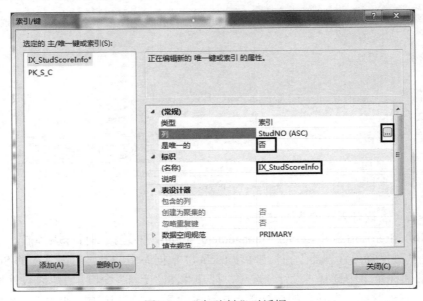

图 5-5　"索引/键"对话框

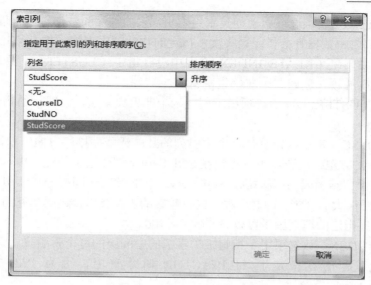

图 5-6 "索引列"对话框

（4）最后关闭对话框，单击"保存"按钮，在弹出的对话框中单击"是"按钮，索引创建完成。

索引创建完成后，在"对象资源管理器"中展开 StudScoreInfo 表中的"索引"项，可以查看已建立的索引。

3. 利用 SQL 命令创建索引

使用 CREATE INDEX 语句可以创建出符合用户需要的索引。使用这种方法，通过选项可以指定索引类型、唯一性、包含性和复合性。可以创建聚集索引和非聚集索引，既可以在一个列上创建索引，也可以在两个或两个以上的列上创建索引。

CREATE INDEX 命令的基本语法格式如下：

CREATE INDEX [UNIQUE] [CLUSTERED|NONCLUSTERED] INDEX 索引名

ON {表名|视图名}(列名 [ASC|DESC] [, …n])

[WITH <索引选项>]

[ON 文件组名]

其中，<索引选项>为以下属性的组合：

{PAD_INDEX={ON | OFF}

|FILLFACTOR=填充因子

|SORT_IN_TEMPDB

|IGNORE_DUP_KEY

|STATISTICS_NORECOMPUTE

|DROP_EXISTING

}

其中，各参数的说明如下：

（1）UNIQUE，该选项用于创建唯一索引，此时 SQL Server 不允许数据行中出现重复的索引值。

（2）CLUSTERED，该选项用于创建聚集索引，它的顺序和数据行的物理存储顺序一致。创建聚集索引时，表中数据行会按照聚集索引指定的物理顺序进行重排，因此最好在创建表时创建聚集索引。如果在 CREATE INDEX 命令中没有指定 CLUSTERED 选项，则默认使用 NONCLUSTERED 选项，创建一个非聚集索引。

（3）NONCLUSTERED，该选项用于创建一个非聚集索引，此时行的物理排序独立于索引排序。

（4）ASC|DESC，用于指定具体某个索引列的升序或降序排序方向。默认为升序。

（5）FILLFACTOR，该选项用于指定在 SQL Server 创建索引的过程中，各索引页的填满程度（百分比）。如果某个索引页填满，SQL Server 就必须花时间拆分该索引页，以便为新行腾出空间，这需要很大的开销。因此，对于更新频繁的表，选择合适的填充因子可以获得更好的更新性能。用户指定的填充因子可以设置为 0~100。

（6）PAD_INDEX，该选项用于指定维护索引的中间级的每个索引页上保留的可用空间。PAD_INDEX 选项只有在指定了 FILLFACTOR 时才有用，因为 PAD_INDEX 使用由 FILLFACTOR 所指定的百分比。

（7）IGNORE_DUP_KEY，该选项用于控制当尝试向属于唯一索引（包括唯一聚集索引和唯一非聚集索引）的列插入重复的键值时所发生的情况。当执行创建重复键的 INSERT 语句时，如果没有为索引指定 IGNORE_DUP_KEY 选项，SQL Server 会发出一条警告消息，并回滚整个 INSERT 语句；而如果为索引指定了 IGNORE_DUP_KEY 选项，则 SQL Server 将只发出警告消息而忽略重复的行。

（8）DROP_EXISTING，该选项用于在创建索引时删除并重建指定的已存在的索引，如果指定的索引不存在，系统会给出警告消息。

（9）SORT_IN_TEMPDB，该选项指定用于生成索引的中间排序结果存储在 Tempdb 数据库中。如果 Tempdb 数据库与用户数据库不在同一磁盘上，则使用此选项可能会减少创建索引所需的时间，但会增加创建索引时使用的磁盘空间。

（10）ON 文件组，用于指定存放索引的文件组。

【例 5-1】为 StudScoreInfo 表创建非聚集索引 I_SSI，该索引包括学号和课程号两个索引列，均按升序排列。

```
CREATE INDEX I_SSI
ON StudScoreInfo(StudNO, CourseID)
```

【例 5-2】对【例 5-1】作一点修改，使该索引变成唯一性的非聚集索引。由于索引已经存在，所以使用 DROP_EXISTING 选项删除同名的原索引，然后再创建新索引。

```
CREATE UNIQUE INDEX I_SSI
ON StudScoreInfo(StudNO, CourseID)
WITH DROP_EXISTING
```

5.4 修改索引

索引创建后，需要对索引进行维护，包括重新生成索引、重建索引或者禁止索引。

SQL Server 保持对各索引的统计，它描述索引的唯一性或选择性以及索引键值的分布。SQL Server 的查询优化器使用这些统计信息来决定采用哪一个索引，以满足特定查询。默认情况下索引统计被定期更新，不过，由于页拆分会物理地分散数据页中的索引页，因此索引有时会较长时间出现分段情况，结果导致性能下降。通过重建索引恢复平衡和连续性，并且在重建索引时，统计信息也被重新创建。

重新生成索引是指重新生成索引的统计信息。如果没有时间或资源来重建索引，可以独立地更新统计，这种方法不如重新建立索引的效率高，因为索引可能会被分段。

禁止索引则表示禁止用户访问索引。

使用 ALTER INDEX 语句修改索引，其基本语法格式如下：

```
ALTER INDEX  索引名
ON  表名|视图名
{REBUILD |REORGANIZE |DISABLE}
```

其中，REBUILD 表示重新生成索引；REORGANIZE 表示重建索引；DISABLE 表示禁止索引。

【例 5-3】重新生成 I_SSI 索引。

```
ALTER INDEX I_SSI
ON StudScoreInfo REBUILD
```

说明：禁止索引可防止用户访问该索引，对于聚集索引，还可以防止用户访问基本表数据。索引定义仍保留在系统目录中。通过重新生成索引可以重新启用已禁用的索引。

5.5　删除索引

当不再需要某个索引时，可以将它从数据库中删除，删除索引可以收回索引所占用的存储空间，给其他数据库对象使用。

使用 DROP INDEX 语句删除索引，语法格式如下：

```
DROP INDEX {表名|视图名}.索引名  [, …n]
```

注意：表名与索引名之间用点号分隔。

【例 5-4】删除 StudScoreInfo 表中的 I_SSI 索引。

```
DROP INDEX StudScoreInfo.I_SSI
```

说明：创建主键或者唯一性约束后，SQL Server 会自动为表创建索引，删除这些索引之前，必须先删除主键或唯一性约束。

5.6　全文索引

在数据库中快速搜索数据时，使用索引可以提高搜索速度。索引一般是建立在数值型或长度比较短的文本型字段上，比如学号、成绩等字段，如果建立在长度比较长的文本型字段上，更新索引将会花费很多的时间。

在 SQL Server 中提供了一种名为全文索引的技术，可以大大提高从长字符串里搜索数据的速度，全文索引为在字符串数据中进行复杂的词搜索提供了有效的支持。全文索引存储关于重要词和这些词在特定列中的位置信息，然后由全文索引利用这些信息，就可快速搜索包含具体某个词或一组词的数据行。

在 SQL Server 系统中，全文索引是一个单独的服务项，需要确保该服务已启动，如果要在某个数据库中创建全文索引，则还要启用数据库的全文索引。全文索引包含在全文目录中，每个数据库可以包含多个全文目录，而每个目录又可包含多个全文索引。但是一个目录不能属于多个数据库，一个表也只能有一个全文索引。

为了支持全文索引和检索操作，SQL Server 提供了一组系统存储过程来完成相关操作，同时，也可以通过 Management Studio 界面方式完成操作。

5.6.1 开启 SQL Full-text 服务

SQL Server 的全文索引是由 SQL Full-text Filter Daemon Launcher 服务来维护的，该服务可以在 Windows 操作系统的"控制面板"中"管理工具"下的"服务"里找到，如图 5-7 所示，在此可以启动、停止、暂停、恢复和重新启动该服务。只有 SQL Full-text Filter Daemon Launcher 服务在启动状态时，才能使用全文索引。

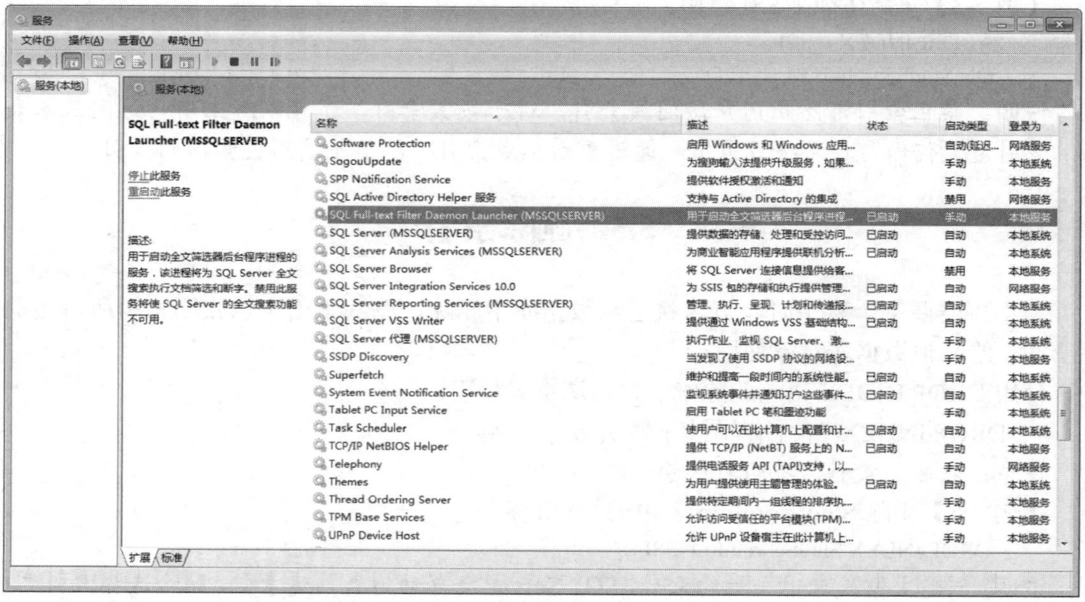

图 5-7 "服务"窗口

5.6.2 启用全文索引

可以使用存储过程 sp_fulltext_database 启用全文索引，或者从当前数据库中删除所有的全文目录。

语法：sp_fulltext_database [@action=] 'action'

参数：

[@action=] 'action'：将要执行的动作。action 的数据类型为 varchar(20)，可以是 enable 或 disable。

enable：在当前数据库中启用全文索引。如果已经存在全文目录，那么该过程将除去所有的全文目录，重新创建系统表中指明的任何全文索引，并且将数据库标记为全文索引启用。

disable：对于当前数据库，删除文件系统中所有的全文目录，并且将该数据库标记为已经禁用全文索引。这个动作并不在全文目录或表级上更改任何全文索引元数据。

【例 5-5】为 school 数据库启用全文索引。

```
USE school
EXEC sp_fulltext_database 'enable'
```

5.6.3 创建全文目录

全文目录的作用是存储全文索引，所以，要创建全文索引必须先创建全文目录。可以使用 Microsoft SQL Server Management Studio 界面和 T-SQL 命令两种方式创建全文目录。具体介绍如下。

1. 使用 Microsoft SQL Server Management Studio 界面方式创建全文目录

【例 5-6】用 Microsoft SQL Server Management Studio 为 school 数据库创建全文目录，其全文目录名为"school 全文目录"。

具体步骤如下：

（1）启动 Microsoft SQL Server Management Studio，并连接到目标服务器。

（2）在"对象资源管理器"窗口中展开 school 数据库中的"存储"结点，定位到"全文目录"结点。

（3）鼠标右键单击该结点，在弹出的快捷菜单中单击"新建全文目录"命令，会出现如图 5-8 所示的窗口。

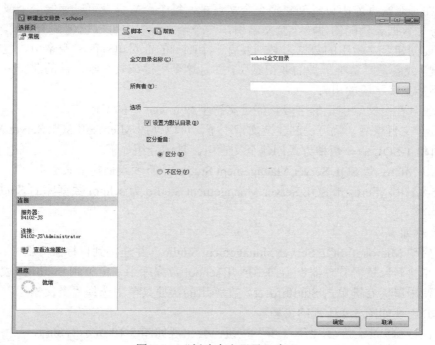

图 5-8 "新建全文目录"窗口

（4）在该窗口的"全文目录名称"文本框内输入"school 全文目录"；在"所有者"文本框里可以输入全文目录的所有者；选中"设置为默认目录"复选框可以将此目录设置为全

文目录的默认目录；在"区分重音"区域选择"区分"单选按钮，用于指明目录要区分标注字符。

（5）单击"确定"按钮，完成操作。

创建好全文目录后，可以方便地通过界面方式查看、修改和删除全文目录。

2．使用 T-SQL 命令创建全文目录

可以使用存储过程 sp_fulltext_catalog 创建全文目录。

语法：sp_fulltext_catalog 'fulltext_catalog_name','action'[,'root_direcotry']

参数说明如下：

① fulltext_catalog_name，全文目录名称。

② action，是将要执行的动作，可以是 create（建立）、start_full（填充）、start_incremental（增量填充）、stop（停止）、drop（删除）或 rebuild（重建）。

③ root_direcotry，是针对 create 动作的根目录，默认安装时指定的默认位置。

【例 5-7】为 school 数据库在默认位置创建一个全文目录"school2"。

```
USE school
EXEC sp_fulltext_catalog 'school2','create'
```

5.6.4　创建全文索引

在创建全文索引之前，必须先了解创建全文索引要注意的事项：

（1）全文索引是针对数据表的，只能对数据表创建全文索引，不能对数据库创建全文索引。

（2）在一个数据库中可以创建多个全文目录，每个全文目录可以存储一个或多个全文索引，但是每个数据表只能创建一个全文索引，一个全文索引中可以包含多个字段。

（3）要创建全文索引的数据表必须要有一个唯一的针对单列的非空索引，也就是说，必须要有主键，或者是具备唯一性的非空索引，并且这个主键或具有唯一性的非空索引只能是一个字段，不能是多字段的组合。

（4）包含在全文索引里的字段只能是字符型或 image 型的字段。

创建好全文目录后，就可以创建全文索引了。可以使用 Microsoft SQL Server Management Studio 界面和 T-SQL 命令两种方式创建全文索引。具体介绍如下。

1．使用 Microsoft SQL Server Management Studio 界面方式创建全文索引

【例 5-8】用 Microsoft SQL Server Management Studio 为 school 数据库的 StudInfo 表创建全文索引。

具体步骤如下：

（1）启动 Microsoft SQL Server Management Studio，并连接到目标服务器。

（2）在"对象资源管理器"窗口中展开 school 数据库中，定位到 StudInfo 表。

（3）使用鼠标右键单击 StudInfo 表，在弹出的快捷菜单中选择"全文索引"→"定义全文索引"，会出现如图 5-9 所示的窗口。

（4）在该窗口中，单击"下一步"按钮，会出现如图 5-10 所示的窗口。

（5）在该窗口的"唯一索引"下拉列表框中，选择要创建全文索引的数据表的唯一索引，单击"下一步"按钮，会出现如图 5-11 所示的窗口。

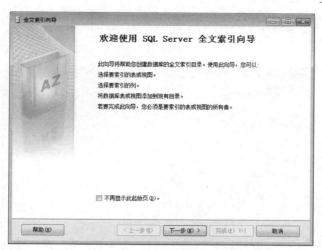

图 5-9　"全文索引向导-起始页"窗口

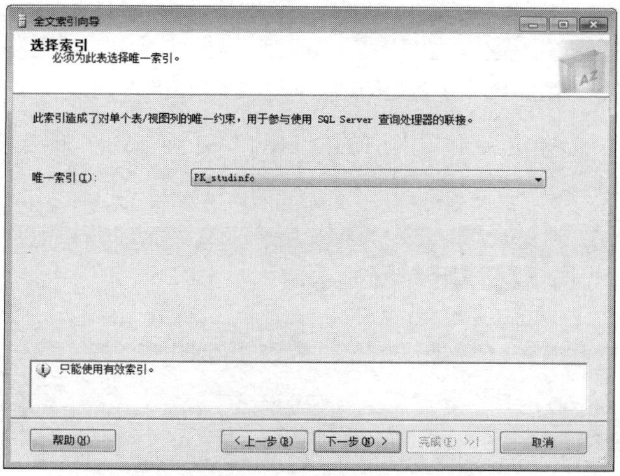

图 5-10　"全文索引向导-选择索引"窗口

图 5-11　"全文索引向导-选择表列"窗口

（6）在该窗口中，选择要加入全文索引的字段"StudName"，单击"下一步"按钮，会出现如图 5-12 所示的窗口。

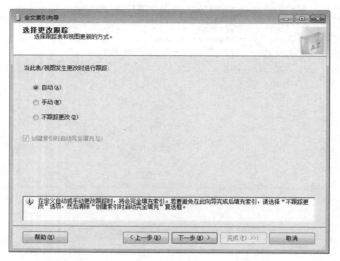

图 5-12　"全文索引向导-选择更改跟踪"窗口

（7）在该窗口中，选择定义全文索引的"自动"更新方式，单击"下一步"按钮，会出现如图 5-13 所示的窗口。

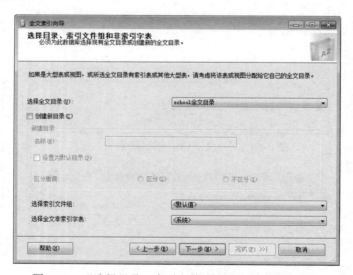

图 5-13　"选择目录、索引文件组和非索引字表"窗口

说明：选中"自动"单选按钮后，当基础数据发生更改时，全文索引将自动更新；如果不希望基础数据发生更改时自动更新全文索引，则请选中"手动"单选按钮。对基础数据的更改将保留下来。不过，若要将更改应用到全文索引，必须手动启动或者安排此进程；如果不希望使用基础数据的更改对全文索引进行更新，则请选中"不跟踪更改"单选按钮。

（8）在该窗口中，选择全文索引所存储的全文目录"school 全文目录"，单击"下一步"按钮，会出现如图 5-14 所示的窗口。

图 5-14　"定义填充计划"窗口

（9）在该窗口中，可以创建全文索引和全文目录的填充计划（可选），也可以单击"下一步"，在创建完全文索引后再创建填充计划。

（10）弹出如图 5-15 所示的"全文索引向导说明"窗口，在该窗口里可以看到全文索引要完成的工作说明，如果有不正确的设置，可以单击"上一步"按钮返回去重新设置，如果完全正确，则单击"完成"按钮完成操作。

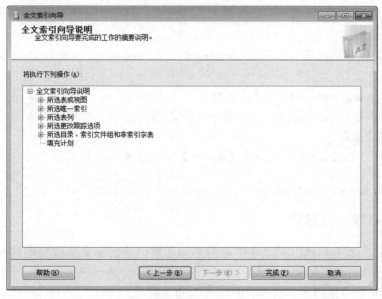

图 5-15　"全文索引向导说明"窗口

在创建完全文索引后，可以很方便地通过界面方式完成全文索引的查看、删除、启动或禁用等操作，如图 5-16 所示。

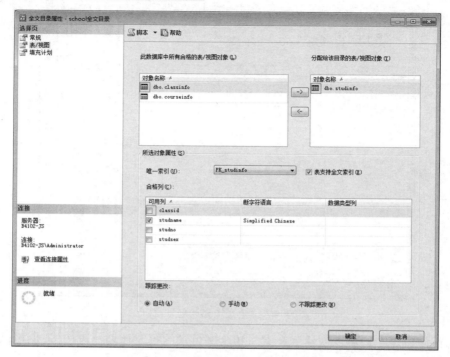

图 5-16   "全文目录属性"窗口

2. 使用 T-SQL 命令创建全文索引

可以使用存储过程 sp_fulltext_table 创建全文索引。

语法：sp_fulltext_table 'table_name','action','fulltext_catalog_name','unique_index_name'

参数说明如下：

①table_name：创建全文索引的数据库表名称。

②action：要执行的操作，可以是 create（创建）、activate（激活）、deactivate（停用）或 drop（删除）。

③fulltext_catalog_name：全文目录名称。

④unique_index_name：是指定表上基于单列的唯一索引，如果不存在，则需要先创建，并只针对 create 动作有效。

【例 5-9】用 T-SQL 命令方式完成【例 5-8】中全文索引的创建。

```
USE school
EXEC sp_fulltext_table 'StudInfo','create','school 全文目录','PK_StudInfo'
```

5.6.5   添加列到全文索引

使用存储过程 sp_fulltext_column 添加列到全文索引或删除全文索引的列。

```
EXEC sp_fulltext_column 'table_name','column_name','action'
```

其中，action 参数可以是 add（添加）或 drop（删除）。

【例 5-10】将 StudInfo 表中的 ClassID 列添加到全文索引中。

```
USE school
EXEC sp_fulltext_column 'StudInfo','ClassID','add'
```

【例 5-11】激活表的全文检索能力，在全文目录中注册表"StudInfo"。

```
USE school
EXEC EXEC sp_fulltext_table 'StudInfo','activate'
```

【例 5-12】填充全文目录。

```
USE school
EXEC sp_fulltext_catalog 'school 全文目录','start_full'
```

习　　题

一、选择题

1．SQL Server 中，索引类型按结构划分，包括（　　）。

    A．聚集索引和非聚集索引　　　　　　B．主索引和次索引

    C．单索引和复合索引　　　　　　　　D．内索引和外索引

2．下面对索引的相关描述正确的是（　　）。

    A．经常被查询的列不适合建索引　　　B．列值唯一的列适合建索引

    C．有很多重复值的列适合建索引　　　D．是外键或主键的列不适合建索引

3．在 SQL Server 中关于索引叙述正确的是（　　）。

    A．每个数据库表可以建立多个聚集索引

    B．每个表可以定义多个非聚集索引

    C．索引的数据保存在同一个表中

    D．索引不会改变表中的数据

4．关于索引描述错误的是（　　）。

    A．表中的任何数据列都可以添加索引

    B．创建索引的列最好不要含有许多重复的值

    C．一般不给很少使用的列添加索引

    D．并不是数据库中聚集索引越多搜索效率就越高

5．为数据表创建索引的目的是（　　）。

    A．提高查询的检索性能　　　　　　　B．创建唯一索引

    C．创建主键　　　　　　　　　　　　D．归类

6．在 SQL Server 中，索引的顺序和数据表的物理顺序相同的索引是（　　）。

    A．聚集索引　　　　　　　　　　　　B．非聚集索引

    C．外键索引　　　　　　　　　　　　D．唯一索引

7．以下哪种情况应尽量创建索引（　　）。

    A．在 WHERE 子句中出现频率较高的列

    B．具有很多 NULL 值的列

    C．记录较少的基本表

    D．需要更新频繁的基本表

二、填空题

1. 在一个表上能创建_____个聚集索引，_____个非聚集索引。
2. SQL Server 中包括三种索引类型，分别是_____、_____和_____。
3. 在 SQL Server 中，索引的顺序和数据表的物理顺序不相同的索引是_____。

三、简答题

1. 简述索引的优点。
2. 简述索引的设计准则。
3. 简述聚集索引和非聚集索引的区别。

第 6 章　T–SQL 程序设计

【学习目标】

- 了解 T-SQL 标识符的命名规则。
- 理解 T-SQL 所提供的数据类型、运算符的用法。
- 掌握变量的声明、赋值及输出方法。
- 了解 T-SQL 语句块、IF 语句、CASE 语句和 WHILE 语句的基本格式。
- 掌握系统内置函数和用户自定义函数的使用。
- 能运用各种流程控制语句及函数编写 T-SQL 程序。

6.1　T–SQL 基础

SQL 是标准的关系型数据库通用的标准语言，可以对数据库进行各种操作，但它是非过程性的。在实际应用中，许多事务处理都是过程性的，SQL 与应用程序沟通有一定的局限性。为了克服 SQL 的非过程性这一缺点，微软公司在遵循标准 SQL 的基础上发展了自己的 T-SQL。

T-SQL（Transact-SQL）是在 SQL 基础上扩展的在 SQL Server 中使用的语言。它提供了标准 SQL 的 DDL 和 DML 功能，加上延伸的函数、存储过程、流程控制，让程序设计更有弹性。

6.1.1　标识符

数据库对象的名称即为其标识符。SQL Server 中的服务器、数据库和数据库对象（例如表、列、约束、视图、索引、存储过程、触发器等）都可以有标识符，大多数对象要求有标识符，但对有些对象（例如约束），标识符是可选的。

SQL Server 标识符可分为两类：常规标识符和分隔标识符。

1. 常规标识符

符合标识符的格式规则，如查询语句 select sno from student 中的表名"student"即为常规标识符。常规标识符应遵循如下命名规则：

（1）第一个字符必须是下列字符之一：

①英文字母 a～z 和 A～Z，以及来自其他语言的字母字符；

②下划线（_）、"at"符号（@）或者数字符号（#）。

（2）后续字符可以包括：

①英文字母 a～z 和 A～Z，以及来自其他语言的字母字符；

②十进制数字；

③"at"符号（@）、美元符号（$）、数字符号（#）或下划线（_）。

（3）标识符不能是 T-SQL 保留字。由于 SQL Server 中是不区分大小写字母的，所以无论是保留的大写还是小写都是不允许使用的。

（4）不允许嵌入空格或其他特殊字符。

2. 分隔标识符

包含在双引号或者方括号内的标识符。分隔标识符允许在标识符中使用常规标识符中不允许使用的一些特殊字符或 SQL Server 中的保留关键字。如查询语句 select * from [my table] 中数据表 "my table" 中含有空格，所以用方括号[ ]进行分隔。

在 T-SQL 语句中，必须对所有不符合标识符规则的标识符进行分隔。

6.1.2 批处理

在访问数据库时，SQL 语句不一定要一个一个地执行，也可以使用批处理的方式，即将一条或多条 T-SQL 语句打包，一起送到 SQL Server 处理。SQL Server 会将一个批处理中所包含的数个 SQL 语句当作一个执行单元，一起编译成为执行计划，然后再执行。

用 GO 语句作为一个批处理的结束，两个 GO 之间的 SQL 语句作为一个批处理。

说明：

（1）并非所有的 SQL 语句都可以放在一个批处理中执行，例如 create view、create procedure、create default、create rule 和 create trigger 等语句只能单独放在一个批处理中执行，不能与其他语句一起执行。

（2）GO 语句行必须单独存在，不能含有其他的 SQL 语句，也不可以有注释。

（3）如果在一个批处理中有语法错误，如某条命令拼写错误，则整个批处理就不能被成功地编译，也就无法执行。如果在批处理中某条语句执行错误，如违反了规则，则它仅影响该语句的执行，并不影响其他语句的执行。

6.1.3 脚本

脚本是批处理的存在方式，它是存储在文件中的一系列 T-SQL 语句。该文件可以在 SQL Server Management Studio 的查询窗口中运行，如图 6-1 所示。

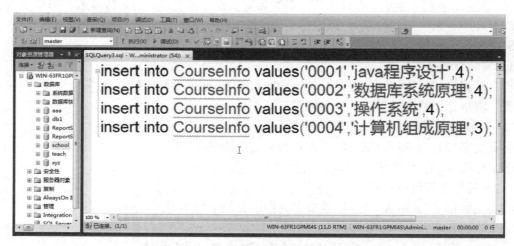

图 6-1 在 SQL Server Management Studio 的查询窗口中运行脚本文件

将脚本保存到磁盘文件上就称为脚本文件。脚本文件对于重复操作或在几台计算机之间交换 SQL 语句是非常有用的。

6.1.4 注释

注释（又称注解）是写在程序代码中的说明性文字，对程序的结构及功能进行文字说明。注释内容不被系统编译，也不被程序执行。使用注释对代码进行说明，不仅能使程序易读易懂，而且有助于日后的管理和维护。

在 SQL Server 中，可以使用两种类型的注释字符。

1. 行内注释（--为双连字符）

行内注释的语法格式为：

    --注释语句

2. 块注释

块注释的语法格式为：

    /*注释语句*/

或

    /*

    注释语句

    */

【例 6-1】对语句进行注释说明。

/* 以下脚本为：先创建一个数据库，接着在该数据库中创建一个表，依次插入两条数据记录，最后对表进行查询 */

```
    create database school                          --创建数据库
    go
    use school                                      --打开数据库
    go
create table ClassInfo                              --创建表
(
 ClassID varchar(10) primary key,                   --设置主键约束
 ClassName varchar(50) not null,
 ClassDesc varchar(100) null
)
    go
insert into ClassInfo values('201301','计科 1 班','软件工程');  /* 插入数据记录 */
insert into ClassInfo values('201302','计科 2 班','嵌入式');    --插入数据记录
go
    select * from ClassInfo                         --查询表
    go
```

6.2 数据类型

当我们定义表的列、声明程序中的变量时，都需要为它们设置一个数据类型，目的是指

定该列或变量所存放的数据是整数、字符、货币、日期或其他类型，以及需要多少空间来存储数据。

T-SQL 的数据类型可分为系统提供的数据类型和用户自定义数据类型两种。

6.2.1 系统提供的数据类型

SQL Server 2012 可以存储不同类型的数据，如字符、整数、日期和时间等。在 SQL Server 中，数据类型是创建表的基础。在创建表时，必须为表中的每列指定一种数据类型，系统提供的数据类型可分为如下几类。

1. 精确数值数据类型

精确数值数据类型包括 bigint、int、smallint、tinyint、bit、numeric、decimal、money 和 smallmoney，具体类型名称、范围描述和存储空间如表 6-1 所示。

表 6-1　精确数值数据类型

数据类型	范围	存储
bigint	-2^{63}（9223372036854775808）～2^{63}-1（9223372036854775807）	8 字节
int	-2^{31}（-2147483648）～2^{31}-1（2147483 647）	4 字节
smallint	短整数-2^{15}（-32768）～2^{15}-1（32767）	2 字节
tinyint	更小的整数 0～255	1 字节
decimal [(p[,s])]	$-10^{38}+1$～$10^{38}-1$	最多 17 个字节
numeric [(p[,s])]	等价于 decimal	最多 17 个字节
bit	0、1 或 null	1 字节（8 位）
money	-922337203685477.5808～922337203685477.5807	8 字节
smallmoney	-214748.3648～214 748.3647	4 字节

2. 近似数值数据类型

近似数值数据类型包括 float 和 real 数据类型，用于表示浮点数据。由于它们是近似的，因而不能精确地表示所有值。

表 6-2 列出了近似数值数据类型，对其范围进行了描述，并说明了所需的存储空间。

表 6-2　近似数值数据类型

数据类型	范围	存储
float [(n)]	-1.79E+308～-2.23E-308，0，2.23E-308～1.79E+308	4 字节
real	-3.40E+38～-1.18E-38，0，1.18E-38～3.40E+38	4 字节

3. 字符数据类型

字符数据类型是最常用的数据类型之一。它可以用来存储各种字母、数字符号、特殊符号。一般情况下，使用字符类型数据时须在其前后加上单引号。类型的具体描述如表 6-3 所示。

表 6-3　字符数据类型

数据类型	范围	存储
char[(n)]	固定长度，长度为 n 字节，n 的取值范围为 1～8000	n 字节
varchar(n)	可变长度，n 的取值范围为 1～8000	输入数据的实际长度+2B
varchar(max)	最多为 $2^{31}-1$（2147483647）字符	输入字符个数的 2 倍+2B
text	最多为 $2^{31}-1$（2147483647）字符	每字符 1 字节+2 字节额外开销
nchar[(n)]	n 在 1～4000 Unicode 字符之间	2×n 字节
nvarchar[(n)]	n 在 1～4000 Unicode 字符之间	输入字符个数的 2 倍+2B
nvarchar(max)	最多为 $2^{30}-1$（1 073 741 823）Unicode 字符	2×字符数+2 字节额外开销
ntext	最大长度为 $2^{30}-1$（1 073 741 823）Unicode 字符	输入字符个数的 2 倍

4. Unicode 字符数据类型

Unicode 字符是双字节文字编码标准。Unicode 字符的数据类型与字符数据类型类似，一般字符是一个字符用 1 字节存储，而 Unicode 字符的一个字符是用 2 字节存储。Unicode 字符的数据类型有 nchar[(n)]、nvarchar[(n)]、varchar(max)和 ntext 四种，Unicode 字符的具体描述如表 6-4 所示。

表 6-4　字符数据类型

数据类型	范围	存储
nchar [(n)]	n 在 1～4000 Unicode 字符之间	2×n 字节
nvarchar[(n)]	n 在 1～4000 Unicode 字符之间	输入字符个数的 2 倍+2B
nvarchar(max)	最多为 $2^{30}-1$（1 073 741 823）Unicode 字符	2×字符数+2 字节额外开销
ntext	最大长度为 $2^{30}-1$（1 073 741 823）Unicode 字符	输入字符个数的 2 倍

5. 日期和时间数据类型

日期和时间类型用来存储日期和时间数据，包括 date、datetime、datetime2(n) datetimeoffset(n)、smalldatetime 和 time(n)几种，它们的表示范围如表 6-5 所示。

表 6-5　日期和时间数据类型

数据类型	范围	存储
date	1 年 1 月 1 日～9999 年 12 月 31 日	3 字节
datetime	1753 年 1 月 1 日～9999 年 12 月 31 日，精确到最近的 3.33 毫秒	8 字节
datetime2(n)	1 年 1 月 1 日～9999 年 12 月 31 日 0～7 之间的 n 指定小数秒	6～8 字节
datetimeoffset(n)	1 年 1 月 1 日～9999 年 12 月 31 日 0～7 之间的 n 指定小数秒+/－偏移量	8～10 字节
smalldatetime	1900 年 1 月 1 日～2079 年 6 月 6 日，精确到 1 分钟	4 字节
time(n)	小时:分钟:秒.9999999 0～7 之间的 n 指定小数秒	3～5 字节

6. 二进制数据类型

用来定义二进制数据，如 0x4E。这种数据类型包括 binary(n)、varbinary(n)、varbinary(max) 和 image，它们的特性分别相当于字符类型中的 char(n)、varchar(n)、varchar(max)以及 text。其中，image 类型可用于存储照片、图片或者动画，二进制数据类型具体描述如表 6-6 所示。

表 6-6　二进制数据类型

数据类型	范围	存储
binary(n)	n 在 1～8000 十六进制数字之间	n 字节
varbinary(n)	n 在 1～8000 十六进制数字之间	每字符 1 字节＋2 字节额外开销
varbinary(max)	最多为 $2^{31} - 1$（2 147 483 647）十六进制数字	每字符 1 字节＋2 字节额外开销
image	n 在 1～8000 之间	不定

7. 其他数据类型

除了上面介绍的各种数据类型外，SQL Server 还包括其他类的数据类型，如 cursor、sql_variant、table、timestamp、uniqueidentifier、xml。

cursor 是存储查询结果的数据集，table 可用来暂存一组表格式的数据。sql_variant 可能包含任何系统数据类型的值，除了 text、ntext、image、timestamp、xml、varchar(max)、nvarchar(max)、varbinary (max)、sql_variant 以及用户定义的数据类型。

timestamp 用于表示 SQL Server 在一行上的活动顺序，按二进制格式以递增的数字来表示。uniqueidentifier 数据类型可存储 16 字节的二进制值，其作用与全局唯一标识符（GUID）一样，GUID 可从 Newsequentialid( )函数获得。

6.2.2　自定义数据类型

自定义数据类型，也可称为别名数据类型。SQL Server 允许用户自定义数据类型，当几个表中必须存储同一种数据类型时，并且为保证这些列有相同的数据类型、长度和可空性时，可以使用用户自定义的数据类型。

1. 创建用户自定义数据类型

创建用户自定义数据类型时，必须提供数据类型名称、新数据类型所依据的系统数据类型、为空性（数据类型是否允许为空值）。基本语法格式如下：

```
CREATE  TYPE  数据类型名称
{
    FROM  基本数据类型
    [NULL|NOT NULL]
}
```

【例 6-2】为 school 数据库中的字符型列创建一个别名数据类型 mynumber，要求它的基本类型是 char、长度为 2、非空。

```
CREATE TYPE mynumber FROM char(2) NOT NULL
```

6.3　变量和运算符

6.3.1　变量

变量是指在程序运行过程中值可以改变的量。变量可由变量名和数据类型两个属性来描述。变量名必须是一个合法的标识符，它用于标识该变量，数据类型确定了该变量存放值的格式以及允许的运算。

SQL Server 2012 中，存在两种类型的变量：一种是系统定义和维护的全局变量；另一种是用户定义的用以保存中间结果的局部变量。

1. 全局变量

全局变量是 SQL Server 2012 系统定义并使用的变量，用户不能对全局变量进行定义，也不可以赋值。全局变量存储着 SQL Server 2012 的配置设置值和性能统计数据。引用全局变量时，全局变量的名字前要使用标记符 "@@"，SQL Sever 2012 提供的常用全局变量如表 6-7 所示。

表 6-7　常用全局变量

全局变量	含义
@@CONNECTIONS	返回 SQL Server 自上次以来尝试的连接数
@@ERROR	返回执行上一个 T-SQL 语句的错误号
@@IDENTITY	返回上次插入的标记值
@@LANGUAGE	返回当前所有语言的名称
@@MAX_CONNECTIONS	返回 SQL Server 实例允许同时进行的最大用户连接数
@@ROWCOUNT	返回受上一行影响的行数
@@SERVERNAME	返回运行 SQL Server 的本地服务器的名称
@@SPID	返回当前用户进程的会话 ID
@@TRANCOUNT	返回的当前连接的活动事务数
@@VERSION	返回当前 SQL Server 安装的版本

2. 局部变量

（1）局部变量的声明

定义局部变量的语法形式如下：

　　DECLAER @变量名 1 变量类型 1 [,@变量名 2 变量类型 2,... @变量名 n 变量类型 n]

（2）局部变量的赋值

变量声明后，DECLAER 语句会将变量初始值设为 NULL。

其语法形式为：SET　@变量名 = 表达式

或者　　SELECT　@变量名 = 表达式 [FROM <表名> WHERE <条件>]

（3）局部变量及表达式的输出

其语法形式为：PRINT 表达式

或者　SELECT　表达式 1 [,表达式 2,...表达式 n]

【例 6-3】定义两个整型变量，分别赋值并输出两者的和。

```
DECLARE @m int, @n int
SET @m = 5
SELECT @n = 8
PRINT @m + @n
```

6.3.2　运算符

运算符是一种符号，用来"运算"或"判断"等。T-SQL 中，主要包括算术运算符、赋值运算符、位运算符、比较运算符、逻辑运算符和字符串连接运算符。

1．算术运算符

算术运算符用来对表达式进行数学运算，这两个表达式可以是任意两个数值数据类型的表达式。算术运算符见表 6-8，均为双目运算符。

表 6-8　算术运算符

运算符	含义
+（加）	加法
-（减）	减法
*（乘）	乘法
/（除）	除法
%（取余）	返回一个除法运算的整数余数

2．比较运算符

比较运算符用来比较两个表达式是否相同，计算结果为布尔数据类型，可用在查询语句的 WHERE 或 HAVING 子句中。比较运算符见表 6-9。

表 6-9　比较运算符

运算符	含义
=	等于
>	大于
<	小于
>=	大于等于
<=	小于等于
<>、!=	不等于

3．逻辑运算符

逻辑运算符用来对某些条件进行测试，以获得真实情况。逻辑运算符的输出结果为布尔数据类型，逻辑运算符如表 6-10 所示。

表 6-10　逻辑运算符

运算符	含义
AND	如果两个布尔表达式都为 True，那么就为 True
OR	如果两个布尔表达式中的一个为 True，那么就为 True
NOT	对任何其他布尔运算符的值取反
BETWEEN	如果操作数在某个范围之内，那么就为 True
LIKE	如果操作数与一众模式匹配，那么就为 True
IN	如果操作数等于表达式列表中的一个，那么就为 True
SOME	如果在一组比较中，有些为 True，那么就为 True
ALL	如果一组的比较都为 True，那么就为 True
EXISTS	如果子查询包含一些行，那么就为 True
ANY	如果一组的比较中任何一个为 True，那么就为 True

4. 字符串连接运算符

字符串连接运算符是加号 "+"，通过该连接运算符可以将多个字符串连接起来，构成一个新的字符串。例如，select 'wel'+'come'，返回结果为 welcome。

6.4　流程控制语句

流程控制语句用于控制 SQL 语句、语句块的执行顺序，完成复杂的应用程序设计。在 SQL Server 2012 中，T-SQL 流程控制语句包括如下几种语句。

6.4.1　BEGIN…END 语句

BEGIN…END 语句用来将多条 T-SQL 语句封装起来，构成一个语句块，它用在 IF…ELSE 语句及 WHILE 等语句中，使语句块内的所有语句作为一个整体被依次执行。

BEGIN…END 的基本语法格式如下：

```
BEGIN
    {SQL 语句 | 语句块}
END
```

【例 6-4】将【例 6-3】中的 4 个语句组合成一个语句块，写成如下结构：

```
BEGIN
DECLARE @m int, @n int
SET @m = 5
SELECT @n = 8
PRINT @m + @n
END
```

它就是一个块，可以单独构成一个批处理作业。BEGIN…END 语句可以嵌套使用。

6.4.2　IF…ELSE 语句

IF…ELSE 语句是条件判断语句，其中，ELSE 子句是可选的，最简单的 IF 语句没有 ELSE 子句部分。

IF…ELSE 语句的基本语法格式如下：

```
IF<布尔表达式>
    {SQL 语句|语句块}
[ELSE
    {SQL 语句|语句块}]
```

【例 6-5】在 school 数据库中查看 Tom 的成绩。如果 Tom 的平均成绩为 60 分以上，显示文本"理想"，否则显示文本"不理想"。

```
DECLARE    @s    int
SELECT    @s=avg(StudScore)    FROM    StudInfo, StudScoreInfo
WHERE    StudInfo. StudNO= StudScoreInfo. StudNO    and    StudName='Tom'
IF(@s>60)
    PRINT    '理想'
ELSE
    PRINT    '不理想'
```

6.4.3　IF [NOT] EXISTS 语句

IF [NOT] EXISTS 语句的语法格式如下：

```
IF [NOT] EXISTS(SELECT  子查询)
        { SQL 语句|语句块}
    [ELSE]
        {SQL 语句|语句块}
```

IF EXISTS 语句用于检测数据是否存在，若 EXISTS 后面的"SELECT 子查询"的结果不为空，即检测到有数据记录存在时，就执行其后面的语句块，否则执行 ELSE 后面的语句块。当采用 NOT 关键字时，实现的功能正好与之相反。

【例 6-6】在学生表中，分别查询学号为"20130103"的学生信息。如果存在则显示该学生的全部信息，否则插入该学生的相关信息：（20130103，Rose，女，1996-08-12，01）。

```
BEGIN
    IF EXISTS(SELECT * FROM StudInfo WHERE StudNO ='20130103')
        SELECT * FROM StudInfo WHERE StudNO ='20130103'
    ELSE
        INSERT INTOStudInfo VALUES('20130103','Rose','女','1996-08-12','01')
END
```

6.4.4　CASE 语句

CASE 语句有两种语法格式。

（1）格式 1

```
CASE <表达式>
```

```
        WHEN <表达式> THEN <表达式>
        ...
        WHEN <表达式> THEN <表达式>
        [ELSE <表达式>]
    END
```

该语句执行步骤是：将 CASE 后面表达式的值依次与每个 WHEN 子句中的表达式的值进行比较，直到发现第一个相等的值时，便返回该 WHEN 子句的 THEN 后面所指定的表达式，并跳出 CASE 语句，否则将返回 ELSE 子句中的表达式的值。若所有比较均失败，并且没有指定 ELSE 子句时，则返回 NULL 值。

【例 6-7】根据学生的成绩显示学生成绩的等级，将 90～100 分的显示为"优"，80～90 分的显示为"良"，70～80 分的显示为"中"，60～70 分的显示为"及格"，其他为"不及格"。

```
    SELECT StudNO, CourseID, StudScore, '等级'=
    CASE StudScore/10
                WHEN 10 THEN '优'
                WHEN 9 THEN '优'
                WHEN 8 THEN '良'
                WHEN 7 THEN '中'
                WHEN 6 THEN '及格'
                ELSE '不及格'
        END
    FROM StudScoreInfo
```

（2）格式 2

```
    CASE
        WHEN <表达式> THEN <表达式>
        ...
        WHEN <表达式> THEN <表达式>
        [ELSE <表达式>]
    END
```

该语句执行步骤是：依次计算每个 WHEN 子句后的表达式的值，返回第一个值为 TRUE 的 THEN 后面的表达式的值。如果每一个 WHEN 子句之后的表达式的值都不为 TRUE，则当指定 ELSE 子句时，返回 ELSE 子句中的表达式的值，若没有指定 ELSE 子句，则返回 NULL 值。

【例 6-8】将【例 6-7】使用格式 2 的 CASE 语句实现。

```
    SELECT StudNO, CourseID, StudScore, '等级'=CASE
                WHEN StudScore>=90 and StudScore<=100 THEN '优'
                WHEN StudScore>=80 and StudScore<90 THEN '良'
                WHEN StudScore>=70 and StudScore<80 THEN '中'
                WHEN StudScore>=60 and StudScore<70 THEN '及格'
    ELSE '不及格'
    END
    FROM StudScoreInfo
```

6.4.5 WHILE 语句

WHILE 语句用于设置重复执行 SQL 语句或语句块的条件。只要指定的条件为真，就重复执行语句。其中，CONTINUE 语句可以使程序跳过 CONTINUE 语句后面的语句，回到 WHILE 循环的第一条命令；BREAK 语句则使程序完全跳出循环，结束 WHILE 语句的执行。

WHILE 语句的语法格式为：

```
WHILE <条件表达式>
BEGIN
      { SQL 语句 | SQL 语句块 }
      [BREAK]
      { SQL 语句 | SQL 语句块 }
      [CONTINUE]
      { SQL 语句 | SQL 语句块 }
END
```

【例 6-9】求 1+2+3+…+10 的和。

```
DECLARE @i tinyint,@sum tinyint
SELECT @i = 1, @sum = 0
WHILE @i <10
      BEGIN
            SET @sum = @sum + @i
            SET @i = @i + 1
      END
SELECT '1+2+3+…+10 的和为：',@sum
```

6.4.6 其他流程控制语句

（1）GOTO 语句

格式：

```
GOTO  标号
……
标号:
……
```

作用：用于改变程序的执行流程，使程序直接跳到标有标号的位置处继续执行，而位于 GOTO 语句和标号之间的语句将不会被执行。

说明：标号必须是一个合法的标识符。

（2）WAITFOR 语句

WAITFOR 语句用于暂时停止执行 SQL 语句、语句块或者存储过程等，直到所设定的时间已过或者所设定的时间已到才继续执行。

WAITFOR 语句的语法形式为：

```
WAITFOR {DELAY 'time' | TIME 'time' }
```

【例 6-10】在三分钟以后打印"Happy birthday！"，代码如下：

```
BEGIN
WAITFOR DELAY '00:03'
```

```
    PRINT 'Happy birthday!'
    END
```

（3）RETURN 语句

格式：

RETURN [整数表达式]

作用：用于无条件地终止一个查询、存储过程或者批处理，当执行 RETURN 语句时，位于 RETURN 语句之后的程序将不会被执行。

说明：在存储过程中可以在 RETURN 后面使用一个具有整数值的表达式，用于向调用过程或应用程序返回整型值。

6.5 函数

函数为数据库用户提供了强大的功能，使用户不需要编写很多代码就能完成某些操作。SQL Server 2012 提供了许多内置函数，同时还允许用户创建自定义函数。

6.5.1 系统内置函数

SQL Server 2012 提供了内置函数帮助用户执行各种操作。内置函数不能修改，可以在 T-SQL 语句中使用。

常用的内置函数包括：数学函数、聚合函数、日期和时间函数、字符串函数、数据类型转换函数，这些函数用于数学计算、系统统计、日期和时间格式化、类型转换等。

1. 字符串函数

字符串函数可以对二进制数据、字符串和表达式执行不同的运算。大多数字符串函数只能用于 char 和 varchar 数据类型，少数几个字符串函数也可以用于 binary、varbinary 数据类型，还有某些字符串函数能够处理 text、ntext、image 数据类型的数据。常用字符串函数可以分为字符转换函数、去空格函数、取子串函数、字符串操作函数和字符串比较函数。

（1）字符转换函数

常用的字符转换函数如表 6-11 所示。

① ASCII、CHAR、LOWER、UPPER 函数

表 6-11 ASCII、CHAR、LOWER、UPPER 函数

函数	功能
ASCII(字符串表达式)	返回字符表达式最左端字符的 ASCII 值
CHAR(整型表达式)	将 ASCII 码转换为字符
LOWER(字符串表达式)	将字符串全部转换为小写
UPPER(字符串表达式)	将字符串全部转换为大写

【例 6-11】返回函数 ASCII('C')、CHAR(67)、LOWER('HELLO')和 UPPER('xycp')的值。函数执行结果见图 6-2。

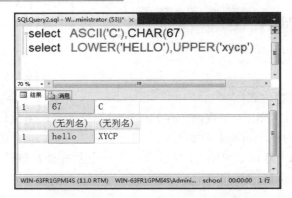

图 6-2　ASCII、CHAR、LOWER、UPPER 函数执行结果

② STR 函数

功能：将数值型数据转换为字符型数据。

语法：STR(浮点型小数[,总长度[,小数点后保留的位数]])

注意：

● 截断时遵循四舍五入。

● 总长度包括小数点、符号、数字以及空格，默认值为 10。若指定长度小于小数点左边的数字位数，函数将返回一串星号，表示数值溢出。

● 小数点后最多保留 16 位，默认不保留小数点后面的数字。

【例 6-12】返回函数 STR(385.452)、STR(575.659,7,3)、STR(208.432,5,3)和 STR(208.678,2)的值。

函数执行结果见图 6-3。

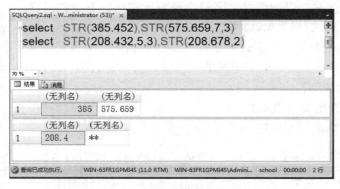

图 6-3　STR 函数执行结果

（2）去空格函数

常用的去空格函数如表 6-12 所示。

表 6-12　LTRIM、RTRIM 函数

函数	功能
LTRIM(字符串表达式)	把字符串头部的空格去掉
RTRIM(字符串表达式)	把字符串尾部的空格去掉

【例 6-13】返回函数 LTRIM('　　　welcome')和 RTRIM('thank you　　　')的值。函数执行结果如图 6-4 所示。

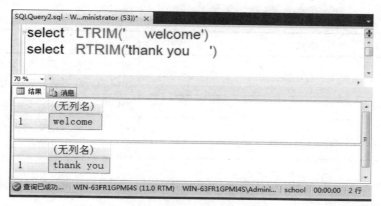

图 6-4　LTRIM、RTRIM 函数执行结果

（3）取子串函数

常用的取子串函数如表 6-13 所示。

表 6-13　LEFT、RIGHT、SUBSTRING 函数

函数	功能
LEFT(字符串表达式,返回个数)	返回字符串中从左边开始指定个数的字符
RIGHT(字符串表达式,返回个数)	返回字符串中从右边开始指定个数的字符
SUBSTRING (字符串表达式,开始位置,长度)	返回第一个参数中从第二个参数指定的位置开始、第三个参数指定的长度的子字符串

【例 6-14】返回函数 LEFT('hellokitty',3)、RIGHT('hellokitty',3)和 SUBSTRING('hellokitty',3,2)的值。

函数执行结果见图 6-5。

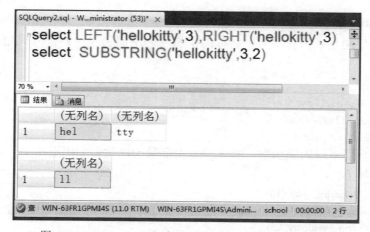

图 6-5　LEFT、RIGHT 和 SUBSTRING 函数的执行结果

（4）字符串操作函数

字符串操作函数如表 6-14 所示。

表 6-14　常用字符串操作函数

函数	功能
REPLACE(字符串表达式 1,字符串表达式 2,字符串表达式 3)	用字符串表达式 3 替换字符串表达式 1 中出现的所有字符串表达式 2
SPACE(整数表达式)	返回由指定数目的空格组成的字符串
STUFF (字符串表达式 1,起始位置,长度,字符串表达式 2)	删除指定长度的字符串并在指定的起始位置插入另一组字符

【例 6-15】返回函数 REPLACE('abcdefghicde', 'cde', 'UUU')、'h' +SPACE(2)+ 'i'和 STUFF ('abcdef',2,3, 'ijklmn')的值。

函数执行结果如图 6-6 所示。

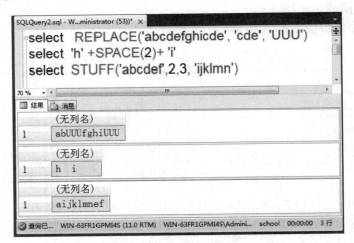

图 6-6　常用字符串操作函数执行结果

（5）字符串函数应用举例

【例 6-16】使用系统内置函数，将你的手机号码中间第 4～7 位号码隐藏为****，例如 138****9008。

T-SQL 语句如下：

```
declare   @phone   char(11)
set @phone='13892549008'
print    stuff(@phone,4,4, '****')
```

【例 6-17】利用系统内置函数，将你的身份证号的出生日期提取出来，例如 19951010。

T-SQL 语句如下：

```
declare   @identy  char(18)
set   @identy='420802199510102866'
print   substring(@identy,7,8)
```

【例 6-18】利用系统内置函数，输出 A～Z 之间的 26 个大写字母。

T-SQL 语句如下：

```
declare @i int
    set @i=ascii('A')
    while @i<=ascii('Z')
    begin
    print char(@i)
    set @i=@i+1
    end
```

【例 6-19】利用系统内置函数，查询学生表中所有姓"周"的学生信息。

T-SQL 语句如下：

```
select  *  from    Student   where left(sname,1)='周'
```

2. 数据类型转换函数

将某种数据类型的表达式显式转换为另一种数据类型。

（1）CAST 函数

语法：CAST (表达式   AS   数据类型)

【例 6-20】SELECT CAST(getdate( ) as varchar(10))

结果：11   6 2015

（2）CONVERT 函数

语法：CONVERT(数据类型[(长度)], 表达式 [,格式])

【例 6-21】SELECT CONVERT (varchar(10) ,getdate( ),120)

结果：2015-11-06

（3）CAST 函数和 CONVERT 函数比较

CAST、CONVERT 都可以执行数据类型转换。不同之处在于 CONVERT 还提供一些特别的日期格式转换，而 CAST 没有这个功能。

CONVERT 包括了 CAST 的所有功能，但仍然存在 CAST 函数，原因是为了 ANSI/ISO 兼容，CAST 是 ANSI 兼容的，而 CONVERT 不是。如果是针对 SQL Server 做开发，建议只用 CONVERT 函数；如果考虑语句跨平台，则尽量用 CAST 函数。

3. 数学函数

数学函数主要用来对数值表达式进行数学运算并返回运算结果。数学函数可对 SQL Server 提供的数值数据（decimal、integer、float、real、money、smallmoney、smallint 和 tinyint）进行数学运算并返回运算结果。

（1）常用数学函数

常用数学函数如表 6-15 所示。

表 6-15　常用数学函数

函数	功能
ABS(数值表达式)	返回给定数值表达式的绝对值
RAND([整数表达式])	返回 0～1 之间的随机浮点数。整数表达式为种子，使用相同的种子产生的随机数相同。不指定种子则系统会随机生成种子
FLOOR(数值表达式)	返回小于或等于所给数值表达式的最大整数

续表

函数	功能
CEILING(数值表达式)	返回大于或等于指定数值表达式的最小整数
SQUARE(数值表达式)	返回给定表达式的平方
POWER(数值表达式,N)	返回给定表达式的 N 次方
ROUND(数值表达式,指定的精度)	返回数值表达式并四舍五入为指定的长度或精度
PI( )	没有参数，返回 π 的值
SIGN(数值表达式)	表达式为正返回+1；表达式为负返回-1；表达式为零返回 0
exp(浮点表达式)	返回求 e 的指定次幂，e=2.718281…

【例 6-22】返回函数 ABS(-9.8)、POWER(2,5)、RAND()、SQUARE(7)、FLOOR(83.2)和 floor(-54.2)的值。

函数执行结果见图 6-7。

图 6-7　ABS、POWER、SQUARE、RAND 和 FLOOR 函数执行结果

【例 6-23】返回函数 ROUND(38.72,1)、ROUND(38.72,-1)的值。

函数执行结果如图 6-8 所示。

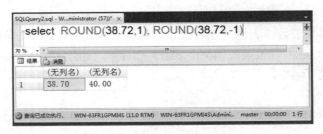

图 6-8　ROUND 函数执行结果

（2）数学函数应用举例

【例 6-24】利用系统内置函数，获取 0～10 之间的随机整数。

T-SQL 语句如下：

```
declare  @i  float
set @i=RAND( )* 10
select  FLOOR(@i)
```

4. 日期和时间函数

日期和时间函数用来操作 smalldatetime 和 datetime 类型的数据，执行算术运算。与其他函数一样，可以在 SELECT 语句和 WHERE 子句以及表达式中使用日期和时间函数。

（1）常用日期和时间函数

常用日期和时间函数如表 6-16 所示。

表 6-16　日期和时间函数

函数	功能
DAY(日期)	表示指定日期的天的部分
MONTH(日期)	返回指定日期中月份的整数
YEAR(日期)	返回指定日期中年份的整数
GETDATE( )	返回当前系统日期和时间
DATEADD(日期部分,所加数字,日期)	返回给指定日期加上一个时间间隔后的新的日期值
DATEDIFF(日期部分,开始日期,结束日期)	返回开始日期与结束日期之间指定部分的差
DATEPART(日期部分,日期)	返回代表指定日期的指定部分的整数
DATENAME(日期部分,日期)	返回代表指定日期的指定部分的字符串

【例 6-25】返回函数 DAY('08/15/2003')、MONTH('08/15/2003')、YEAR('08/15/2003')、DATEDIFF(MONTH,'1985-03-16', '1985-06-24')、DATEADD(day,2,'2014-11-18')和 GETDATE( )函数的值。

函数执行结果如图 6-9、图 6-10 所示。

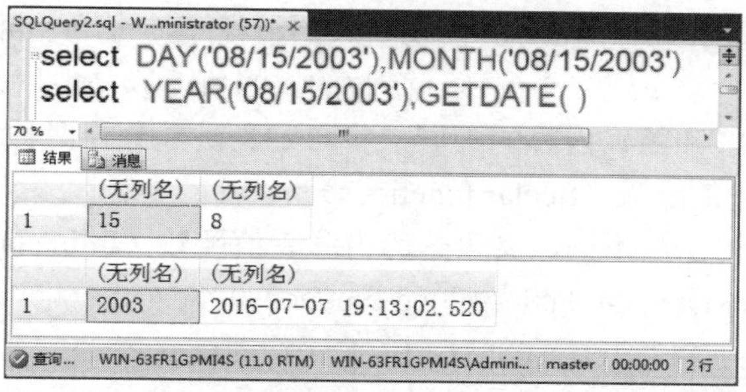

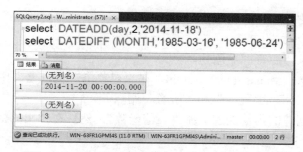

图 6-9　DAY、MONTH、YEAR、GETDATE 函数执行结果

图 6-10　DATEADD、DATEDIFF 函数执行结果

（2）日期和时间函数应用举例

【例6-26】利用系统内置函数，从身份证号中获取年龄。

T-SQL 语句如下：

```
declare    @identy   char(18), @year int
set   @identy='420802199510102866'
set @year=cast(substring(@identy,7,4) as int)
select    year(getdate())-@year
```

执行结果如图6-11所示。

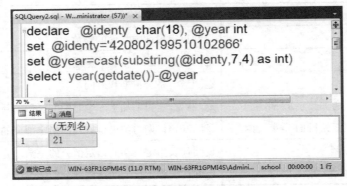

图6-11 利用系统内置函数获取年龄

6.5.2 自定义函数

1. 自定义函数概述

（1）自定义函数的定义

自定义函数是由一个或多个 T-SQL 语句组成的子程序，可用于封装代码以便重复使用。在自定义函数中可以包含零个或多个参数，函数的返回值可以是数值，也可以是一个表。

根据函数返回值形式和函数内容的不同，将自定义函数分为两种类型：表值函数（table-valued functions）和标量值函数（Scalar functions）。

表值函数按其定义语法的不同，又可分为内联表值函数（Inline table-valued functions）和多语句表值函数（Multi-statement table-valued functions）。

内联表值函数返回一个表，是单个 SELECT 语句的结果集。

多语句表值函数由 T-SQL 语句序列构成，这些语句可生成记录行并将行插入到表中，最后返回表。

标量值函数返回的是单一的数据值。

（2）创建自定义函数的方法

方法一：使用对象资源管理器创建。

①启动 SQL Server Management Studio，在"对象资源管理器"中依次展开"数据库"、"school"数据库结点、"可编程性"和"函数"结点。

②右键单击所要创建的函数类别，如"表值函数"，然后在弹出的快捷菜单中选择"新建内联表值函数"选项，如图6-12所示。

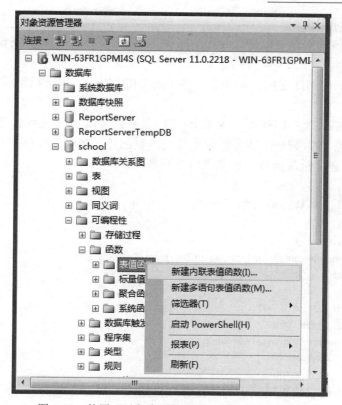

图 6-12　使用"对象资源管理器"创建自定义函数

方法二：使用 CREATE FUNCTION 命令创建。

根据自定义函数的三种类型，创建语句 CREATE FUNCTION 依次有三种格式，下面将分别介绍。

2．标量值函数

（1）什么是标量值函数

标量值函数的函数体由一条或多条 T-SQL 语句构成，这些语句以 begin 开始，end 结束，它的返回结果为单个数据值。

标量值函数使用位置：SELECT 语句的列表、WHERE 子句、表达式和表定义中的约束表达式。

（2）标量值函数的创建

①标量值函数的 T-SQL 语句格式

CREATE　FUNCTION　函数名

　　　　（参数名　　数据类型[,n…]）

RETURNS　　返回值的数据类型

BEGIN

　　　　函数体

　　　　RETURN　　返回表达式

END

②标量值函数使用说明

- 函数返回值的类型可以是除 text、ntext、image、cursor、table 或 timestamp 之外的任何数据类型。
- 在 BEGIN…END 之间，必须有一条 RETURN 语句，用于指定返回表达式，即函数的值。
- 函数调用格式为：拥有者名.函数名(实际参数列表)。其中拥有者名一般为 dbo，不可省略，实际参数列表中实参的顺序要与函数创建形参时的顺序完全一致。

【例 6-27】创建标量值函数，实现求两个整数的和。

操作步骤如下：

（1）创建标量值函数，输入如下代码：

```
use    school
go
create function getsum(@num1 int ,@num2 int)
  returns    int
  as
  begin
      declare    @result int
      select    @result=@num1+@num2
      return    @result
  end
```

（2）调用该标量值函数测试语句，运行结果如图 6-13 所示。

```
use    school
go
select    dbo.getsum(12,13)
```

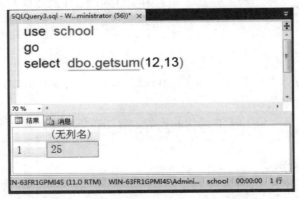

图 6-13　标量值函数 getsum 运行结果

【例 6-28】在 school 数据库中创建一个标量值函数，该函数通过输入成绩来计算学生成绩的等级。

操作步骤如下：

（1）创建标量值函数，输入如下代码：

```
use school
go
```

```
create function djf(@zz int)
returns    varchar(8)
as
begin
  declare @str varchar(6)
if @zz>=60 and @zz<70
      set @str='及格'
    else if @zz>=70 and @zz<80
        set @str='中等'
    else if @zz>=80 and @zz<90
        set @str='良好'
    else if @zz>=90 and @zz<100
        set @str='优秀'
    else
        set @str='不及格'
    return @str
end
```

（2）调用该标量值函数测试语句，运行结果见图 6-14。
select   StudNO,StudScore, dbo.djf(StudScore) as 等级分   from
StudScoreInfo   where StudNO='20130102'

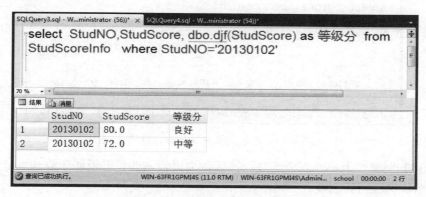

图 6-14　标量值函数 djf 运行结果

3．内联表值函数
表值函数可分为内联表值函数和多语句表值函数，函数返回 table 数据类型。
（1）内联表值函数的概念
内联表值函数返回一个单条 SELECT 语句产生的结果的表，内联表值函数没有函数体。
（2）内联表值函数的创建
①内联表值函数 T-SQL 语句格式为：
　　CREATE　FUNCTION　函数名
　　　　(参数名　数据类型[,n…])
　　RETURNS　TABLE
　　AS
　　RETURN（SELECT 语句）

②使用说明

- 函数内部没有 BEGIN 和 END。
- RETURNS 子句仅包含关键字 table；
- RETURN 子句只包含一条 SELECT 语句，其结果集构成其返回的表。
- 函数调用的格式为：[拥有者名.]函数名([实际参数列表])。

【例 6-29】创建一个内联表值函数，该函数通过输入班级代码返回该班学生信息。

操作步骤如下：

（1）新建内联表值函数 cxxs，代码如下：

```
use school
go
create function cxxs(@bjbm char(8))
returns table
as
return(select * from StudInfo where ClassID=@bjbm)
go
```

（2）调用该函数的测试语句，运行结果见图 6-15。

```
select    *   from   dbo.cxxs('201301')
```

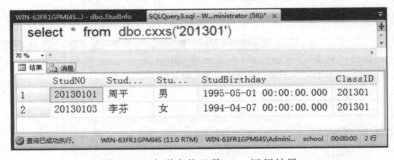

图 6-15　内联表值函数 cxxs 运行结果

【例 6-30】创建一个内联表值函数，该函数通过输入课程号返回所有选修此课程的学生的学号、姓名、课程名和成绩。

操作步骤如下：

（1）新建内联表值函数 xscj

```
use school
go
create function xscj(@kch char(10))
returns table
as
return(select S.StudNO,StudName,CourseName,StudScore from
StudInfo S,StudScoreInfo SC,CourseInfo C where S.StudNO=SC. StudNO
and SC.CourseID=C. CourseID and C. CourseID=@kch)
```

（2）调用该函数的测试语句，运行结果如图 6-16 所示。

```
use school
go
select    * from dbo.xscj('0002')
```

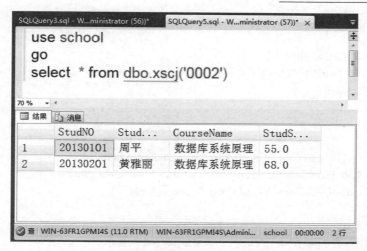

图 6-16　内联表值函数 xscj 运行结果

4. 多语句表值函数

（1）多语句表值函数的概念

多语句表值函数不同于内联表值函数，内联表值函数没有函数体，而多语句表值函数包括函数体，它返回一个由一条或多条 T-SQL 语句建立的表，它可以在 SELECT 语句的 FROM 子句中被引用。

（2）多语句表值函数的创建

①多语句表值函数语法格式

```
CREATE FUNCTION  函数名
    (参数名     数据类型[,n…])
RETURNS   @表名   table
    (表结构)
        AS
    BEGIN
            函数体
            RETURN
    END
```

②注意事项

● 在 BEGIN…END 之间的语句是函数体，可以包括一条或多条 T-SQL 语句。

● RETURNS 子句将 table 指定为返回值的数据类型并定义了表的名称和表的格式。

● RETURN 关键字后面不需要返回指定的值或表达式。

【例 6-31】创建一个多语句表值函数，该函数通过输入课程名返回选修该课程的学生姓名、课程名和成绩。

（1）创建多语句表值函数，输入以下代码：

```
use school
go
create  function  kccj(@kcmc  varchar(20))
```

```
returns   @cj   table
(
       姓名    varchar(10),
       课程名   varchar(20),
       成绩    tinyint
)
as
begin
insert into @cj   select StudName,CourseName,StudScore from
StudInfo S,StudScoreInfo SC,CourseInfo C where S.StudNO=SC.StudNO
and SC.CourseID=C.CourseID and CourseName=@kcmc
return
end
```

（2）调用该函数的测试语句，运行结果如图 6-17 所示。

```
use school
go
select * from   dbo.kccj ('计算机组成原理')
```

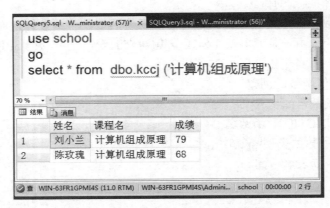

图 6-17　多语句表值函数 kccj 运行结果

【例 6-32】创建返回 table 的函数，通过学号作为实参调用该函数，显示学生的课程名及成绩。

操作步骤如下：

（1）创建多语句表值函数，输入以下代码：

```
  create function grade_table
(@student_id char(10))
returns @T_grade table
(课程名   varchar(20),成绩  int)
as
begin
insert into @T_grade select CourseName,StudScore from
StudScoreInfo SC,CourseInfo C   where SC.CourseID=C. CourseID
and SC.StudNO=@student_id
return
end
```

（2）调用该函数的测试语句，运行结果见图 6-18。

```
use school
go
select * from grade_table('20130301')
```

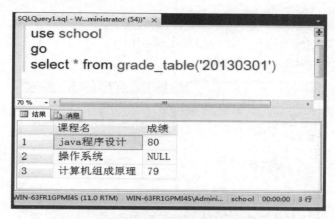

图 6-18　多语句表值函数 grade_table 运行结果

5. 管理自定义函数

（1）查看自定义函数

①sp_help 用于查看函数的一般信息

　　sp_help　函数名称

如：sp_help　　kccj

②sp_helptext 用于查看函数的正文信息

　　sp_helptext　函数名称

如：sp_helptext　　kccj

（2）修改自定义函数

①使用 ALTER FUNCTION 语句修改

修改命令的语法与 CREATE FUNCTION 相同，使用 ALTER FUNCTION 命令相当于重建了一个同名的函数。

【例 6-33】修改【例 6-32】，使得函数返回学生的课程名及成绩，如果成绩为 NULL 值，就显示"未参加考试"。

（1）代码如下：

```
alter function grade_table
(@student_id char(10))
returns @T_grade table
(课程名  varchar(20),
 成绩    char(12)
)
as
begin
  insert into @T_grade   select   CourseName,'成绩'=case
       when StudScore is null then '未参加考试'
```

```
        else cast(StudScore as char(12))
    end
    from StudScoreInfo SC,CourseInfo C where SC.CourseID=C.CourseID
    and SC.StudNO=@student_id
    return
end
```

（2）调用该函数的测试语句，运行结果见图 6-19。

```
select   * from grade_table('20130301')
```

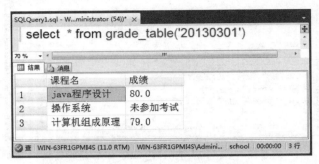

图 6-19　修改 grade_table 函数后的运行结果

②使用对象资源管理器修改

执行步骤如下。

步骤 1：启动 SQL Server Management Studio，在"对象资源管理器"中依次展开"数据库"、"school"数据库结点、"可编程性"、"函数"结点。

步骤 2：展开"函数"结点，找到所需修改的函数类别"表值函数"，右键单击"dbo.grade_table"表值函数，在弹出的快捷菜单中选择"修改"选项，如图 6-20 所示。

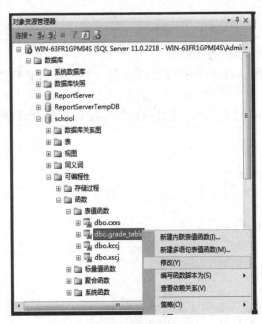

图 6-20　修改自定义函数

（3）删除自定义函数

①使用 DROP FUNCTION 语句删除。其语法如下：

　　DROP FUNCTION　拥有者名.函数名

【例 6-34】删除函数。

```
use school
go
drop function dbo.cxxs
```

②使用对象资源管理器删除

执行步骤如下。

步骤 1：启动 SQL Server Management Studio，在"对象资源管理器"中依次展开"数据库"、"school"数据库结点、"可编程性"、"函数"结点。

步骤 2：展开"函数"结点，找到所需修改的函数类别"表值函数"，右键单击"dbo.grade_table"表值函数，在弹出的快捷菜单中选择"删除"选项，即可删除该函数，如图 6-21 所示。

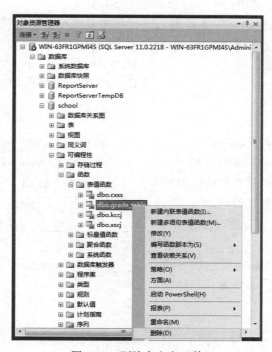

图 6-21　删除自定义函数

习　　题

一、选择题

1．str 函数是将数值型数据转换为字符型数据，select str(812.653,5,3)的结果是（　　）。

　　A．812　　　　　　　B．812.653　　　　　C．812.7　　　　　　　D．**

2．下列（　　）函数是返回指定日期中月份的整数。

　　A．day　　　　　　B．month　　　　　C．year　　　　　D．getdate

3．（　　）函数用于返回表达式的最小值。

　　A．max　　　　　　B．min　　　　　　C．avg　　　　　　D．sum

4．（　　）函数可以用来使用指定字符串替换原字符串中指定长度的字符串。

　　A．substring　　　B．rtrim　　　　　C．left　　　　　　D．replace

5．下列（　　）函数是移除字符串两侧的空白字符。

　　A．ltrim　　　　　B．rtrim　　　　　C．trim　　　　　　D．str

6．下列（　　）函数是返回给定表达式的 n 次方。

　　A．power　　　　　B．floor　　　　　C．round　　　　　D．rand

7．下面选项中关于在 SQL 语句中使用的逻辑控制语句的说法正确的是（　　）。

　　A．在 IF-ELSE 条件语句中，IF 为必选，而 ELSE 为可选

　　B．在 IF-ELSE 条件语句中，语句块使用 { } 括起来

　　C．在 CASE 多分支语句中不可以出现 ELSE 分支

　　D．在 WHILE 循环语句中条件为 false，就重复执行循环语句

8．下列选项中不属于 SQL Server 的逻辑控制语句的是（　　）。

　　A．IF-ELSE 语句　　　　　　　　　B．FOR 循环语句

　　C．CASE 子句　　　　　　　　　　　D．WHILE 循环语句

二、填空题

1．常用的聚合函数有：sum()、_____、max()、min()和_____。

2．_____函数用于返回字符串中从右边开始指定个数的字符。

3．SQL Server 中，局部变量被引用时要在其名称前加上标识_____。

4．局部变量的赋值可以使用_____命令或_____命令。

5．在 SQL Server 中，变量可以分为_____和_____两种。

6．自定义函数可分为_____、内联表值函数和_____。

7．T-SQL 中的整数数据类型包括 bigint、_____、smallint、_____和 bit 五种。

8．可使用_____命令来显示函数结果。

三、编程题

1．使用 T-SQL 编程计算 1～10 之间的奇数之和。

2．使用 T-SQL 编程计算 100 以内能被 3 或 7 整除的数。

3．利用教务管理数据库查询指定学号的平均分是否超过了 90 分，若超过，则输出"XX 成绩优异"的信息；否则输出"成绩一般"。

4．延时 10 秒后查询教务管理数据库的课程表信息；下午 2 点 30 分 30 秒查询学生表。

5．编程计算教务管理数据库中的学生表里年龄大于 20 的学生人数，如果人数不为 0，则输出相应人数，如果人数为 0，则输出"不存在"。

6．创建一个函数，求教务管理数据库中学生的平均成绩。

7．创建一个多语句表值函数，计算一个圆柱体的体积。

8．求以下系统内置函数：

（1）求字符串'abcdefg'的长度。

（2）取字符串'akjdefpr'第 2～5 个字母。

（3）计算 2003 年 7 月 6 日到今天有多少年、多少月和多少天。

9．用 T-SQL 语句编写程序求 8 的阶乘，并打印输出。

第 7 章　存储过程、触发器和游标

【学习目标】

- 了解存储过程的概念和类型。
- 掌握使用 SSMS 和 T-SQL 创建、修改、查看和删除存储过程。
- 理解触发器和存储过程的区别。
- 了解触发器的定义、作用和类型。
- 掌握 DML 触发器和 DDL 触发器的工作原理。
- 掌握 AFTER 触发器和 INSTEAD OF 触发器的区别。
- 掌握使用 SSMS 和 T-SQL 创建、修改、查看和删除触发器。
- 了解游标的概念和分类。
- 掌握游标的操作步骤。
- 掌握游标变量和游标的应用。

7.1　存储过程

在 SQL Server 2012 中，存储过程是常用的一种数据库对象，在大型数据库系统中具有非常重要的作用。

7.1.1　存储过程的概念

存储过程就是将常用的或很复杂的工作，预先以 T-SQL 程序编好，然后指定一个程序名称并保存在数据库中，以后只要用 EXCUTE 命令来执行这个程序，即可完成该项工作。

存储过程和自定义函数很类似，都是由多行 T-SQL 语句所组成的语句集，但它们之间还是存在一些差异：

（1）存储过程是预编译的，执行效率比自定义函数高。

（2）自定义函数有且必须有一个返回值；而存储过程可以不返回任何值，也可以返回多个输出变量。

（3）自定义函数可以返回各种数据类型的值（text、ntext、image、timestamp、cursor 和 rowversion 除外）；而存储过程若有返回值，只能返回一个整数类型的值。

（4）自定义函数只能接收参数，不能由参数返回数据；但存储过程可以通过参数来返回数据。

（5）自定义函数可以嵌入到表达式中，而存储过程必须单独执行。

7.1.2　存储过程的优点

存储过程与其他编程语言中的过程类似，它可以接受输入参数、返回状态值和参数值，并允许嵌套调用。存储过程具有以下功能：

（1）模块化编程

存储过程还可以实现模块化程序设计，以方便纠错、维护或在不同的地方重复使用。存储过程在被创建以后，可以在程序中被多次调用，而不必重新编写该存储过程内的 SQL 语句，并且数据库编程人员对存储过程进行修改不会影响应用程序的源代码。因为应用程序源代码只包含存储过程的调用语句，因此极大地提高了程序的可移植性。

（2）执行效率高

SQL Server 会预先将存储过程编译并存储在数据库服务器的内存中，因此每次执行存储过程时都不需要再重新编译，可直接调用内存中的代码执行，大大提高了执行速度。

（3）减少网络通信流量

当要执行数百行的 T-SQL 语句组成的命令时，只需一条执行存储过程的命令就可以实现，从而减少了网络流量。

（4）提供安全机制

当表需要保密时，可以利用存储过程作为数据访问的方法，只给用户访问存储过程的权限，而不授予用户访问表和视图的权限。例如，当用户没有学生表的访问权限时，我们可以设计一个存储过程让其执行，以访问该表中的数据。

7.1.3　存储过程的分类

SQL Server 中，提供了 4 种基本类型的存储过程。

（1）系统存储过程

系统存储过程是由 SQL Server 系统默认提供的存储过程，主要用于从系统表中获取信息，为系统管理员管理 SQL Server 提供支持，它存储在 Master 数据库中，常常以"sp_"为命名前缀。例如，"sp_help"用来查看数据库对象信息的系统存储过程，常用的系统存储过程如表 7-1 所示。

表 7-1　常用的系统存储过程

系统存储过程	说明
sp_help	查看数据库对象的信息
sp_helptext	显示默认值、未加密的存储过程、用户定义的存储过程、触发器或视图的实际文本
sp_helpdb	返回执行数据库或者全部数据库信息
sp_helpconstraint	返回有关约束的类型、名称等信息
sp_helpindex	返回有关表的索引信息
sp_columns	返回某个表列的信息
sp_databases	列出服务器上的所有数据库

续表

系统存储过程	说明
sp_renamedb	更改数据库的名称
sp_tables	返回当前环境下可查询的对象的列表
sp_stored_procedures	列出当前环境中的所有存储过程
sp_password	添加或修改登录账户的密码

在用户创建的数据库中也可以调用系统存储过程，调用时不需要在存储过程名前加上数据库名。

（2）扩展存储过程

扩展存储过程指 SQL Server 的实例动态加载和运行的 DLL，这些 DLL 通常是用编程语言（例如 C 语言）创建的。当扩展存储过程加载到 SQL Server 中，它的使用方法与系统存储过程一样。

扩展存储过程只能添加到 Master 数据库中，其前缀是"xp_"。

（3）用户自定义存储过程

用户自定义存储过程是由用户自己创建并能完成某一特定功能的存储过程。它存放于用户创建的数据库中，存储过程名前最好不要带前缀"sp_"或"xp_"，以免造成混淆。

用户自定义存储过程可分为两种类型：T-SQL 存储过程和 CLR 存储过程。

T-SQL 存储过程是指保存的 T-SQL 语句集合，可以接受和返回用户提供的参数。该存储过程也可能从数据库向客户端应用程序返回数据。

CLR 存储过程是指对 Microsoft.NET Framework 公共语言运行时方法的引用，可以接受和返回用户提供的参数，它们在.NET Framework 程序集中是作为类的公共静态方法实现的。

（4）临时存储过程

临时存储过程与临时表类似，分为局部临时存储过程和全局临时存储过程，且可分别向该过程名前面添加"#"或"##"前缀表示。

"#"表示局部临时存储过程，"##"表示全局临时存储过程，它们存储在 Tempdb 数据库中。使用临时存储过程必须创建本地连接，当 SQL Server 关闭后，这些临时存储过程将自动被删除。

7.1.4　创建存储过程

1. 在 SQL Server Management Studio 创建存储过程

（1）启动 SQL Server Management Studio，在"对象资源管理器"中展开"数据库"结点，选择"school"数据库，再选择"可编程性|存储过程"结点，如图 7-1 所示。右键单击该结点，在弹出的快捷菜单中选择"新建存储过程"命令，系统将打开代码编辑器，并按照存储过程的格式显示编码模板。

（2）在代码编辑器中，用户根据需要更改存储过程名称，添加修改参数及存储过程的代码段，完成存储过程的编写之后，单击"执行"按钮，如果代码有错误，会在下面的消息栏中显示出错信息及所在行等信息，提示用户进行修改，在出现"命令已成功完成"提示后，即完成存储过程创建。

图 7-1　创建存储过程

2. 使用 T-SQL 语句创建存储过程

SQL Server 中使用 CREATE PROCEDURE 语句来创建存储过程，语法格式如下：

CREATE PROC[EDURE] 存储过程名称[;数值]

[@参数名　数据类型　[VARYING] [= 参数的默认值] [OUTPUT]] [,...n]

[WITH RECOMPILE | ENCRYPTION | RECOMPILE, ENCRYPTION]

[FOR REPLICATION]

AS

<SQL 语句序列>

其中，相关参数说明如下：

- OUTPUT，表明参数是一个返回参数。使用 OUTPUT 参数可将信息返回给调用过程。

- 参数的默认值，如果定义了默认值，不必指定该参数的值就可调用。默认值必须是常量或 NULL。

- RECOMPILE，表示每次执行此存储过程时都要重新编译一次。

- ENCRYPTION，表示在 Master 数据库的 sys.syscomments 系统视图中，所记录的 CREATE PROCEDURE 语句会被加密。

- FOR REPLICATION，表明该存储过程仅供复制时使用。本选项不能和 WITH RECOMPILE 选项一起使用。

- AS，用于指定该存储过程要执行的操作。

- SQL 语句序列，包含一个或多个 T-SQL 语句。

（1）创建不带参数的存储过程

【例 7-1】创建一个不带任何参数的存储过程，计算 1+2+…+100 的和。

单击"新建查询"，在查询编辑器中输入代码，最后单击"执行"按钮，在对象资源管理器中出现了新建的存储过程，如图 7-2 所示。对应的 T-SQL 语句如下：

```
use school
go
```

```
CREATE PROCEDURE proc_sum
AS
BEGIN
    declare @i int,@sum int
    set @i=1
    set @sum=0
    while @i<=100
        begin
            set @sum=@sum+@i
            set @i=@i+1
        end
    select '1+2+...+100=',@sum
END
```

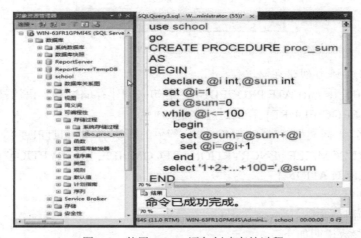

图 7-2　使用 T-SQL 语句创建存储过程

【例 7-2】创建一个不带任何参数的存储过程，查询女生的基本信息。

```
use school
go
create procedure proc_jbxx
as
select * from StudInfo where StudSex='女'
```

（2）创建带有输入参数的存储过程

【例 7-3】创建一个带有输入参数的存储过程 proc_cj，查询指定学号的学生成绩信息。
T-SQL 语句如下：

```
use school
go
create procedure proc_cj
@xh char(10)
as
    select S.StudNO,StudName,CourseName,StudScore from StudInfo as S,
        CourseInfo as C,StudScoreInfo as SC where S. StudNO=SC. StudNO and
        C.CourseID=SC. CourseID and S. StudNO=@xh
```

（3）创建带有输出参数的存储过程

【例 7-4】创建一个带有输出参数的存储过程 proc_pjf，查询指定学号的学生平均成绩。
T-SQL 语句如下：

```
use school
go
create procedure proc_pjf
@xh char(12),@pjf int    output
as
select @pjf=avg(StudScore) from StudScoreInfo where StudNO=@xh
```

（4）创建存储过程的注意事项

①在一个批处理中，CREATE PROCEDURE 语句不能与其他 T-SQL 语句合并在一起，需要在它们之间加上 go 命令。

②数据库所有者具有默认的创建存储过程的权限，它可把该权限传递给其他的用户。

③存储过程作为数据库对象，其命名必须符合标识符的命名规则。

④只能在当前数据库中创建属于当前数据库的存储过程，如果在存储过程中创建了临时表，则其仅在该存储过程执行时有效。

⑤存储过程可以嵌套使用，但最多不超过 32 层。

⑥尽量少用可选参数，以免执行额外的工作，降低系统性能。

7.1.5　执行存储过程

1．在 SQL Server Management Studio 执行存储过程

（1）启动 SQL Server Management Studio，在"对象资源管理器"中展开"数据库"结点，选择"school"数据库，再选择"可编程性|存储过程"结点。

（2）选择"proc_cj"存储过程，用鼠标右键单击，在弹出的快捷菜单中选择"执行存储过程"命令，如图 7-3 所示。

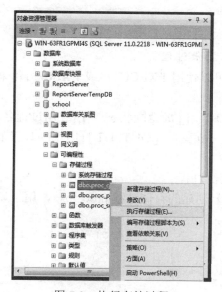

图 7-3　执行存储过程

（3）出现"执行过程"窗口，在"值"列输入学生的学号"20130101"，如图 7-4 所示。

图 7-4　输入参数值

（4）单击"确定"按钮，执行结果如图 7-5 所示。

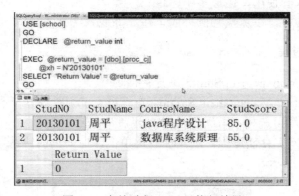

图 7-5　存储过程 proc_cj 执行结果

2. 使用 T-SQL 语句执行存储过程

存储过程创建完成后，可以使用 EXECUTE 或 EXEC 语句来执行存储过程。其语法格式如下：

　　[{EXEC | EXECUTE}]　{ [@返回状态 =] {存储过程名} }
　　[[@参数=] {参数值 | @变量 [OUTPUT] | [DEFAULT]] [,...n]
　　[WITH RECOMPILE]

（1）执行不带参数的存储过程

【例 7-5】执行【例 7-2】创建的存储过程 proc_jbxx，用于显示女生的基本信息。

T-SQL 语句如下：

```
use    school
go
execute    proc_jbxx
```

执行结果如图 7-6 所示。

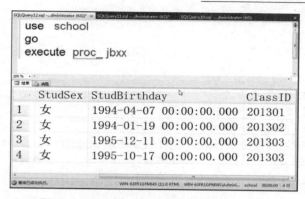

图 7-6 执行不带参数的存储过程 proc_jbxx

（2）执行带有输入参数的存储过程

在调用带有输入参数的存储过程时，SQL Server 提供了两种传递参数的方法：按位置传递和按参数名传递。

按位置传递的方法是指在执行存储过程的语句中直接给出参数的值，当有多个参数时，参数传递的顺序就是参数定义的顺序，不能颠倒。

按参数名传递的方法是指在执行存储过程的语句中使用"参数名=参数值"的形式给出参数值。

【例 7-6】执行【例 7-3】创建的存储过程 proc_cj，用于显示指定学号的学生成绩信息。
T-SQL 语句如下：

```
use school
go
execute   proc_cj   @xh='20130101'        --按参数名传递
--或 execute   proc_cj   '20130101'        --按位置传递
```

执行结果如图 7-7 所示。

图 7-7 执行带有输入参数的存储过程 proc_cj

（3）执行带有输出参数的存储过程

在调用带有输出参数的存储过程时，也有两种传递参数的方法：按位置传递和按参数名传递。

【例 7-7】执行【例 7-4】创建的存储过程 proc_pjf，用于显示指定学号的学生的平均成绩。

T-SQL 语句如下：

```
use school
go
declare @xh1 char(12), @avg1    int
set    @xh1='20130101'
--执行存储过程
execute proc_pjf    @xh1,@avg1 output    --按位置传递
--通过参数名传递，可写成 execute proc_pjf    @xh=@xh1,@pjf=@avg1 output
print    '学号：'+@xh1+'平均成绩：'+cast(@avg1 as char(20))    --输出结果
```

执行结果如图 7-8 所示。

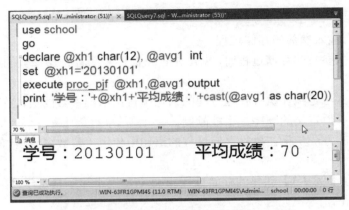

图 7-8 执行带输出参数的存储过程 proc_pjf

（4）使用 return 返回参数

在存储过程中，除了可以返回输出参数，还可以具有返回值，用于显示存储过程的执行情况。

【例 7-8】使用返回参数实现功能：获取女生人数。

T-SQL 语句如下，执行结果如图 7-9 所示。

```
use school
go
--创建带 return 的存储过程
create procedure proc_rs
as
declare @rs int
select    @rs=count(*) from    StudInfo    where StudSex='女'
return @rs
--执行存储过程，用 return 返回
use school
go
declare @rs1 int
execute    @rs1=proc_rs
select @rs1    as    '人数'
```

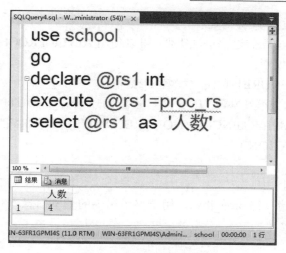

图 7-9 return 返回参数

7.1.6 修改存储过程

1. 在 SQL Server Management Studio 修改存储过程

（1）启动 SQL Server Management Studio，在"对象资源管理器"中，展开"数据库"结点，选择"school"数据库，再选择"可编程性|存储过程"结点。

（2）选择"proc_cj"存储过程，用鼠标右键单击，在弹出的快捷菜单中选择"修改"命令，如图 7-10 所示。

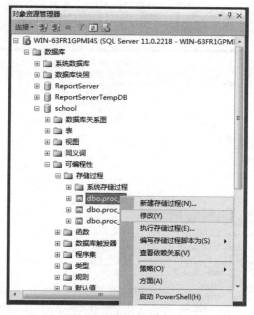

图 7-10 修改存储过程

（3）在出现的"代码编辑器"窗口中，可直接修改 proc_cj 存储过程的代码，单击"执行"按钮即完成修改。

2. 使用 T-SQL 语句修改存储过程

修改存储过程与创建存储过程语法类似，可以使用 ALTER PROCEDURE 语句以命令方式实现。其语法基本形式如下：

ALTER PROC[EDURE] 存储过程名称[;数值]

[@参数名　数据类型　[VARYING] [= 参数的默认值] [OUTPUT]] [,...n]

[WITH RECOMPILE | ENCRYPTION | RECOMPILE, ENCRYPTION]

[FOR REPLICATION]

AS

<SQL 语句序列>

【例 7-9】修改存储过程 proc_jbxx，用于显示男生的基本信息。

```
use school
go
create procedure proc_jbxx
as
select * from StudInfo where StudSex='男'
```

7.1.7　查看存储过程

1. 在 SQL Server Management Studio 查看存储过程

（1）启动 SQL Server Management Studio，在"对象资源管理器"中，展开"数据库"结点，选择"school"数据库，再选择"可编程性|存储过程"结点。

（2）选择"proc_sum"存储过程，用鼠标右键单击，在弹出的快捷菜单中依次选择"编写存储过程脚本为"→"CREATE 到"→"新查询编辑器窗口"命令，如图 7-11 所示。

（3）在代码编辑器窗口中出现存储过程 proc_sum 的源代码，可直接对其进行修改。

图 7-11　查看存储过程 proc_sum

2．使用系统存储过程来查看用户创建的存储过程

（1）sp_help 命令

sp_help 用于显示存储过程的参数及其数据类型。其语法格式如下：

　　EXEC[UTE]　sp_help　存储过程名

（2）sp_helptext 命令

sp_helptext 用于显示存储过程的源代码。其语法格式如下：

　　EXEC[UTE]　sp_helptext　存储过程名

（3）sp_depends 命令

sp_depends 用于显示和存储过程相关的数据库对象。其语法格式如下：

　　EXEC[UTE]　sp_depends　存储过程名

【例 7-10】查看存储过程 proc_jbxx 的所有源代码。

T-SQL 语句如下，查看结果如图 7-12 所示。

　　EXEC　sp_helptext　proc_jbxx

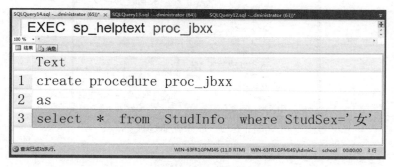

图 7-12　使用 sp_helptext 查看存储过程

7.1.8　删除存储过程

1．在 SQL Server Management Studio 删除存储过程

（1）启动 SQL Server Management Studio，在对象资源管理器中，展开"数据库"结点，选择"school"数据库，再选择"可编程性|存储过程"结点。

（2）选择"proc_sum"存储过程，用鼠标右键单击，在弹出的快捷菜单中选择"删除"命令，如图 7-13 所示。

（3）出现"删除对象"对话框，单击"确定"按钮即可删除该存储过程。

2．使用 T-SQL 语句删除存储过程

删除存储过程的语法形式如下：

　　DROP PROCEDURE　存储过程名　[,…n]

【例 7-11】删除存储过程 proc_sum。

```
use school
go
drop procedure proc_sum
```

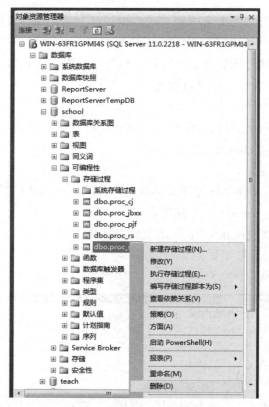

图 7-13　删除存储过程

7.2　触发器

7.2.1　触发器的定义

触发器是一种特殊类型的存储过程，由执行某些特定功能的 T-SQL 语句构成，当其所关联的表的内容被更改时自动执行的一种存储过程。

触发器与 7.1 节讲述的一般的存储过程非常相似，但也有所不同：

（1）存储过程是通过存储过程名称被直接调用；而触发器主要是通过事件进行触发而被执行。例如，当数据表有插入、修改、删除操作发生时，所设置的触发器就会自动被执行，从而确保数据和业务的完整性。

（2）存储过程可以接受参数，具有返回值；而触发器不能传递或接受参数，也没有返回值。

（3）存储过程使用 EXECUTE 语句调用；而触发器不能用 EXECUTE 语句显式调用，它在用户执行 T-SQL 语句时自动触发（激活）执行。

7.2.2　触发器的作用

（1）多张表的级联修改

级联修改是指为了保证数据之间的逻辑性以及依赖关系，在对一张表进行修改的同时，其他表中需要进行的修改能够自动实现，例如当学生表中学生学号发生变动时，会级联引起成绩表中数据的修改。

（2）强化约束功能

触发器可以实现比 check 约束更为复杂的数据完整性要求，例如它可以引用其他表中的字段。

（3）跟踪数据变化

触发器可以对数据库内的操作做各种复杂的检测，从而不允许数据库中未经许可地指定更新和变化，保证了数据库的安全和稳定。

（4）自定义错误消息

当操作不符合条件约束时，一般反馈给前端应用程序的错误消息都是固定的内容，利用触发器可以设置自定义的错误消息。

（5）更改原来所要进行的数据操作

利用 INSTEAD OF 触发器编写程序来取代原本应该进行的数据操作。例如，当添加一条新记录时，可以将该记录的数据另作处理，而不存入数据表中。

7.2.3　触发器的类型

在 SQL Server 2012 中，根据触发事件的不同，可将触发器分为三类：DML 触发器、DDL 触发器和登录触发器。

（1）DML 触发器

DML 触发器是指当数据库服务器中发生数据操作语言（DML）事件时要执行的操作。能触发或激活触发器的 DML 事件包括对指定表或视图进行数据修改的 INSERT 语句、UPDATE 语句或 DELETE 语句。DML 触发器可以包含复杂的 T-SQL 语句，能够对其他表进行查询。系统将触发器和触发它的语句作为可在触发器内进行回滚的单个事务对待，若检测到错误（例如磁盘空间不足），则整个事务会自动回滚。

DML 触发器若按照其引发的时机不同，可分为 AFTER 触发器、INSTEAD OF 触发器和CLR 触发器。

AFTER 触发器只能在表上定义，当表中的记录执行了 INSERT、UPDATE 或 DELETE 语句操作后，AFTER 触发器才会被激活执行。因此，AFTER 触发器常用作记录变更后的处理或检查，如果发现错误，也可以用 Rollback 语句来回滚本次的操作。

INSTEAD OF 触发器不仅可以在表上定义，还可以在视图上定义。INSTEAD OF 触发器用来取代原本要进行的操作（例如新建或更改数据的操作），它并不去执行原来 SQL 语句中的操作（INSERT、UPDATE 或 DELETE），而去执行触发器本身所定义的操作。因此 INSTEAD OF 触发器会在数据改动之前就发生，而且数据要如何改动也完全取决于触发器。

在同一个表中，可以建立多个 AFTER 触发器，但 INSTEAD OF 触发器针对每种操作（INSERT、UPDATE 或 DELETE）最多只能各有一个。如果针对某个操作同时设置了 AFTER 触发器和 INSTEAD OF 触发器，那么只有后者会被触发，前者未必会被触发。

CLR 触发器可以是 AFTER 触发器或 INSTEAD OF 触发器，还可以是 DDL 触发器。CLR 触发器将执行在托管代码中编写的方法，而不用执行 T-SQL 存储过程。

DML 触发器若按照触发器事件类型的不同，又可分为 INSERT 触发器、UPDATE 触发器和 DELETE 触发器。

当向一个表插入数据时，如果该表上已设置了 INSERT 类型的触发器，则该触发器将被触发执行；如果一个表上设置了 UPDATE 类型的触发器，则向该表执行 UPDATE 语句操作时，UPDATE 类型的触发器将被触发执行；如果一个表上设置了 UPDATE 类型的触发器，则向该表执行 DELETE 语句操作时，DELETE 类型的触发器将被触发执行。

（2）DDL 触发器

DDL 触发器是一种特殊的触发器，它在响应数据定义语言（DDL）语句时触发。DDL 触发器可以用于数据库中执行管理任务，例如审核以及规范数据库操作。

DML 触发器和 DDL 触发器都是在触发事件发生时触发执行，不同之处在于，DML 触发器是由表或视图的 INSERT、UPDATE 或 DELETE 语句触发，而 DDL 触发器是由 DDL 语句触发，例如以 create、alter 和 drop 开头的语句。

（3）登录触发器

登录触发器在响应 log on 事件时触发，例如与 SQL Server 实例建立用户会话时将触发此事件。登录触发器将在登录的身份验证阶段完成之后且用户会话实际建立之前触发。因此，来自触发器内部且通常将到达用户的所有消息（例如错误消息和来自 PRINT 语句的消息）会传送到 SQL Server 错误日志。如果身份验证失败，将不激活登录触发器。

7.2.4 触发器的工作原理

1. inserted 表和 deleted 表

为了说明触发器的工作原理，首先应了解在 DML 触发器中定义的两个表，即 inserted 表和 deleted 表。这两个表被创建在数据库服务器的内存中，是由系统管理和维护的的逻辑表（或虚拟表），而不是真正存储在数据库中的物理表（或实表）。这两张表，用户可以读取，但不允许修改。当触发器工作时，系统将在内存中创建这两个表，这两个表的结构与触发器表的结构完全相同；当触发器工作完成，这两个表将会自动从内存中删除。

inserted 表里存放着 Insert 和 Update 语句将要增加或变动的新行，即在执行插入或更新操作时，系统将触发器表里的新行的副本存入 inserted 表。

deleted 表里存放着 Delete 和 Update 语句将要删除或变动的旧行，即在执行删除或更新操作时，系统将触发器表里被删除的或更新前的旧行存入 deleted 表。

2. INSERT 触发器的工作原理

INSERT 触发器的工作原理如图 7-14 所示。

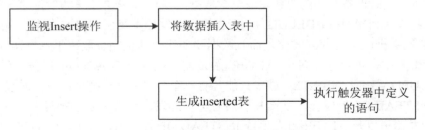

图 7-14 INSERT 触发器的工作原理

触发器监视 Insert 操作，一旦 Insert 操作事件发生，触发器将被激活，在触发器表中插入数据，并将新增数据的副本插入到 inserted 表。然后，执行触发器中定义的 SQL 语句。

3．DELETE 触发器的工作原理

DELETE 触发器的工作原理如图 7-15 所示。

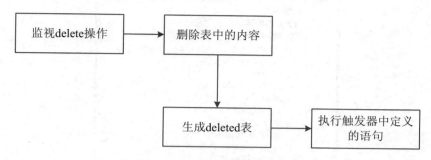

图 7-15　DELETE 触发器的工作原理

触发器监视 Delete 操作，一旦 Delete 操作事件发生，触发器将被激活，在触发器表中删除数据，并将删除的旧行存入 deleted 表。然后，执行触发器中定义的 SQL 语句。

4．UPDATE 触发器的工作原理

UPDATE 触发器的工作原理如图 7-16 所示。

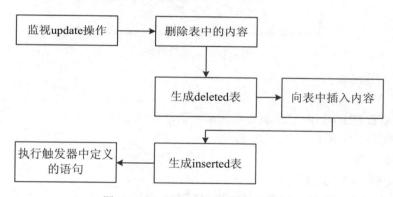

图 7-16　UPDATE 触发器的工作原理

触发器监视 Update 操作，一旦 Update 操作事件发生，触发器将被激活，在触发器作用表中删除数据，并将删除的旧行存入 deleted 表，把更新后的新行副本插入到 inserted 表。然后，执行触发器中定义的 SQL 语句。

7.2.5　创建触发器

1．使用对象资源管理器创建触发器

（1）启动 SQL Server Management Studio，在"对象资源管理器"中依次展开"数据库"、"表"数据库结点。

（2）展开"StudInfo"表，右键单击"触发器"，在弹出的快捷菜单中选择"新建触发器"选项，如图 7-17 所示。

（3）在右边弹出的查询窗口显示"触发器"的模板，输入触发器的文本，点击"执行"按钮，即触发器创建成功。然后在对象资源管理器中，右键单击"触发器"，选择"刷新"，即可看到新建的触发器。

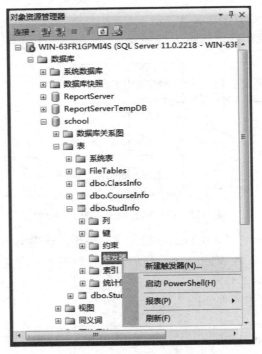

图 7-17　创建触发器

2．T-SQL 创建触发器

（1）创建 DML 触发器

使用 CREATE TRIGGER 创建触发器，基本语法格式如下：

　　CREATE　TRIGGER　触发器名

　　ON　表名|视图名

　　[WITH ENCRYPTION]

　　FOR | AFTER | INSTEAD OF　[Delete] [,] [Insert] [,] [Update]

　　AS

　　SQL 语句

其中，相关参数说明如下：

- 表名|视图名，对应执行 DML 触发器的表或视图，有时称为触发器表或触发器视图。不能对视图定义 AFTER 触发器。

- WITH ENCRYPTION，用于加密 syscomments 表中包含 CREATE TRIGGER 语句的文本。

- FOR | AFTER，用于指定 DML 触发器仅在触发 SQL 语句中指定的所有操作都已成功执行后才被触发。如果仅指定 FOR 关键字，则 AFTER 为默认值。

- INSTEAD OF，指定执行 DML 触发器而不是触发 SQL 语句。不能为 DDL 或登录触发器指定 INSTEAD OF。

- [Delete] [,] [Insert] [,] [Update]，指定触发条件数据修改语句。

【例 7-12】设计一个触发器，当在学生表 StudInfo 上删除某个学生的信息时，就激活触发器级联删除 StudScore 表中的相关信息。

①创建触发器

```
create trigger delete_Student
on StudInfo for delete
as
declare @sid char(10)
select @sid=StudNO from deleted
delete from StudScore where StudNO =@sid
```

执行情况如图 7-18 所示。

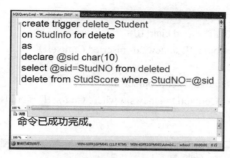

图 7-18　创建 DELETE 触发器

②激活触发器测试语句

```
delete    from    StudInfo    where StudNO='20130102'
```

【例 7-13】设计一个触发器，要求实现：在学生成绩表 StudScoreInfo 中添加新记录时，该学生的学号必须已经存在于学生表 StudInfo 中。

①创建触发器

```
CREATE TRIGGER insert_cj ON StudScoreInfo
FOR INSERT
AS
  IF EXISTS( select    *    from    inserted where StudNO in (select StudNO from StudInfo) )
    PRINT '插入成功'
  ELSE
    BEGIN
      PRINT   ' 插入失败'
      ROLLBACK    TRANSACTION
  END
```

执行情况如图 7-19 所示。

图 7-19　创建 INSERT 触发器

②激活触发器测试语句

insert into StudScore values('20130101','003',87)

【例 7-14】为课程表 CourseInfo 创建一个 UPDATE 触发器，当更新了某门课程的课程号时，就激活触发器级联更新成绩表 StudScoreInfo 中相关成绩记录中的课程号信息。

①创建触发器

create trigger update_kc

on CourseInfo

for update

as

declare @oldsid char(10),@newsid char(10)

select @oldsid=deleted.CourseID,@newsid=inserted.CourseID

from inserted,deleted

where inserted.CourseName=deleted.CourseName

update StudScoreInfo set CourseID=@newsid where CourseID=@oldsid

执行情况如图 7-20 所示。

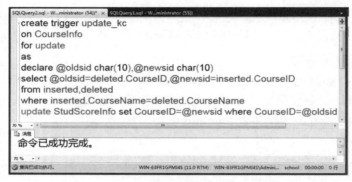

图 7-20 创建 UPDATE 触发器

②激活触发器测试语句

update CourseInfo set CourseID='003A'where CourseID='003'

【例 7-15】设计一个 INSTEAD OF 触发器，要求实现：当对课程表 CourseInfo 执行删除操作时，首先应判断成绩表 StudScore 中是否有相关记录，如果有相关记录，则禁止删除。

①创建触发器

create trigger   tri_del

on CourseInfo

instead of delete

as

begin

if exists(select count(*) from StudScore where

CourseID in(select CourseID from deleted))

print   '成绩表中有相关记录，禁止删除'

else

delete from CourseInfo where CourseID in(select CourseID from deleted)

end

执行情况如图 7-21 所示。

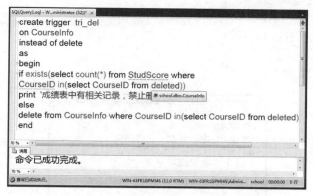

图 7-21　创建 INSTEAD OF 触发器

②激活触发器测试语句

　　delete from CourseInfo where CourseID='003A'

（2）创建 DDL 触发器

创建 DDL 触发器的基本语法格式如下：

　　CREATE　TRIGGER　触发器名

　　ON　ALL SERVER|DATABASE

　　[WITH ENCRYPTION]

　　FOR | AFTER　事件类型 | 事件分组[,...n]

　　AS

　　SQL 语句

其中，相关参数说明如下：

● ALL SERVER，指定 DDL 触发器的作用域为当前服务器。如果指定了此参数，则只要当前服务器中的任何位置上出现触发事件，就会激活该触发器。在当前服务器情况下，可以使用的事件有：CREATE_DATABASE，ALTER_DATABASE，DROP_DATABASE。

● DATABASE，指定 DDL 触发器的作用域为当前数据库。如果指定了此参数，则只要当前数据库中的任何位置上出现触发事件，就会激活该触发。在当前数据库情况下，可以使用的事件有：CREATE_TABLE，ALTER_TABLE，DROP_TABLE，CREATE_VIEW，ALTER_VIEW，DROP_VIEW，CREATE_INDEX，ALTER_INDEX，DROP_INDEX，CREATE_PROCEDURE，ALTER_PROCEDURE，DROP_PROCEDURE，CREATE_TRIGGER，ALTER_TRIGGER，DROP_TRIGGER。

● FOR|AFTER，指定 DDL 触发器仅在触发 SQL 语句中指定的所有操作都已成功执行时才被触发。

● 事件类型，将激活 DDL 触发器的 T-SQL 事件的名称。

● 事件分组，预定义的 T-SQL 事件分组的名称。

【例 7-16】创建一个 DDL 触发器，实现功能：禁止用户删除数据库。

①创建 DDL 触发器

```
create trigger tri_1
on all server
for drop_database
```

```
as
    print '该数据库不允许被删除'
    rollback
```

执行情况如图 7-22 所示。

图 7-22　创建服务器级别的 DDL 触发器

②测试删除数据库 test，执行结果如图 7-23 所示。

```
use master
go
drop database    test
```

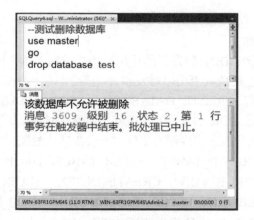

图 7-23　禁止删除数据库

【例 7-17】创建一个 DDL 触发器，实现功能：禁止对数据库中的表进行修改和删除操作。

①创建 DDL 触发器

```
create trigger tri_2
on database
for drop_table,alter_table
as
    print '禁止对数据表进行操作，请联系 DBA'
    rollback
```

执行情况如图 7-24 所示。

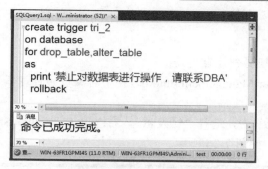

图 7-24　创建数据库级别的 DDL 触发器

②测试删除表，执行结果如图 7-25 所示。

```
use test
go
drop    table  学生
```

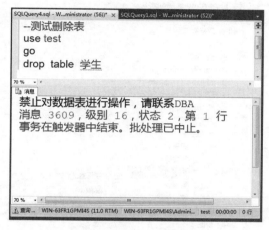

图 7-25　禁止删除表

3．创建触发器注意事项

（1）触发器为数据库对象，其名称必须符合标识符的命名规则，并在所属数据库中必须是唯一的。

（2）CREATE TRIGGER 语句必须是批处理中的第一个语句，该语句后的所有其他语句都是 CREATE TRIGGER 语句定义的一部分。

（3）创建 DML 触发器的权限默认分配给表的所有者，且不能将该权限转给其他用户。

（4）TRUNCATE TABLE 语句虽然类似于 DELETE 语句可以删除记录，但是它不能激活 DELETE 类型的触发器。因为 TRUNCATE TABLE 语句是不记入日志的。

（5）AFTER 触发器只能用于数据表中，INSTEAD OF 触发器可以用于数据表和视图上，但两种触发器都不可以建立在临时表上。

（6）在触发器中，有一些 SQL 语句是不能使用的。例如 Alter Database、Drop Database、Restore Database 或 Restore Log 等。

7.2.6 修改触发器

1. 使用对象资源管理器创建触发器

（1）启动 SQL Server Management Studio，在"对象资源管理器"中依次展开"数据库"、"表"数据库结点。

（2）展开"StudInfo"表，选择"触发器"，右键单击"delete_Student"，在弹出的快捷菜单中选择"修改"选项，如图 7-26 所示。

图 7-26　修改触发器

（3）在出现的"代码编辑器"窗口中，可直接修改 delete_Student 触发器的代码，单击"执行"按钮即完成修改。

2. T-SQL 修改触发器

（1）修改 DML 触发器

其语法格式如下：

```
ALTER   TRIGGER   触发器名
ON   表名|视图名
[ WITH ENCRYPTION ]
FOR | AFTER | INSTEAD OF   [Delete] [,] [Insert] [,] [Update]
AS
SQL 语句
```

（2）修改 DDL 触发器

其语法格式如下：

ALTER　TRIGGER　触发器名

ON　ALL SERVER|DATABASE

[WITH ENCRYPTION]

FOR | AFTER　事件类型 | 事件分组[,...n]

AS

SQL 语句

修改触发器与创建触发器语法类似，各参数含义相同，这里不再赘述。

【例 7-18】修改【例 7-16】创建的 DDL 触发器 tri_1，将其修改为禁止用户修改数据库。

T-SQL 语句如下：

```
alter trigger tri_1
on all server
for alter_database
as
    print '该数据库不允许被修改'
    rollback
```

7.2.7　查看触发器

1. 使用对象资源管理器查看触发器

（1）启动 SQL Server Management Studio，在"对象资源管理器"中依次展开"数据库"、"表"数据库结点。

（2）展开"StudInfo"表，选择"触发器"，右键单击"delete_Student"，在弹出的快捷菜单中依次选择"编写触发器脚本为"→"CREATE 到"→"新查询编辑器窗口"命令，如图 7-27 所示。

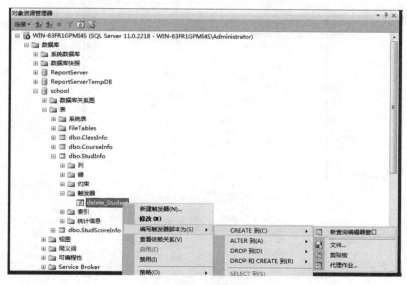

图 7-27　查看触发器

（3）在"代码编辑器"窗口中出现触发器 delete_Student 的源代码，可直接对其进行修改。

2. T-SQL 查看触发器

（1）sp_help 命令

sp_help 用于查看触发器的基本信息。其语法格式如下：

EXEC[UTE]　　sp_help　　触发器名

（2）sp_helptext 命令

sp_helptext 用于查看触发器的正文信息。其语法格式如下：

EXEC[UTE]　　sp_helptext　　触发器名

（3）sp_depends 命令

sp_depends 用于查看触发器的相关信息。其语法格式如下：

EXEC[UTE]　　sp_depends　　触发器名

【例 7-19】查看触发器 delete_student 的基本信息。

T-SQL 语句如下：

EXEC　　sp_help　　delete_student

7.2.8　禁用、启用和删除触发器

1. 禁用和启用触发器

（1）使用对象资源管理器禁用和启用触发器

①启动 SQL Server Management Studio，在"对象资源管理器"中依次展开"数据库"、"表"数据库结点。

②展开"StudInfo"表，选择"触发器"，右键单击"delete_Student"，在弹出的快捷菜单中选择"禁用"选项，如图 7-28 所示。

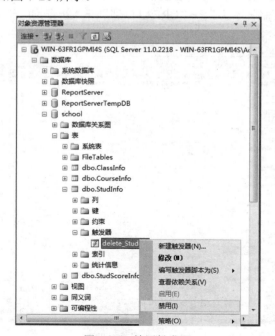

图 7-28　禁用触发器

③启用触发器与禁用触发器操作步骤类似，选用"启用"即可。

（2）使用 T-SQL 启用和禁用触发器

启用和禁用触发器的语法如下：

　　ALTER TABLE 表名

　　ENABLE|DISABLE　TRIGGER　ALL|触发器名[,…n]

【例 7-20】禁用触发器 delete_Student。

T-SQL 语句如下：

```
use school
go
 alter table   StudInfo
disable trigger   delete_Student
```

2．删除触发器

（1）使用对象资源管理器删除触发器

①启动 SQL Server Management Studio，在"对象资源管理器"中依次展开"数据库"、"表"数据库结点。

②展开"StudInfo"表，选择"触发器"，右键单击"delete_Student"，在弹出的快捷菜单中选择"删除"选项，即可删除指定的触发器，如图 7-29 所示。

图 7-29　删除触发器

（2）使用 T-SQL 删除触发器

①删除 DML 触发器的语法如下：

　　DROP TRIGGER 触发器名[,…n]

②删除 DDL 触发器的语法如下：

    DROP TRIGGER 触发器名[,...n] ON   DATABASE|ALL SERVER

【例 7-21】删除触发器 delete_Student。

T-SQL 语句如下：

    Use school

    Go

    Drop   trigger   delete_Student

（3）直接删除触发器所在的数据表

如果触发器所在的数据表已经不再使用了，可以直接删除此数据表。删除数据表时，SQL Server 将会自动删除与该表相关的所有触发器。

7.3 游标

7.3.1 游标的概念

使用 SELECT 语句查询得到的结果包含一行或多行记录数据，这种由查询语句返回的完整行集称为结果集，一般结果集存放在内存的一块区域中。在交互式联机应用程序中，并不是每次都需要处理整个结果集，有时仅需要处理一行或部分行，即能从结果集中任意读取一条或多条记录。游标实际上就是一种能从包括多条数据记录的结果集中每次提取一条记录的机制。通过游标，可以对 SELECT 语句返回的结果集中的每一行执行相同或不同的操作，而不是对整个结果集执行同一操作。

游标在工作时，我们可以把它看作是一个用来存储包含多条记录的"结果集"的对象，比如通过 GROUP BY、HAVING 子句或 WHERE 子句筛选出来的结果先放入游标，然后利用循环将每一条记录从游标中逐条取出来。

游标包含两个部分：游标结果集和游标位置。其中，游标结果集是定义该游标通过 SELECT 查询语句返回得到的结果集；游标位置是指向这个结果集某一行的当前指针。

7.3.2 游标的分类

SQL Server 支持三种类型的游标：Transact-SQL 游标、API 服务器游标和客户端游标。其中前两种游标都是运行在服务器上的，所以又称为服务器游标。

1. Transact-SQL 游标

该游标是使用 Transact-SQL 语句创建的游标，主要用于 Transact-SQL 脚本、存储过程以及触发器中。Transact-SQL 游标在服务器处理由客户端发送到服务器的 Transact-SQL 语句。

在存储过程或触发器中使用 Transact-SQL 游标的过程为：

（1）声明 Transact-SQL 变量来保存游标返回的数据。

（2）使用 DECLARE CURSOR 语句将 Transact-SQL 游标与 SELECT 语句相关联。还可以利用 DECLARE CURSOR 来定义游标的只读、只进等操作。

（3）使用 OPEN 语句执行 SELECT 语句来填充游标。

（4）使用 FETCH INTO 语句提取单个行，并将每列中的数据移到指定的变量中。Transact-SQL 游标不支持提取行块。

（5）使用 CLOSE 语句结束游标的使用。关闭游标以后，可以使用 OPEN 命令打开继续使用，只有调用 DEALLOCATE 语句才会完全释放。

2. API 服务器游标

API 服务器游标主要应用在服务器上，用于支持应用程序接口（API）的游标函数。应用程序并不经常直接请求服务器游标，而是调用 API 的游标函数。当客户端应用程序调用 API 游标函数时，相应的请求被传送到服务器，以便对 API 游标函数进行处理。

根据游标检测结果集变化的能力和消耗资源的情况不同，API 服务器游标可分为四种：静态游标、动态游标、只进游标和键集驱动游标。

静态游标在打开时会将数据集存储在 tempdb 中，因此显示的数据与游标打开时的数据集保持一致，在游标打开以后对数据库的更新不会显示在游标中，有时称它为快照游标。

动态游标与静态游标相反，动态游标在打开后会反映对数据库的更改。结果集中的行数据值、顺序和成员每次在提取时都会改变，例如所有 UPDATE、INSERT 和 DELETE 操作都会显示在游标的结果集中。

只进游标是不支持滚动，只支持从游标头到游标尾顺序提取数据行。在提取行之前，无法从数据库中检索这些行。从游标提取行时，由当前用户创建或由其他用户提交并会影响结果集中的行的所有 INSERT、UPDATE 和 DELETE 语句的效果均可见。由于游标无法向后滚动，因此在行被提取之后，将无法通过使用游标看见在数据库中对行所做的更改。

键集驱动游标同时具有静态游标和动态游标的特点，它由一组唯一标识符（键）控制，这组键称为键集。当打开游标时，该游标中的成员以及行的顺序是固定的，键集在游标打开时也会存储到临时表中，对非键集列的数据值的更改在用户游标滚动的时候可以看见，在游标打开以后对数据库中插入的行是不可见的，除非关闭重新打开游标。

静态游标在滚动时检测不到表数据变化，但消耗的资源相对很少。动态游标在滚动时能检测到所有表数据变化，但消耗的资源却较多。键集驱动游标则处于它们中间，所以根据需求建立适合自己的游标，避免资源浪费。

3. 客户端游标

客户端游标指在客户端实现的游标。该游标将使用默认结果集把整个结果集高速缓存在客户端上，所有的游标操作都在客户端的高速缓存中进行。客户端游标只支持只进游标和静态游标，不支持键集驱动游标和动态游标。

7.3.3　游标的使用

游标由五个操作步骤组成：声明游标、打开游标、读取数据、关闭游标、释放游标。

1. 声明游标

声明游标即定义一个游标名，以及与其相对应的 SELECT 语句。声明游标的语法格式如下：

```
DECLARE 游标名 CURSOR[LOCAL|GLOBAL]
[FORWARD_ONLY|SCROLL]
[STATIC|KEYSET|DYNAMIC|FAST_FORWARD]
[READ_ONLY|SCROLL_LOCKS|OPTIMISTIC]
```

[TYPE_WARNING]

FOR SELECT_statement

[FOR UPDATE [OF column_name [,…n]]]

各参数说明：

- LOCAL | GLOBAL，默认为 LOCAL。LOCAL 作用域为局部，指在定义它的批处理、存储过程或触发器中有效。GLOBAL 指定该游标的作用域对连接是全局的。在由连接执行的任何存储过程或批处理中，都可以引用该游标名称。

- FORWARD_ONLY，指定游标只能从第一行滚动到最后一行。FETCH NEXT 是唯一支持的提取选项。如果在指定 FORWARD_ONLY 时不指定 STATIC、KEYSET、DYNAMIC 关键字，默认为 DYNAMIC 游标。如果 FORWARD_ONLY 和 SCROLL 没有指定，除非指定 STATIC、KEYSET 或 DYNAMIC 关键字，否则默认为 FORWARD_ONLY。STATIC、KEYSET、DYNAMIC 游标默认为 SCROLL。

- SCROLL，指明游标可以在任意方向上（FIRST、LAST、PRIOR、NEXT、RELATIVE、ABSOLUTE）滚动。如果未指定 SCROLL，则在读取游标中的记录时，只能由前往后循序地读取下一条记录。

- STATIC，静态游标。

- KEYSET，键集游标。

- DYNAMIC，动态游标，不支持 ABSOLUTE 提取选项。

- FAST_FORWARD，指定游标只能向前滚动。

- READ_ONLY，只读。

- SCROLL_LOCKS，将行读入游标时，锁定这些行，确保删除或更新一定会成功。

- Optimistic，乐观方式，不锁定基表数据行，如果数据行自读入游标以来已得到更新，则通过游标进行的定位更新或定位删除不一定成功。

- TYPE_WARNING，指定将游标从所请求的类型隐式转换为另一种类型时向客户端发送警告信息。

- FOR UPDATE [OF column_name [,…n]，定义游标中可更新的列。

【例 7-22】声明一个游标，结果集为学生表（StudInfo）中所有的男同学的姓名。

```
use    school
go
declare cur_1    cursor scroll
for select StudName from StudInfo where StudSex='男'
```

2. 打开游标

声明游标只是对游标加以说明，在使用游标前，首先要打开游标。其语法格式如下：

OPEN [GLOBAL]游标名|游标变量名

其中

- GLOBAL：指定游标是全局游标。

- 游标变量名：该变量引用一个游标。

【例 7-23】打开【例 7-22】声明的游标 cur_1。

```
open    cur_1
```

3. 读取数据

在打开游标后，使用 FETCH 语句从 Transact-SQL 服务器游标中检索特定的一行。

其语法格式如下：

    FETCH [[NEXT | PRIOR | FIRST | LAST | ABSOLUTE n | RELATIVE n] FROM]

    [GLOBAL] 游标名| @游标变量名

    [INTO @变量名 [,...n]]

参数说明：

- NEXT，表示返回结果集中当前行的下一行记录，如果第一次读取则返回第一行。默认的读取选项为 NEXT。
- PRIOR，表示返回结果集中当前行的前一行记录，如果第一次读取则没有行返回，并且把游标置于第一行之前。
- FIRST，表示返回结果集中的第一行，并且将其作为当前行。
- LAST，表示返回结果集中的最后一行，并且将其作为当前行。
- ABSOLUTE n，如果 n 为正数，则返回从游标头开始的第 n 行，并且返回行变成新的当前行。如果 n 为负，则返回从游标末尾开始的第 n 行，并且返回行为新的当前行，如果 n 为 0，则返回当前行。
- RELATIVE n，如果 n 为正数，则返回从当前行开始的第 n 行，如果 n 为负，则返回当前行之前的第 n 行，如果为 0，则返回当前行。
- INTO，允许将提取操作的列数据放到局部变量中。

【例 7-24】提取游标 cur_1 中的数据。

（1）查询结果集，如图 7-30 所示。

    select StudName from StudInfo where StudSex='男'

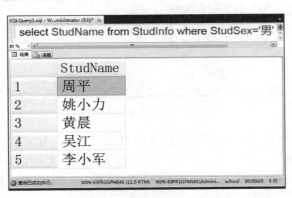

图 7-30　学生表中的男同学

（2）提取数据，如图 7-31 所示。

    fetch first from cur_1

    fetch relative 2 from cur_1

    fetch next from cur_1

    fetch absolute 2 from cur_1

    fetch last from cur_1

    fetch prior from cur_1

图 7-31　提取数据

【例 7-25】提取游标 cur_1 中的数据并赋值给变量。

T-SQL 语句如下，执行结果如图 7-32 所示。

```
declare @xs    char(10)
fetch    absolute 2 from cur_1 into @xs
select @xs as id
```

图 7-32　赋值给变量执行结果

在提取数据时，也可以使用@@FETCH_STATUS 来控制 while 循环中的游标活动。

@@FETCH_STATUS 是 SQL Server 的一个全局变量，它返回被 FETCH 语句执行的最后游标的状态，而不是任何当前被连接打开的游标的状态。其返回类型为 integer，值有三种，分别表示三种不同含义，如表 7-2 所示。

表 7-2　@@FETCH_STATUS 返回状态表

返回值	描述
0	FETCH 语句成功
-1	FETCH 语句失败或此行不在结果集中
-2	被提取的行不存在

【例 7-26】使用状态值@@FETCH_STATUS 判断提取是否成功。

T-SQL 语句如下：

```
declare @xs    char(10)
fetch    absolute 2 from cur_1 into @xs
while @@fetch_status=0                --提取成功，进行下一条数据的提取
begin
select @xs as id
fetch next from    cur_1 into @xs        --移动游标
end
```

4．关闭游标

游标使用完毕，应及时将其关闭。其语法格式如下：

CLOSE [GLOBAL] 游标名|@游标变量名

说明：在游标被关闭之后，仍然可以使用 OPEN 再次打开。

【例 7-27】关闭游标 cur_1。

```
close cur_1
```

5．释放游标

关闭游标后，就可以释放与游标相关联的资源。其语法格式如下：

DEALLOCATE   [GLOBAL] 游标名称| @游标变量名称

【例 7-28】释放游标 cur_1。

```
deallocate    cur_1
```

7.3.4　游标变量

1．游标变量的定义

游标也是一种特殊的数据类型，因此可以用此类型来声明变量，即游标变量。其基本语法格式为：

DECLARE   @游标变量名 CURSOR

【例 7-29】定义一个游标变量。

```
declare    @cur_p1    cursor
```

2．游标变量的赋值

将游标赋值给游标变量可以通过以下两种方式：

（1）分别定义游标变量与游标，再将游标赋值给游标变量。

【例 7-30】使用第一种方式给游标变量赋值。

```
declare cur_1    cursor            --声明一个游标
for select StudName from StudInfo where StudSex='男'
declare @cur_p1 cursor            --声明一个游标变量
set @cur_p1 = cur_1              --将游标赋值给游标变量
```

（2）定义游标变量后，用 SET 命令直接创建游标与游标变量相关联。

【例 7-31】使用第二种方式给游标变量赋值。

```
declare @cur_p1 cursor            --声明一个游标变量
set    @cur_p1= cursor for select StudName from StudInfo where StudSex='男'
```

3. 使用游标变量

游标变量的使用方法与游标相同。

【例 7-32】游标变量的应用。

T-SQL 语句如下，执行结果如图 7-33 所示。

```
declare cur_1    cursor               --声明一个游标
for select StudName from StudInfo where StudSex='男'
declare @cur_p1 cursor                --声明一个游标变量
set @cur_p1 = cur_1
 open @cur_p1
 fetch next from    @cur_p1
 close @cur_p1
deallocate    @cur_p1
```

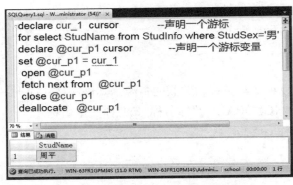

图 7-33   游标变量的使用

7.3.5   利用游标修改或删除数据

游标提供了将游标数据的变化反映到基本表的定位修改及删除方法。如果游标不是 READ_ONLY 或 FAST_FORWARD，则可以利用 CURRENT OF 关键字，通过游标来修改或删除基本表的记录。

1. 修改游标数据

修改游标数据的基本语法格式为：

```
UPDATE  表名  SET 列名=表达式|默认值|NULL[,…n]
WHERE CURRENT OF  游标名|游标变量名
```

2. 删除游标数据

删除游标数据的基本语法格式为：

```
DELETE FROM  表名
WHERE CURRENT OF  游标名|游标变量名
```

【例 7-33】利用游标修改和删除数据。

T-SQL 语句如下：

```
--声明游标
declare cur_2 cursor scroll
for select StudNO,ClassID from StudInfo where StudSex='男'
```

--打开游标

open cur_2

--声明游标提取数据所要存放的变量

declare　@xh varchar(20),@bh varchar(10)

--定位游标，提取数据，执行相应操作

fetch first from cur_2 into @xh,@bh

while @@fetch_status=0　--提取成功，将进入下一条数据的提取

begin

if @xh='20130102'　--学号为'20130102'的学生转班，在学生表中修改其班级编号

begin

　Update　StudInfo set ClassID='201302' where current of cur_2

end

if @xh='20130401'　--学号为'20130401'的学生退学，在学生表中删除该学生信息

begin

delete　StudInfo　where current of cur_2　--删除当前行

end

fetch next from　cur_2 into @xh,@bh　--游动游标

end

该语句执行前，StudInfo 表共有九条学生记录，其基本信息如图 7-34 所示。

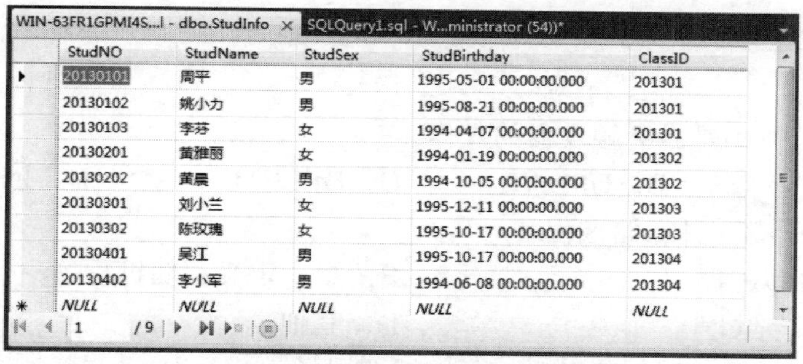

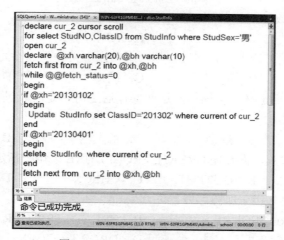

图 7-34　执行语句前的 StudInfo 表

执行该 T-SQL 语句，运行情况如图 7-35 所示。

图 7-35　T-SQL 语句的执行情况

该语句执行后，学号为"20130102"的学生所在表的班级编号被修改，学号为"20130401"的学生信息被删除，更新后的学生表 StudInfo 如图 7-36 所示。

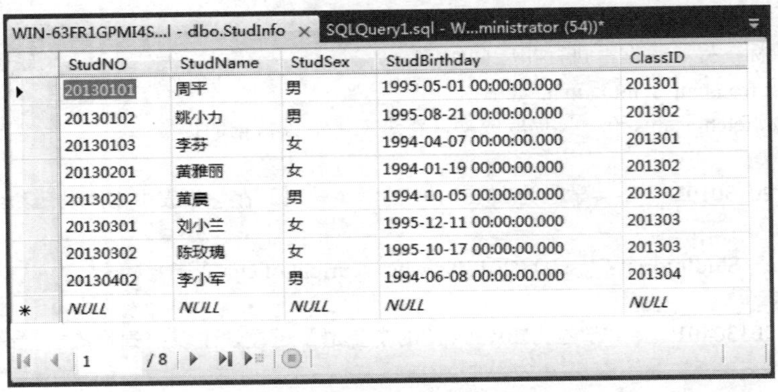

StudNO	StudName	StudSex	StudBirthday	ClassID
20130101	周平	男	1995-05-01 00:00:00.000	201301
20130102	姚小力	男	1995-08-21 00:00:00.000	201302
20130103	李芬	女	1994-04-07 00:00:00.000	201301
20130201	黄雅丽	女	1994-01-19 00:00:00.000	201302
20130202	黄晨	男	1994-10-05 00:00:00.000	201302
20130301	刘小兰	女	1995-12-11 00:00:00.000	201303
20130302	陈玫瑰	女	1995-10-17 00:00:00.000	201303
20130402	李小军	男	1994-06-08 00:00:00.000	201304
NULL	NULL	NULL	NULL	NULL

图 7-36 执行语句后的 StudInfo 表

习　　题

一、选择题

1. 以下（　　　）不是激活触发器的操作。
   A. SELECT　　　　　B. UPDATE　　　　　C. DELETE　　　　　D. INSERT

2. sp_help 属于哪一种存储过程（　　　）。
   A. 系统存储过程　　　　　　　　B. 用户定义存储过程
   C. 扩展存储过程　　　　　　　　D. 其他

3. 存储过程经过了一次创建以后，可以被调用（　　　）次。
   A. 1　　　　　　　B. 2　　　　　　　C. 255　　　　　　　D. 无数

4. 在 SQL Server 中，执行带参数的过程，正确的方法为（　　　）。
   A. .过程名 参数　　　　　　　　B. 过程名（参数）
   C. 过程名=参数　　　　　　　　D. ABC 均可

5. 在 SQL Server 服务器上，存储过程是一组预先定义并（　　　）的 T-SQL 语句。
   A. 保存　　　　　B. 解释　　　　　C. 编译　　　　　D. 编写

6. （　　　）允许用户定义一组操作，这些操作通过对指定的表进行删除、插入和更新命令来执行或触发。
   A. 存储过程　　　　B. 规则　　　　C. 触发器　　　　D. 索引

7. 为了使用输出参数，需要在 CREATE PROCEDURE 语句中指定关键字（　　　）。
   A. OPTION　　　　B. OUTPUT　　　　C. CHECK　　　　D. DEFAULT

8. 下列（　　　）语句用于删除触发器。
   A. CREATE PROCEDURE　　　　　　B. CREATE TRIGGER
   C. ALTER TRIGGER　　　　　　　　D. DROP TRIGGER

9．以下不属于触发器特点的是（　　　　）。

　　A．基于一个表创建，可以针对多个表进行操作

　　B．被触发自动执行

　　C．可以带参数执行

　　D．可以实施更复杂的数据完整性约束

10．关于存储过程和触发器的说法，正确的是（　　　　）。

　　A．都是 SQL Server 数据库对象

　　B．都可以为用户直接调用

　　C．都可以带参数

　　D．删除表时，都被自动删除

11．如果需要在插入表的记录时自动执行一些操作，常用的是（　　　　）。

　　A．存储过程　　　　　　　　　　B．函数

　　C．触发器　　　　　　　　　　　D．存储过程与函数

12．对 SQL Server 中的存储过程，下列说法中正确的是（　　　　）。

　　A．不能有输入参数　　　　　　　B．没有返回值

　　C．可以自动被执行　　　　　　　D．可以嵌套使用

二、填空题

1．按照触发器和触发事件的操作时间划分，可以把 DML 触发器分为_____触发器和_____触发器。

2．SQL Server 中，有三类触发器，分别用于 insert、_____和_____。

3．存储过程可以包含_____个或_____个输入参数。

4．触发器是一种特殊类型的_____，但不由用户直接调用，而是通过事件被执行。

5．与触发器相关的虚拟表主要有_____表和_____表两种。

6．替代触发器（INSTEAD OF）将在数据变动前被触发，对于每个触发操作，只能定义_____个 INSTEAD OF 触发器。

7．触发器定义在一个表中，当在表中执行_____、UPDATE 或 DELETE 操作时被触发自动执行。

8．在存储过程中，使用_____命令可以无条件退出过程回到调用程序。

三、编程题

1．创建一个存储过程，要求实现如下功能：从选课表中查询某一学生考试平均成绩。

2．创建一个存储过程，要求实现如下功能：查询每个学生各门功课的成绩，其中包括每个学生的学号、姓名、课程名、成绩。

3．创建一个存储过程，要求实现如下功能：向选课表中添加学生的成绩记录。

4．创建一个存储过程，要求实现如下功能：输入学生学号，根据该学生所选课程的平均成绩显示提示信息，即如果平均成绩在 60 分以上，显示"此学生综合成绩合格，成绩为 XX 分"，否则显示"此学生综合成绩不合格，成绩为 XX 分"。

5．创建一个带有输入参数的基于更新的存储过程 p_2，用于在 SC 表中为指定课程的成绩

介于 55~59 分之间的学生成绩都修改为 60 分。（说明：假设指定课程的课程号为 "0001"）。

6．定义一个游标，将学生表中学号为 "20130101" 的所有成绩修改为 90 分。

7．定义一个游标，读取学生的基本信息（学号、姓名、课程名和成绩），并查看读取的数据行数。

8．设计一个 AFTER 触发器，这个触发器的作用是：在插入一条记录的时候，显示 "又添加了一个学生的成绩" 的提示。

9．为学生表中姓 "李" 的学生的行声明游标，并逐个提取各行。

10．设计一个触发器，限制每个学期所开设的课程总学分不能超过 32 分。

四、简答题

1．比较函数和存储过程的区别。

2．简述游标的操作步骤。

第8章 事务和锁

【学习目标】

- 掌握事务的概念和性质。
- 了解嵌套事务和分布式事务。
- 掌握事务的基本模式、隔离级别的设置以及事务的并发控制带来的不一致问题。
- 了解锁的概念、锁定粒度和锁协议。
- 掌握锁模式和各种锁的使用方法。
- 理解活锁与死锁的概念，并能预防和解除死锁。

8.1 事务

事务可以确保数据能够正确地被修改，不会造成数据只修改一部分而导致数据的不完整。

8.1.1 事务的概念

事务是 DBMS 中操作的基本执行单位。所谓事务，就是一组操作序列，这些操作要么都执行，要么都不执行，它是一个不可分割的工作单位。

例如，银行转账操作由扣款和增加款项两个操作组成，这两个操作要么全部完成，要么都不做，转账操作可以看成扣款和增加款项的集合，在数据库中这些操作的集合是一个独立单元。

事务可以是一条 T-SQL 语句，也可以是一组 SQL 语句或整个程序。

事务还可以嵌套，如果事务中还有事务，则称嵌套事务。一般嵌套事务是针对存储过程或触发器设置的，主要是因为可以在存储过程中使用事务而不用顾及这个事务本身是否已经在另一个事务之中。

8.1.2 事务的性质

事务是由有限的数据库操作序列组成的，但并不是任意的操作序列都能成为事务，它必须同时满足以下四个特性。

（1）原子性（Atomicity）

一个事务对于数据的所有操作都是不可分割的整体，这些操作要么全执行，要么全不执行。原子性是事务概念本质的体现和基本要求。

（2）一致性（Consistency）

事务执行完成后，数据库中的内容必须全部更新（包括各个表、索引等均处于一致的状态），相当于数据库从一种一致性状态转变为另一种一致性状态，此时仍然具备正确性及完整性。

当数据库只包含成功事务提交的结果时，就说明数据库处于一致性状态；如果数据库系统在运行时出现故障，有些事务并未完成就被中断，而这些没有完成的事务对数据库所做的修改有一部分已经写入到数据库，这时的数据库就是不一致状态。

（3）隔离性（Isolation）

一个事务所使用的数据对并发执行的其他事务是隔离的，并发执行的各个事务之间不能互相干扰。SQL Server 常用锁来隔离事务，同时还规定了多种事务隔离级别，不同隔离级别对应不同的干扰程度，隔离级别越高，数据一致性越好，但并发性越弱。

（4）持久性（Durability）

事务一旦提交，那么对数据库所做的修改将视为永久性的，无法再用 ROLLBACK 进行恢复了。无论发生何种机器和系统故障，其更改也不会自动恢复。

8.1.3 事务的模式

SQL Server 根据事务定义的方式，将事务分为系统事务和用户定义事务。系统事务是指在执行某些语句时，一条语句就是一个事务。例如 CREATE TABLE 语句就是一个系统事务。用户定义事务指用户明确定义的事务，执行结束时使用 COMMIT 语句或 ROLLBACK 语句。

根据运行模式，可将事务分为三种基本模式：自动提交事务、显式事务、隐式事务。

（1）自动提交事务

自动提交事务是指每条单独的语句都是一个事务，在其完成后提交。它是系统默认的事务模式，不必指定任何语句控制事务。

在自动提交模式下遇到编译错误时，SQL Server 会回滚整个批处理，将该批处理中产生错误的语句之前的所有语句进行撤销。

【例 8-1】自动提交事务的应用。

```
create table student(
sno char(15)    primary key,
sname char(10),
sex    char(2),
age    int
)
insert into student values('20140101','刘杉','男',21);
insert into student valuess('20140102','欧阳天','男',20);
insert into student values('20140103','王晓小','女',19);
```

事务在执行时，因为 create table 语句和 insert 语句同属于一个批处理，当遇到编译错误时，尽管建表语句没有任何错误，整个操作还是不能成功执行，因此最后得到的结果是 student 表未创建、三条记录都未插入。

如果在 create table 语句和 insert 语句之间加入 go 分隔符，那么建表操作和插入操作就属于不同的批处理，在遇到插入语句编译错误时，插入操作所在的批处理就会回滚，而建表操作会成功执行。

（2）显式事务

显式事务指每个事务均以 BEGIN TRANSACTION 语句显式开始，以 COMMIT 或 ROLLBACK 语句显式结束。

在显式事务模式下，可以使用 SET XACT_ABORT 设置自动回滚模式。SET XACT_ABORT ON 指 T-SQL 语句产生运行错误，整个事务将终止并回滚；SET XACT_ABORT OFF 为默认设置，只回滚产生错误的 T-SQL 语句，而事务将继续进行处理。

【例 8-2】显式事务的应用。

```
set xact_abort on
begin transaction
insert into student values('20140101','刘杉','男',21);
insert into student values('20140102','欧阳天','男',20);
insert into student values('20140103','王晓小','女',19);
insert into student values('20140104','周秦','女',19);
commit
```

事务在执行前，查询 student 表如图 8-1 所示。

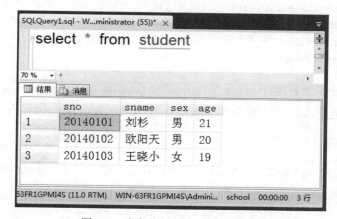

图 8-1　事务执行前 student 表信息

事务执行时，结果如图 8-2 所示。

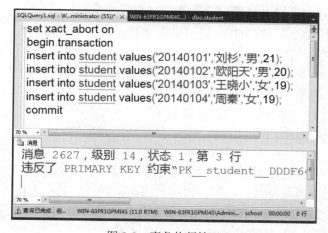

图 8-2　事务执行情况

事务执行时，由于插入数据违反了主键约束规则，发生了运行错误，而 SET XACT_ABORT ON 会终止整个事务的执行并回滚，最后通过 SELECT 语句查询 student 表，发现该表没有发生任何变动，即没有插入数据。

如果将 SET XACT_ABORT 设置为 OFF，则会发现 student 表插入了一条数据。因为 SET XACT_ABORT OFF 只回滚产生错误的 T-SQL 语句，而事务将继续进行处理。

（3）隐式事务

隐式事务指在前一个事务完成时新事务用 set implicit_transactions on 定义事务开始，但每个事务仍以 COMMIT 或 ROLLBACK 语句显式定义事务结束。

可以使用 set implicit_transactions on 启动隐式事务模式，关闭时使用 set implicit_transactions off。

【例 8-3】隐式事务的应用。

```
set xact_abort on
set implicit_transactions on          --启动隐式事务模式
insert into student values('20140101','刘杉','男',21);
insert into student values('20140105','张飞','男',21);
insert into student values('20140106','董婉君','男',20);
insert into student values('20140107','袁权','女',19);
commit
```

该事务启动了隐式事务模式，事务结束时使用 commit 语句。事务在执行时，由于插入第一条记录违反了主键约束，因此整个事务被终止并回滚，表中没有插入任何一条记录。

8.1.4　事务控制

事务控制由启动事务（BEGIN TRANSACTION）、提交事务（COMMIT TRANSACTION）、保存事务（SAVE TRANSACTION）和回滚事务（ROLLBACK TRANSACTION）组成。

1. 启动事务

（1）显式事务的启动

显式事务需要明确定义事务的启动，其基本格式如下：

BEGIN TRAN | TRANSACTION[事务名|@事务变量名]

【例 8-2】中使用 begin transaction 启动显式事务。

（2）隐式事务的启动

默认情况下，隐式事务是关闭的，使用 SET IMPLICIT_TRANSACTIONS 语句可以启动或关闭隐式事务模式。其基本格式如下：

SET IMPLICIT_TRANSACTIONS ON|OFF

【例 8-3】中使用 set implicit_transactions on 启动隐式事务。

2. 提交事务

提交事务表明一个执行成功的隐式事务或显式事务的结束。事务提交后，自事务开始以来所执行的所有数据修改被持久化，事务占用的资源被释放。其基本格式如下：

COMMIT　　[TRAN|TRANSACTION[事务名|@事务变量名]]

【例 8-2】和【例 8-3】都使用了 commit 提交事务。

3. 保存事务

为了提高事务执行的效率，或者进行程序的调试，可以在事务的某一点处设置一个标记（保存点），当使用回滚语句时，可以不用回滚到事务的起始位置，而是回滚到标记所在的位置，即保存点。保存点设置基本格式如下：

　　　SAVE TRAN|TRANSACTION　保存点名|@保存点变量名

　　　ROLLBACK TRANSACTION　保存点名|@保存点变量名

　　【例 8-4】定义一个事务，向 student 表中添加一条记录，并设置保存点。然后再删除该记录，并回滚到事务的保存点，提交事务。

　　T-SQL 如下，执行结果如图 8-3 所示。

```
use school
go
begin transaction
    insert into student values('20130108','诸葛霞','女',20);
    save transaction point1;
    delete from student   where sno='20130102';
    rollback transaction point1;
commit transaction
```

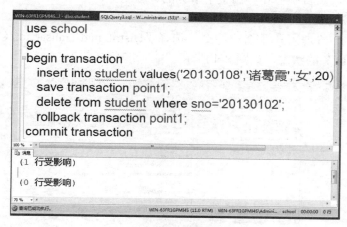

图 8-3　保存事务

　　该事务运行后，先向 student 表中插入一条记录，插入成功后，定义保存点 point1；然后删除学号为"20130102"的一条记录，紧接着执行 rollback 语句，事务将会回滚到保存点 point1 位置，已被删除的记录将会执行回滚。最后事务执行完毕，使用 select * from student 进行查询，结果显示有一条数据记录被插入。

　　4. 回滚事务

　　回滚事务是指将显式事务或隐式事务回滚到事务的起点或事务内的某个保存点。其基本格式如下：

　　　ROLLBACK　[TRAN|TRANSACTION [事务名|@事务变量名|保存点名|@保存点变量名]]

　　【例 8-5】定义一个事务，先对 student 表中的所有学生年龄加 1 后，再利用 rollback 进行回滚。

```
set xact_abort on
begin transaction
update   student set age=age+1
rollback
```

该事务运行后，先将 student 表中所有学生年龄增加 1，然后执行 rollback 进行回滚，update 操作被撤销。因此，该事务执行后学生年龄并未增加。

8.1.5 分布式事务

1. 分布式事务的概念

前面讲到的事务都是在一个服务器上进行的操作，如果要在事务中访问多个数据库服务器中的数据，就必须使用分布式事务。在这个分布式事务中，所有的操作都分散到各个服务器进行，当这些操作都成功时，则所有这些操作都要提交到相应服务器的数据库中；如果这些操作中有一个操作失败，那么这个分布式事务中的全部操作都将被取消。

在分布式事务中，包括执行的实际操作和报告成功或失败的部分，称为资源管理器（RM）。除了 RM 外，还需要一个在 RM 之间进行侦听和协作的应用程序，通常称之为分布式事务协作器（DTC）。Windows 自带的事务协作器是微软分布式事务协作器（MSDTC）。MSDTC 是一个 Windows 服务，负责统筹和协调整个事务的管理工作。

2. 分布式事务的使用

打开"控制面板/管理工具/服务"命令，选择"Distributed Transaction Coordinator"服务，可以查看 MSDTC 服务的状态，如图 8-4 所示。

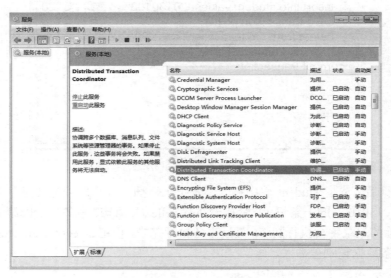

图 8-4　MSDTC 服务的状态

使用分布式事务时，需要添加引用 System.Transactions，同时启动 MSDTC 分布式事务服务，再使用 begin distributed transaction 启动事务。通常使用的方式为：

```
using(System.Transactions.TransactionScope ts = new
System.Transactions.TransactionScope())
    {
                    代码块 1
                    代码块 2
                    ts.Complete();//提交事务

    }
```

3. 分布式事务的执行流程

当分布式事务开始时，一般会按照下列流程进行：

（1）本地 SQL Server 会执行事务中的语句，并将对外的查询或存储过程送到远端服务器处理。同时也将相关的远端服务器名单送到 MSDTC。

（2）当执行事务的提交或回滚语句时，则会将控制权交给 MSDTC 处理。

（3）如果要恢复，则 MSDTC 会通知相关服务器进行恢复；若要提交，则会进入二阶段的提交。

所谓二阶段的提交是指准备阶段和提交阶段。

准备阶段指事务协调者给每个参与者（资源管理器）发送准备消息，每个参与者要么直接返回失败，要么在本地执行事务，写本地的 redo 和 undo 日志，但不提交。

提交阶段指如果协调者收到了参与者的失败消息或者超时，直接给每个参与者发送回滚消息；否则，发送提交消息；参与者根据协调者的指令执行提交或者回滚操作，释放所有事务处理过程中使用的锁资源。

8.1.6 事务隔离级别

锁在用作事务控制机制时，可以解决并发问题，但它只允许事务独立运行，运行时要互相完全隔离。这样做虽然使现行事务不受其他事务的干扰，但将数据锁定也会产生一些弊端，比如一个事务将一个数据锁定，其他事务要使用此数据必须排队等待，这样就降低了数据的并行性，甚至有时会发生死锁。可见，隔离性和并行性是互为消长的，为了在隔离性和并行性之间找到一个平衡点，SQL Server 允许设置事务的隔离级别来提高整个系统的执行能力。

1. 事务隔离级别的概念

事务隔离级别描述了一个事务必须与其他事务所进行的资源或数据更改相隔离的程度。它定义如何以及在多长时间内在事务中保持锁定，SQL Server 数据库引擎支持五种隔离级别：未提交读、已提交读、可重复读、可序列化和快照。

（1）未提交读（READ UNCOMMITTED）

未提交读是最低的事务隔离级别，它允许读取其他事务已经修改但未提交的数据行。

（2）已提交读（READ COMMITTED）

已提交读是 SQL Server 默认的事务隔离级别。当事务正在读取数据时，SQL Server 会放置共享锁以防止其他事务修改数据，当数据读取完成之后，会自动释放共享锁，其他事务可以进行数据修改。因为共享锁会同时封锁语句的执行，所以在事务完成数据修改之前，无法读取该事务正在修改的数据行。因此该隔离级别可以防止脏读。

（3）可重复读（REPEATABLE READ）

可重复读事务隔离级别在事务过程中，所有的共享锁均保留到事务结束，而不是读取结束就释放，这与已提交读的情况完全不同。

在事务处理过程中，虽然对同一记录进行重复查询不会受其他事务的影响，但可能由于锁定数据过久，而导致其他事务无法处理数据，影响了并发率，提高了发生死锁的机率。

（4）可序列化（SERIALIZABLE）

可序列化是事务隔离级别中最高的级别，它会锁定整个范围的索引键，使事务与其他事务完全隔离。在当前事务完成之前，其他事务不能插入新的数据行，其索引键值存在于当前事务所读取的索引键范围之中。

（5）快照（SNAPSHOT）

快照隔离级别是 SQL Server 2005 之后版本新增的隔离级别，指定事务中任何语句读取的数据都将是在事务开始时便存在的数据事务上一致的版本。当使用快照隔离级别读取数据时不会要求对数据进行锁定，如果所读取的记录正在被某事务进行修改，它也会读取此记录之前已经提交的数据。所以当某记录被事务进行修改时，SQL Server 的 Tempdb 数据库会存储最近提交的数据行，以供快照隔离级别的事务读取数据时使用。

2. 设置事务隔离级别

设置语句如下：

```
SET TRANSACTION ISOLATION LEVEL
    { READ UNCOMMITTED
    | READ COMMITTED
    | REPEATABLE READ
    | SNAPSHOT
    | SERIALIZABLE
    }[ ; ]
```

隔离级别从最低到最高分别为：未提交读、快照、已提交读、可重复读、可序列化。随着隔离级别的提高，可以更有效地防止数据的不一致性。但是，这将降低事务的并发处理能力，会影响多用户访问。

【例 8-6】设置隔离级别为 REPEATABLE READ ，实现其他任何事务都不能在当前事务完成之前修改由当前事务读取的数据。

执行语句如下：

```
use school
    go
    set transaction isolation level repeatable read
      begin transaction
          select * from StudInfo
          select * from CourseInfo
      commit transaction
  go
```

【例 8-7】在 school 数据库中创建一个测试表，设置未提交读隔离级别。

执行语句如下：

```
create table test(id    INT,name varchar(20)) --创建测试表 test
--添加记录
Insert into test values(1,'Jack');
Insert into test values(2,'Rose');
begin tran    --启动事务
update test    set name='Roses' where ID=2    --更新数据
SELECT @@TRANCOUNT    ---查询事务数量
--设置事务隔离级别为未提交读
```

　　set Transaction isolation level read uncommitted
　　--查询数据
　　select * from test where id=2

执行结果如图 8-5 所示。

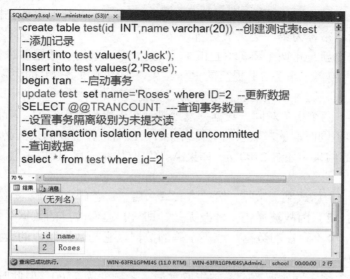

图 8-5　未提交读隔离级别的设置

8.2　并发控制

8.2.1　串行执行与并发执行

　　在事务活动过程中，只有当一个事务完全结束时，另一事务才开始执行，这种执行方式称为事务的串行执行。

　　在事务执行过程中，如果 DBMS 同时包括多个事务，使得事务在时间上可以重叠执行，这种执行方式称为事务的并发执行。并发执行按 CPU 的不同，又可分为交叉并发执行和同时并发执行。

　　在单 CPU 系统中，同一时间只能有一个事务占用 CPU，实际情形是各个并发执行的事务交叉使用 CPU，这种并发方式称为交叉并发执行。在多 CPU 系统中，多个并发执行的事务可以同时占用系统中的 CPU，这种方式称为同时并发执行。

8.2.2　并发导致的问题

　　当多个用户访问相同的数据资源时，如果不加以控制，可能会产生数据的不一致。一般来说，数据库的并发操作会导致四种问题：丢失更新、脏读、不可重复读和幻读。

　　下面为了阐述并发操作导致的三个问题，以在银行取款为例加以说明。假如 A 学生和 B 学生共同管理班费，班费总共有 3000 元，为了筹备班级活动，需要使用一定的班费，A 学生取走了存款的 500 元，B 学生取走了存款的 300 元。正常情况下，A 学生取款完成后 B 学生再去取款，最后班费余额应该为 2200 元，但是在并发操作时会产生与之不同的结果。

1. 丢失更新

丢失更新指两个事务 T1 和 T2 从数据库读取同一数据并进行更新，A 事务执行更新后提交；T2 事务在 T1 事务更新后，T2 事务也做了对该行数据的更新操作，然后回滚，则两个事务所做的更新操作都丢失了。这主要是因为撤销一个事务时，把其他事务已提交的更新数据覆盖。这种丢失更新通常称为第一类丢失更新。

还有一类丢失更新是指两个事务 T1 和 T2 从数据库读取同一数据并进行更新，其中事务 T2 提交的更新结果覆盖了事务 T1 提交的更新结果，导致了事务 T1 的更新结果丢失，但 T2 的更新结果还未丢失。这种丢失更新被称为第二类丢失更新。

丢失更新是由于两个事务对同一数据并发地进行写入操作所引起的，因而称为写—写冲突。例如 A、B 两个学生同时取款，取款后更新余额时，最后进行更新的余额必将替换第一个更新的余额，得到错误的结果为还剩 2700 元。如果 A 学生取款完成后，B 再去取款则可避免该问题。

2. 脏读

脏读是指事务 T1 修改某一数据，然后将其写入磁盘；之后事务 T2 读取了 T1 修改后的数据，过了一段时间，T1 因故被撤销，修改无效，即 T1 已修改过的数据又恢复原值。此时，T2 读到的数据是一个不存在的数据，或不正确的数据，它与数据库内的数据不一致。这种数据就称为"脏"数据。

例如 A、B 两个学生同时取款，A 学生取款后，余额变为 2500，但此时尚未做提交操作，B 学生将修改过后的余额 2500 元读出来，之后 A 学生执行回滚操作，余额恢复为原值 3000，而学生 B 仍然在使用已撤销的 2500。这种修改了但未提交随后又被撤销的数据就是脏数据。

3. 不可重复读

当事务多次访问同一行数据，并且每次读取的数据不同时，将会发生不一致分析问题。

不可重复读是指当事务 T1 读取数据 data 后，事务 T2 进行读取并更新了数据，当 T1 再读取数据 data 进行校验时，发现前后两次读取值不一致。

例如 A、B 两个学生同时取款，A 学生在某一时刻读取余额为 3000，过了一段时间，B 学生取款 300 将余额更新为 2700，此时 A 学生读取的值已经不是最初读的值了。

4. 幻读

T1 事务读取了 T2 事务提交的新增数据，这时 T1 事务将出现幻读的问题。

例如 T1 和 T2 事务并发执行，T1 事务查询数据，T2 事务插入或者删除数据，之后，操作 T1 事务的用户再次查询发现表中有以前没有的数据出现了或者以前有的数据消失了，就好像产生了幻觉一样。

8.3 锁

锁是实现并发控制的一种机制，可以防止事务的并发问题，在多个事务并发执行时能够保证数据库的完整性和一致性。

锁定（或封锁）是指一个事务在对某个数据对象操作之前，先向系统提出请求，对其加锁，锁定该资源，在事务结束之后释放锁。在事务释放它的锁之前，其他事务不能更新此数据对象。

8.3.1 锁定粒度

在 SQL Server 中，可被锁定的资源可以是逻辑单元，比如属性值、属性值的集合、元组、关系、索引项、整个索引项直至整个数据库，也可以锁定页（数据页或索引页）或物理记录这样的物理单元。通常把被锁定的资源单位称为锁定粒度，锁定粒度不同，系统的开销将不同，并且锁定粒度与数据库访问并发度是矛盾的，锁定粒度越大，系统锁开销越小，并发度越小；锁定粒度越小，系统锁开销越大，并发度越大。可见，上述几种资源单位，其锁定粒度若由小到大排列为字段、记录、表和数据库。表 8-1 列出了数据库引擎可以锁定的资源。

表 8-1　锁定粒度

资源	名称	说明
RID	数据行	用于锁定堆中的单个行的行标识符
KEY	索引键	索引中的单个行
PAGE	分页	数据库中的 8kB 页，例如数据页或索引页
EXTENT	范围	一组连续的八页，例如数据页或索引页
HoBT		堆或 B 树
TABLE	数据表	包括所有数据和索引的整个表
FILE	文件	数据库文件
APPLICATION	应用程序	应用程序指定资源
METADATA		用于锁定系统目录信息（元数据）
ALLOCATION_UNIT		使用在数据库分配单元上
DATABASE	数据库	整个数据库

根据资源单位的不同，可将锁定粒度分为以下几种类型：

（1）行锁

行锁是粒度中最小的资源。行锁就是指一个事务在操作数据的过程中，锁定一行或多行的数据，其他事务不能同时处理这些行的数据。行锁占用的数据资源最小，所以在事务的处理过程中，允许其他事务操作同一表的其他数据。

（2）页锁

页锁可一次锁定一页。25 个行锁可升级为一个页锁。

（3）表锁

表锁可以锁定整个表。当整个数据表被锁定后，其他事务就不能使用该表中的其他数据。使用表锁可以带来一些好处，可以使事务处理较大的数据量和利用较少的系统资源，但也会带来一些问题，比如会延迟其他事务的等待时间，降低系统并发性。

（4）数据库锁

数据库锁可以防止任何事务和用户对数据库进行访问。

8.3.2 锁模式

SQL Server 数据库引擎使用不同的锁模式锁定资源,这些锁模式确定了并发事务访问资源的方式。数据库引擎使用的资源锁模式见表 8-2。

表 8-2 锁模式

锁模式	描述
共享（S）	用于不更改或不更新数据（只读操作），例如 select 语句
更新（U）	更新锁是共享锁和独占锁的组合。用 UPDLOCK 保持更新锁
排它（X）	用于数据修改操作，例如 insert、update 或 delete。确保不会同时对同一资源进行多重更新
意向（I）	SQL Server 有在资源的低层获得共享锁或独占锁的意向。在记录上放置共享锁之前，需要对存放该记录的更大范围（如数据页或数据表）设置意向锁，以避免其他连接对该页放置独占锁
架构（Sch）	在执行依赖于表架构的操作时使用。架构锁的类型为架构修改（Sch-M）和架构稳定（Sch-S）
大容量更新（BU）	向表中进行大容量复制数据

1. 排它锁（Exclusive Locks）

排它锁又可称为读锁。若事务 T 对数据对象 A 加上排它锁，则只允许 T 读取和修改 A，其他任何事务都不能再对 A 加任何类型的锁，直到 T 释放 A 上的锁。这样就保证了在事务 T 释放 A 上锁之前，其他事务都不能再读取和修改 A，这种锁具有排它性，因此称为排它锁。

2. 共享锁（Update Locks）

共享锁又可称为读锁，若事务 T 对数据对象 A 加上共享锁，则事务 T 可以读 A 但不能修改 A，其他事务只能再对 A 加 S 锁，而不能加 X 锁，直到 T 释放 A 上的 S 锁。这种锁具有共享性，因此称为共享锁。

3. 更新锁（Intent Locks）

更新锁可以防止通常形式的死锁，一次只有一个事务可以获得资源的更新锁。如果事务修改资源，则更新锁转换为排它锁。否则，将锁转换为共享锁。

4. 意向锁

意向锁指如果对一个结点加意向锁，则说明该结点的下层结点正在被加锁；对任一结点加锁时，必须先对它的上层结点加意向锁。例如，对某一元组加锁时，必须先对它所在的关系加意向锁。

意向锁又可分为意向共享锁（Intent Share Lock，简称 IS 锁）、意向排它锁（Intent Exclusive Lock，简称 IX 锁）和共享意向排它锁（Share Intent Exclusive Lock，简称 SIX 锁）。

（1）意向共享锁

如果对一个数据对象加 IS 锁，表示它的下层结点拟（意向）加 S 锁。例如，要对某个元组加 S 锁，则要首先对关系和数据库加 IS 锁。

（2）意向排它锁

如果对一个数据对象加 IX 锁，表示它的下层结点拟（意向）加 X 锁。例如，要对某个元组加 X 锁，则要首先对关系和数据库加 IX 锁。

（3）共享意向排它锁

如果对一个数据对象加 SIX 锁，表示对它加 S 锁，再加 IX 锁。例如对某个表加 SIX 锁，则表示该事务要读整个表（所以要对该表加 S 锁），同时会更新个别元组（所以要对该表加 IX 锁）。

5．架构锁（Schema Locks）

SQL Server 使用架构锁来保持表结构的完整性。不像其他提供数据隔离的锁类型，架构锁提供事务中对数据库对象如表、视图、索引的 Schema 隔离。锁管理器（Lock Manager）提供两种类型的架构锁：

（1）架构稳定性锁（Sch-S）

当事务引用了索引或数据页时，SQL Server 在对象上加 Sch-S 锁。这确保当其他进程仍然引用着该对象时，没有其他事务能够修改该对象的 Schema，例如删除索引或删除、修改存储过程。

（2）架构修改锁（Sch-M）

当一个进程需要修改某对象的结构（比如修改表）时，Lock Manager 在对象上加 Sch-M 锁。保持该锁期间，没有其他任何事务能够访问该对象，直到（对象结构的）修改完成并提交为止。

6．大容量更新锁（Bulk Update Locks）

数据库引擎在将数据大容量复制到表中时使用了大容量更新锁，并指定了 TABLOCK 提示或使用 sp_tableoption 设置了 table lock on bulk load 表选项。大容量更新锁（BU 锁）允许多个线程将数据并发地大容量加载到同一表，同时防止其他不进行大容量加载数据的进程访问该表。

7．键范围锁（Key-Range Locks）

在使用可序列化事务隔离级别时，对于 T-SQL 语句读取的记录集，键范围锁可以隐式保护该记录集中包含的行范围。通过保护行之间键的范围，它还可以防止对事务访问的记录集进行幻像插入或删除。

8.3.3　锁协议

在利用排它锁和共享锁对数据对象加锁时，还需要约定一些规则，这些规则为封锁协议（Locking Protocol）。对封锁方式规定不同的规则，就形成了各种不同的封锁协议。下面介绍四种封锁协议。

（1）一级封锁协议

一级封锁协议指事务 T 在修改数据对象 D 之前必须先对其加 X 锁，直到事务结束才释放。一级封锁协议可以防止丢失更新问题的发生。

在一级封锁协议中，如果仅仅是读数据而不对其进行修改，是不需要加锁的，它不能防止丢失更新和脏读。

（2）二级封锁协议

二级封锁协议是指在一级封锁协议的基础上，加上事务 T 在读取数据 D 之前必须先对其加 S 锁，读完后即可释放 S 锁。

二级封锁协议可以防止丢失更新，还可进一步防止脏读。

（3）三级封锁协议

它是指在二级封锁协议的基础上，加上事务 T 在读取数据 D 之前必须先对其加 S 锁，读完后并不释放 S 锁，直到事务 T 结束才释放。

三级封锁协议除防止了丢失更新和脏读外，还进一步防止了不可重复读。

（4）四级封锁协议

四级封锁协议是对三级封锁协议的增强，其实现机制也最为简单，直接对事务中所读取或者更改的数据所在的表对象加表锁，即其他事务不能读写该表中的任何数据。

四级封锁协议除防止了丢失更新、脏读和不可重复读外，还进一步防止了幻读。

8.3.4　活锁与死锁

锁机制可以有效地解决并发操作的一致性问题，但也带来了一些新的问题，即死锁和活锁的问题。

1. 活锁

在多个事务并发执行的过程中，可能会存在某个事务，它尽管有机会获得锁却永远也没有得到锁，这种现象称为活锁。

比如事务 T1 封锁了数据对象 R 后，事务 T2 也请求封锁 R，于是 T2 等待。接着 T3 也请求封锁 R。T1 释放 R 上的锁后，系统首先批准了 T3 的请求，T2 只得继续等待。接着 T4 也请求封锁 R，T3 释放 R 上的锁后，系统又批准了 T4 的请求，依此继续，T2 有可能就这样永远等待下去，这就是活锁。

避免活锁最简单的方法是采用先来先服务的策略。当多个事务请求锁定同一数据对象时，锁定子系统按请求锁定的先后次序对这些事务排队，该数据对象上的锁一旦释放，首先批准申请队列中第一个事务获得锁。

2. 死锁

多个事务各自拥有对一定数据对象的封锁，同时又在等待其他事务释放封锁才可以继续执行下去，这样出现多个事务彼此互相等待的状态，称之为死锁。

比如事务 T1 封锁了数据 D1，事务 T2 封锁了数据 D2。之后 T1 又申请封锁数据 D2，因 T2 已封锁了 D2，于是 T1 等待 T2 释放 D2 上的锁。接着 T2 又申请封锁 D1，因 T1 已封锁了 D1，T2 也只能等待 T1 释放 D1 上的锁。这样就出现了 T1 在等待 T2，而 T2 又在等待 T1 的局面，T1 和 T2 两个事务永远不能结束，形成死锁。

还有一种情况也有可能发生死锁，比如在一个数据库中，有若干长时间运行的事务并行的执行操作，查询分析器处理非常复杂的连接查询时，由于不能控制处理的顺序，有可能发生死锁。

3. 死锁的预防

预防死锁就是要破坏产生死锁的条件，通常有两种方法：一次封锁法和顺序封锁法。

（1）一次封锁法

一次封锁法要求每个事务必须一次将所有要使用的数据全部加锁，否则就不能继续执行。比如事务 T1 将所需的数据对象 D1 和 D2 一次加锁，T1 就可以执行下去，而 T2 等待。T1 执行完后释放 D1、D2 上的锁，T2 继续执行，这样就不会发生死锁。

这种方法的主要缺点是扩大了封锁的范围，降低了系统的并发度，影响了系统的效率。

（2）顺序封锁法

顺序封锁法要求所有事务必须按照一个预先约定的加锁顺序对使用到的数据加锁。比如规定事务封锁 D1、D2 的顺序依次是 D1、D2， 即 T1 和 T2 必须先封锁 D1 再封锁 D2。当 T2 请求 D1 的封锁时，由于 T1 已经封锁住 D1，T2 就只能等待。T1 释放 D1 和 D2 上的锁后，T2 继续运行。这样就不会发生死锁。

虽然顺序封锁法在一定程度上可以避免死锁的发生，但仍然存在缺点，比如很难预先确定所有数据对象的加锁顺序。因此，在解决死锁的问题上更普遍采用的是诊断并解除死锁的方法。

4．死锁的解除

死锁的解除指允许产生死锁，在死锁产生后通过一定手段予以解除。一般采用超时法和事务等待图法。

（1）超时法

超时法指对每个锁设置一个时限，当事务等待此锁超过时限后即认为已经产生死锁，此时调用解锁程序，以解除死锁。

（2）事务等待图法

事务等待图是一种特殊的有向图 G=(T,U)，其中 T 为结点的集合，每个结点表示正在运行的事务，U 为边的集合，每条边表示事务等待的情况。若 T1 等待 T2，则在 T1、T2 之间画一条有向边，从 T1 指向 T2。建立事务等待图后，检测死锁就转化为判断 G 中是否存在回路问题。DBMS 的并发控制子系统会周期性检测事务等待图，若其中没有回路，则无死锁存在，否则就存在死锁。

图 8-6 表示事务 T1 等待 T2，T2 等待 T3，T3 等待 T1，则产生了死锁。

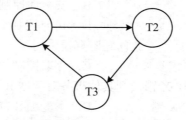

图 8-6 事务等待图

一旦检测到系统中存在死锁，就要设法解除。通常采用的方法是选择一个处理死锁代价最小的事务，将其撤销，释放此事务持有的所有的锁，使其他事务能继续运行下去。

习　　题

一、选择题

1．一个事务中所有对数据库的操作都是一个不可分割的操作序列，这称为事务的（　　）。

A．原子性　　　　　B．一致性　　　　　C．隔离性　　　　　D．持久性

2．数据库中的封锁机制是（　　　）的主要方法。

　　A．安全性　　　　　B．完整性　　　　　C．并发控制　　　　D．恢复

3．若事务 T 对数据对象 A 加上 X 锁，则（　　　）。

　　A．只允许 T 修改 A，其他任何事务都不能再对 A 加任何类型的锁

　　B．只允许 T 读取 A，其他任何事务都不能再对 A 加任何类型的锁

　　C．只允许 T 读取和修改 A，其他任何事务都不能再对 A 加任何类型的锁

　　D．只允许 T 修改 A，其他任何事务都不能再对 A 加 X 锁

4．若事务 T 对数据对象 A 加上 S 锁，则（　　　）。

　　A．事务 T 可以读 A 和修改 A，其他事务只能再对 A 加 S 锁，而不能加 X 锁

　　B．事务 T 可以读 A 但不能修改 A，其他事务能对 A 加 S 锁和 X 锁

　　C．事务 T 可以读 A 但不能修改 A，其他事务只能再对 A 加 S 锁，而不能加 X 锁

　　D．事务 T 可以读 A 和修改 A，其他事务能对 A 加 S 锁和 X 锁

5．在 T-SQL 语句中事务结束的命令是（　　　）。

　　A．END TRANSACTION　　　　　　　B．COMMIT

　　C．ROLLBACK　　　　　　　　　　　D．COMMIT 或 ROLLBACK

6．下列哪个不是数据库系统必须提供的数据控制功能（　　　）。

　　A．安全性　　　　　B．可移植性　　　　C．完整性　　　　　D．并发控制

7．（　　　）可以防止丢失修改、读"脏"数据和不可重复读。

　　A．一级封锁协议　　　　　　　　　B．二级封锁协议

　　C．三级封锁协议　　　　　　　　　D．两段锁协议

8．多用户数据库系统的目标之一是使它的每个用户好像正在使用一个单用户数据库，为此数据库系统必须进行（　　　）。

　　A．完整性控制　　　　　　　　　　B．安全性控制

　　C．并发控制　　　　　　　　　　　D．访问控制

9．解决并发操作带来的数据不一致问题时普遍采用（　　　）。

　　A．封锁　　　　　　B．恢复　　　　　　C．存取控制　　　　D．协商

10．若事务 T 对数据 R 已加 X 锁，则其他事务对数据 R（　　　）。

　　A．可以加 S 锁不能加 X 锁　　　　　B．不能加 S 锁可以加 X 锁

　　C．可以加 S 锁也可以加 X 锁　　　　D．不能加任何锁

11．并发操作会带来哪些数据不一致（　　　）。

　　A．丢失修改、不可重复读、脏读、死锁

　　B．不可重复读、脏读、死锁

　　C．丢失修改、脏读、死锁

　　D．丢失修改、不可重复读、脏读

12．下列事务隔离级别最高的是（　　　）。

　　A．未提交读　　　　　　　　　　　B．已提交读

　　C．可重复读　　　　　　　　　　　D．串行化（可序列化）

13．对并发操作若不加以控制，可能会带来（　　　）问题。

　　A．不安全　　　　B．死锁　　　　C．死机　　　　D．不一致
14．若数据库中只包含成功事务提交的结果，则此数据库就称为处于（　　　）状态。
　　A．安全　　　　　B．一致　　　　C．不安全　　　　D．不一致

二、填空题

1．锁的粒度越_____，则并发度越_____，系统开销越小。

2．事务必须具有的四个性质是：原子性、_____、_____和持久性。

3．DBMS 的基本工作单位是_____，它是用户定义的一组逻辑一致的程序序列；并发控制的主要方法是_____。

4．并发控制是对用户的_____加以控制和协调。

5．数据库引擎使用的资源锁模式有多种，其中最基本的两种是_____和_____。

6．SQL Server 默认的事务隔离级别是_____，最低的隔离级别是_____。

7．事务的死锁可以通过_____和_____进行解除。

8．在多个事务并发执行的过程中，可能会存在某个事务，它尽管有机会获得锁却永远也没有得到锁，这种现象称为_____。

9．根据运行模式，可将事务分为三种基本模式：_____、显式事务和_____。

三、简答题

1．什么是事务？事务的隔离级别分哪几种？

2．事务中的提交和回滚指什么？

3．在数据库中为什么要有并发控制？

4．叙述封锁的概念。

5．简述死锁产生的原因和预防死锁的方法。

6．并发操作会产生哪几种不一致的情况？使用什么方法可以避免各种不一致的情况？

第 9 章 数据库的安全管理

【学习目标】

- 理解 SQL Server 的安全机制。
- 掌握 SQL Server 身份验证模式。
- 掌握 SQL Server 的角色管理。
- 掌握 SQL Server 的用户管理。
- 掌握 SQL Server 的权限管理。

数据库通常都保存着重要的商业数据和客户信息，例如，交易记录、工程数据和个人资料等。数据完整性和合法性存取会受到很多方面的安全威胁，包括密码策略、系统后门、数据库操作以及本身的安全方案。另外，数据库系统中存在的安全漏洞和不当的配置通常会造成严重的后果，而且都难以发现。为了防止非法用户对数据库进行操作，以保证数据库的安全，SQL Server 提供了强大的、内置的安全性和数据保护。

9.1 SQL Server 的安全机制

如果一个用户要访问 SQL Server 数据库中的数据，必须经过三个级别的认证过程。第一个级别的认证过程是服务器级别，即身份验证，需通过登录账户来标识用户。身份验证只验证用户是否具有连接到 SQL Server 数据库服务器的资格。第二个级别的认证是数据库级别的认证，该认证过程是当用户访问数据库时，必须具有对具体数据库的访问权，即验证用户是否是数据库的合法用户。第三个级别是数据库对象级别，该级别是指当用户操作数据库中的数据对象时，必须具有相应的操作权，即验证用户是否具有操作权限。

这就好比一幢大楼，身份验证是用户进入 SQL Server 数据库软件的第一道大门，要想进楼首先必须有这栋大楼的钥匙，这就是第一把钥匙——身份验证权限。进入大楼后，如果想进某一家的门，就好比开始具体操纵某个数据库，必须有第二把钥匙——数据库的访问权。进入某家后，如果想具体操纵某张表、视图或者其他数据库里面的对象，就好比获取这家保险柜的文件必须有保险柜的钥匙一样，这就是第三把钥匙——操作权。

9.2 服务器级的安全性

登录 SQL Server 访问数据的用户，必须要拥有一个 SQL Server 服务器允许能登录的账号和密码，只有以该账号和密码通过 SQL Server 服务器验证后才能访问其中的数据。SQL Server 提供了两种身份验证模式，每一种身份验证都有一个不同类型的登录账户。无论哪种模式，SQL Server 都需要对用户的访问进行两个阶段的检验：验证阶段和许可确认阶段。

（1）验证阶段。用户在 SQL Server 获得对任何数据库的访问权限之前，必须登录到 SQL Server 上，并且要被认为是合法的。SQL Server 或 Windows 要求对用户进行验证。如果验证通过，则用户就可以连接到 SQL Server 上；否则，服务器将拒绝用户登录。从而保证系统安全。

（2）许可确认阶段。用户验证通过后，登录到 SQL Server 上，系统检查用户是否有访问服务器上数据的权限。用户可以防止数据库被未授权的用户故意或无意地修改。SQL Server 为一个用户分配唯一的用户名和密码。可以为不同账号授予不同的安全级别。

9.2.1　SQL Server 的身份验证模式

SQL Server 提供了 Windows 身份验证和混合身份验证两种模式。Windows 身份验证模式会启用 Windows 身份验证并禁用 SQL Server 身份验证。混合身份验证模式会同时启用 Windows 身份验证和 SQL Server 身份验证。Windows 身份验证始终可用，并且无法禁用。

1．Windows 身份验证

SQL Server 数据库系统运行在 Windows 上，而 Windows 本身就具备管理登录、验证用户合法性的能力，所以 Windows 身份验证正是利用这一用户安全性和账号管理的机制。Windows 身份验证是指要登录到 SQL Server 服务器的用户身份由 Windows 系统来进行验证。也就是说，该模式可以使用 Windows 域中有效的用户和组账户来进行身份验证。该模式下的域用户不需要独立的 SQL Server 账户和密码就可以访问数据库。如果用户更新了自己的域密码，也不必更改 SQL Server 的密码。因此，域用户不需记住多个密码，这对用户来说是比较方便的。但是，在该模式下用户仍然要遵从 Windows 安全模式的所有规则，并可以用这种模式去锁定账户、审核登录和迫使用户周期性地更改登录密码。

Windows 身份验证是一种默认的、比较安全的身份验证模式。通过 Windows 身份验证完成的连接又称为信任连接，这是因为 SQL Server 信任由 Windows 提供的凭据。

Windows 身份验证模式有以下优点：

（1）对用户账户的管理可以交给 Windows 去完成。而数据库管理员专注于数据库的管理。

（2）可以充分利用 Windows 系统的用户账户管理工具，包括安全验证、加密、审核、密码过期、最小密码长度和账户锁定等。如果不通过定制来扩展 SQL Server，SQL Server 则不具备这些功能。

（3）利用 Windows 的用户组管理策略，SQL Server 可以针对一组用户进行访问权限设置，因而可以通过 Windows 对用户进行集中管理。

2．混合身份验证

混合身份验证模式同时使用 Windows 身份验证和 SQL Server 登录。如果不是 Windows 操作系统的用户或者是 Windows 客户端操作系统的用户使用 SQL Server，则应该选择混合身份验证模式。

使用混合身份验证模式，SQL Server 首先确定用户的连接是否使用有效的 SQL Server 用户账户登录。如果用户使用有效的登录和使用正确的密码，则接受用户的连接；如果用户使用有效的登录，但是使用不正确的密码，则用户的连接被拒绝。仅当用户没有有效的登录时，SQL Server 才检查 Windows 账户的信息。在这种情况下，SQL Server 将会确定 Windows 账户是否有连接到服务器的权限。如果账户有权限，连接被接受；否则，连接被拒绝。

当使用混合身份验证模式时，在 SQL Server 中创建的登录名并不基于 Windows 用户账户。

用户名和密码均通过使用 SQL Server 创建并存储在 SQL Server 中。通过混合身份验证模式进行连接的用户每次连接时必须提供其凭据（登录名和密码）。

混合身份验证模式的优点如下：

（1）支持那些需要进行 SQL Server 身份验证的旧版应用程序和第三方提供的应用程序。

（2）支持具有混合操作系统的环境，在这种环境中并不是所有用户均由 Windows 域进行验证。

（3）允许用户从未知的或不可信的域进行连接。例如，既定客户使用指定的 SQL Server 登录名进行连接以接收其订单状态的应用程序。

（4）支持基于 Web 的应用程序，在这些应用程序中用户可创建自己的标识。

（5）允许软件开发人员通过使用基于已知的预设 SQL Server 登录名的复杂权限层次结构来分发应用程序。

Windows 身份验证模式和混合身份验证模式有明显的不同，主要集中在信任连接和非信任连接上。Windows 身份验证相对于混合身份验证更加安全，使用本地连接模式时，仅仅根据用户的 Windows 权限来进行身份验证，称为"信任连接"，但是在远程连接时会因 HTML 验证的缘故而无法登录。

9.2.2 配置身份验证模式

在安装过程中，必须为数据库引擎选择身份验证模式。可供选择的模式有两种：Windows 身份验证模式和混合身份验证模式。Windows 身份验证模式会启用 Windows 身份验证模式并禁用 SQL Server 身份验证模式。混合身份验证模式会同时启用 Windows 身份验证模式和 SQL Server 身份验证模式。如果在安装过程中选择混合身份验证模式，则必须为名为 sa 的内置 SQL Server 系统管理员账户提供一个强密码并确认该密码。sa 账户通过使用 SQL Server 身份验证进行连接。

在 Microsoft SQL Server Management Studio 中设置验证模式的步骤有以下几步：

（1）启动 Microsoft SQL Server Management Studio，并连接到目标服务器。

（2）在"对象资源管理器"窗口中，选择相应的服务器，单击右键选择"属性"命令，打开"服务器属性"窗口。

（3）单击"选择页"列表中的"安全性"选项，在"服务器身份验证"区根据需要选择合适的身份验证模式，如图 9-1 所示。

（4）单击"确定"按钮。

9.2.3 SQL Server 登录账户

SQL Server 登录账户有两种：一种是域账户，包括域或本地用户账户、本地组账户、通用的或全局的域组账户等；另一种是 SQL Server 登录账户。

1. 查看登录账户

在 Microsoft SQL Server Management Studio 中查看登录账户的步骤如下：

（1）启动 Microsoft SQL Server Management Studio，并连接到目标服务器。

（2）在"对象资源管理器"窗口中，展开"安全性"结点。

（3）再展开"登录名"结点即可查看登录账户，如图 9-2 所示。

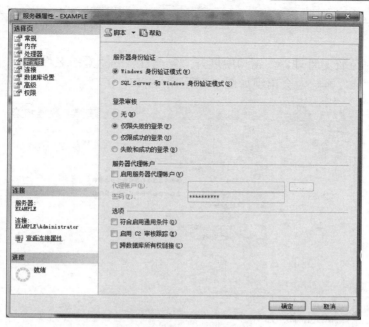

图 9-1　设置身份验证模式

图 9-2　查看登录账户

2．sa 账户

sa 账户是 SQL Server 系统管理员的账户。由于在 SQL Server 中采用了新的集成和扩展的安全模式，因而 sa 账户不再是必需的。该登录账户的存在主要为了让早期的 SQL Server 版本向后兼容。同样，在 SQL Server 中，sa 账户被默认授予 sysadmin 服务器角色。

在默认安装 SQL Server 的时候，sa 账户没有被指派密码，而且未启用。

【例 9-1】启用内置的 SQL Server 登录账户 sa，并为其设置强密码。

实施步骤如下：

（1）在"对象资源管理器"窗口中展开"安全性"→"登录名"结点，如图 9-2 所示。

（2）双击"sa"账户，会出现如图 9-3 所示的窗口。

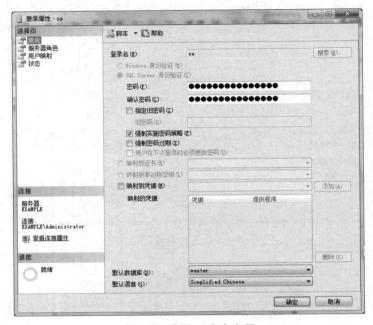

图 9-3　设置 sa 账户密码

（3）在该窗口的"常规"选择页中，输入强密码。

（4）单击"状态"选择页，在"设置"区域分别选择"授予"和"已启用"，如图 9-4 所示。

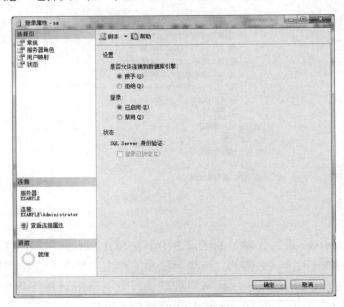

图 9-4　启用 sa 账户

（5）单击"确定"按钮。

注意：由于 sa 账户经常成为恶意用户的攻击目标，除非应用程序必须使用 sa 账户，一般不要启用该账户，如果需要使用 sa 账户，则一定要设置强密码，切忌设置空密码或弱密码。

3. 创建 SQL Server 登录账户

由于 SQL Server 内置的登录账户都具有特殊的含义和作用，因此，一般情况下是不会将它们分配给普通用户使用的，而是为普通用户创建一些合适的、具有相应权限的登录名。

【例 9-2】创建一个名为"User1"的 SQL Server 登录名。

实施步骤如下：

①启动 Microsoft SQL Server Management Studio，并连接到目标服务器。

②在"对象资源管理器"窗口中展开"安全性"→"登录名"结点。

③鼠标右键单击"登录名"结点，从弹出的快捷菜单中选择"新建登录名"命令，弹出"登录名-新建"窗口，如图 9-5 所示。

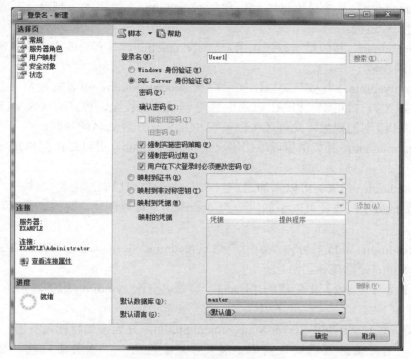

图 9-5　创建 SQL Server 登录名

④在该对话框的"登录名"文本框中输入"User1"；选择"SQL Server 身份验证"单选按钮，并设置密码和确认密码。

⑤单击"确定"按钮，完成 SQL Server 登录账户的创建。

注意：登录名"User1"也可以用下面的命令来创建

```
CREATE LOGIN User1 WITH PASSWORD='abc_2015'
```

9.2.4　服务器角色

SQL Server 使用角色来集中管理数据库或服务器的权限。角色用于为用户组分配权限。数据库管理员将操作数据库的权限赋予角色，然后再将角色赋给数据库用户或登录账户，从而数据库用户或者登录账户拥有了相应的权限。对一个角色授予、拒绝或废除的权限也适用于该角色的任何成员。

角色是一组用户所构成的组，可以分为服务器角色和数据库角色。

服务器角色具有授予服务器管理的能力。如果用户创建了一个角色成员的登录，用户用这个登录能执行这个角色许可的任何任务。服务器角色应用于服务器级别，其权限影响整个服务器，且不能更改权限集。服务器角色是预先定义的，不能被添加、修改或删除，所以服务器角色又称为"预定义服务器角色"或"固定服务器角色"。

1. 服务器角色的级别

服务器角色有八个级别，下面分别进行介绍。

（1）sysadmin：其成员可以在服务器上执行任何活动。默认情况下，Windows BUILTIN\Administrators（本地管理员组）的所有成员都是 sysadmin 服务器角色的成员。

（2）setupadmin：其成员可以添加用户到 setupadmin，能添加、删除或配置链接的服务器，并能控制启动过程。

（3）serveradmin：其成员可以添加用户到 serveradmin，具有更改服务器范围的配置选项和关闭服务器的权限。

（4）securityadmin：其成员可以添加用户到 securityadmin，可以管理登录名及其属性。该角色具有 GRANT、DENY 和 REVOKE 服务器级别的权限，也具有 GRANT、DENY 和 REVOKE 数据库级别的权限，此外还可以重置 SQL Server 登录名的密码。

（5）processadmin：其成员可以添加用户到 processadmin，可以终止在 SQL Server 实例中运行的进程。

（6）diskadmin：其成员可以添加用户到 diskadmin，可以管理磁盘文件。

（7）dbcreator：其成员可以添加用户到 dbcreator，可以创建、更改、删除和还原任何数据库。

（8）bulkadmin：其成员可以添加用户到 bulkadmin，并可以运行 BULK INSERT 语句。

2. 为登录账户分配服务器角色

【例 9-3】为【例 9-2】中创建的"User1"登录名分配 sysadmin 服务器角色。

实施步骤如下：

（1）启动 Microsoft SQL Server Management Studio，并连接到目标服务器。

（2）在"对象资源管理器"窗口中展开"安全性"→"服务器角色"结点，定位到"sysadmin"结点。

（3）双击"sysadmin"结点，打开"服务器角色属性"窗口，如图 9-6 所示。

（4）在该窗口中，单击"添加"按钮，打开"选择服务器登录名或角色"对话框，如图 9-7 所示。

（5）在该对话框中，单击"浏览"按钮会打开"查找对象"对话框，如图 9-8 所示。

（6）在该对话框中，选择"User1"登录名，单击"确定"按钮，返回"选择服务器登录名或角色"对话框，再单击"确定"按钮，返回"服务器角色属性"窗口，在"角色成员"列表中可以看到已添加"User1"登录名。

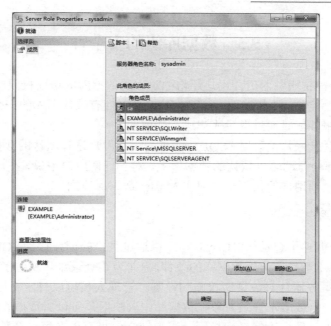

图 9-6　"服务器角色属性"窗口

图 9-7　"选择服务器登录名或角色"对话框

图 9-8　"查找对象"对话框

9.3　数据库级的安全性

在登录 SQL Server 服务器后，用户还将面对不同数据库的访问权限。数据库的安全性主要通过用户账户进行控制，要想访问一个数据库，必须拥有该数据库的一个用户账户身份。该用户账户是在登录服务器时通过登录账户进行映射的。

在建立用户的登录账户信息时，SQL Server 会提示用户选择默认的数据库。以后用户每次连接上服务器后，都会自动转到默认的数据库上。对于任何用户来说，在设置登录账户时没有指定默认的数据库，则用户的权限将局限在 Master 数据库以内。

9.3.1　数据库用户

在【例 9-2】中创建了登录名"User1"，可以通过身份验证连接到 SQL Server 实例上。虽然如此，该登录账户还不具备访问数据库的条件，除非为该登录账户映射了相应的数据库用户。

数据库用户是服务器针对数据库权限的设置。管理人员可以自定义用户，也可以设置权限。数据库用户是一个或多个登录对象在数据库中的映射，可以对数据库用户对象进行授权，以便为登录对象提供对数据库的访问权限。用户定义信息存放在每一个数据库的 sysusers 表中。一个登录名可以被授予访问多个数据库，但一个登录名在每个数据库中只能映射一次。即一个登录可对应多个用户，一个用户也可以被多个登录使用。如果没有为一个登录指定数据库用户，则登录时系统将试图将该登录名映射成 guest 用户（如果当前的数据库中有 guest 用户的话）。如果还是失败的话，这个用户将无法访问数据库。

1. 默认的数据库用户

在 SQL Server 系统中，默认的数据库用户有：dbo 用户、sys 用户和 guest 用户等。

（1）dbo 用户

dbo 全称为 Database Owner，是具有在数据库中执行所有活动的暗示性权限的用户。一般来说，创建数据库的用户就是数据库的所有者。dbo 被隐式授予对数据库的所有权限，并且能将这些权限授予其他用户。因为"sysadmin"服务器角色的成员被自动映射为特殊用户 dbo，所以 sysadmin 角色登录可执行 dbo 能执行的任何任务。

在 SQL Server 数据库中创建的对象也有所有者，这些所有者是指数据库对象所有者。通过 sysadmin 服务器角色成员创建的对象自动属于 dbo 用户。通过非 sysadmin 服务器角色成员创建的对象属于创建对象的用户，当其他用户引用它们时必须以用户的名称来限定。例如：如果 ZHANGSAN 是 sysadmin 服务器角色成员，并创建了一个名为 student 的表，则 student 表属于 dbo，所以用 dbo.student 来限定，或者简化为 student。但如果 ZHANGSAN 不是 sysadmin 服务器角色成员，创建了一个名为 student 的表，则 student 表属于 ZHANGSAN，所以用 ZHANGSAN.student 来限定。

（2）sys 用户

所有系统对象包含于 sys 或 information_schema 的架构中。这是创建在每一个数据库中的两个特殊架构，但是它们仅在 Master 数据库中可见。相关的 sys 和 information_schema 架构的视图提供存储在数据库里所有数据对象的元数据的内部系统视图。这些视图被 sys 和 information_schema 用户所引用。

（3）guest 用户

guest 用户是一个能被管理员添加到数据库的特殊用户。只要具有有效的 SQL Server 登录，任何人都可以访问数据库。以 guest 账户访问数据库的用户被认为是拥有 guest 用户的身份并继承了 guest 账户的所有权限和许可。例如：如果配置域账户 LISI 为 guest 账户可以访问 SQL Server，那么 LISI 能使用 guest 登录访问任何数据库，并且当 LISI 登录后，该用户被授予 guest 账户所有的权限。

在默认情况下，guest 用户存在于 Model 数据库中，并且被授予 guest 账户的权限。由于 Model 是创建所有数据库的模板，所以，所有新的数据库都包含 guest 用户，并且该用户被授予 guest 账户的权限。guest 用户在 Master 和 Tempdb 之外的所有数据库中都可以添加或删除，但不能从 Master 和 Tempdb 数据库中删除。

2. 创建数据库用户

（1）利用 Microsoft SQL Server Management Studio 创建数据库用户

【例 9-4】在"school"数据库中创建一个名为"LISI"数据库用户，将它与"User1"登录名对应。

实施步骤如下：

①启动 Microsoft SQL Server Management Studio，并连接到目标服务器。

②在"对象资源管理器"窗口中展开"服务器"→"数据库"→"school"数据库→"安全性"结点，定位到"用户"结点。

③鼠标右键单击"用户"结点，选择"新建用户"命令，会打开"数据库用户-新建"窗口，如图 9-9 所示。

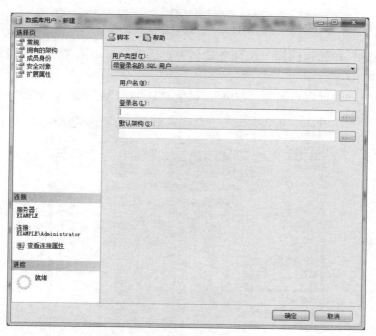

图 9-9 "数据库用户-新建"窗口

④单击"登录名"框右侧的"选项"按钮，会打开"选择登录名"对话框，如图 9-10 所示。

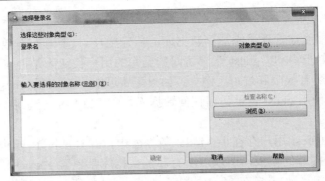

图 9-10 "选择登录名"对话框

⑤在该对话框中，单击"浏览"按钮，会打开"查找对象"对话框，如图 9-11 所示，在该对话框中勾选已创建的 SQL Server 登录名"User1"。

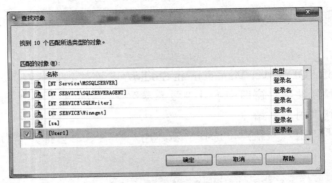

图 9-11 "查找对象"对话框

⑥单击"确定"按钮返回到"选择登录名"对话框，再单击"确定"按钮返回到"数据库用户-新建"窗口。

⑦在该窗口中，设置用户名为"LISI"，设置默认架构为"dbo"，如图 9-12 所示。

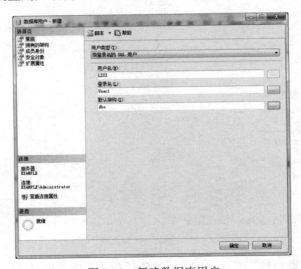

图 9-12 新建数据库用户

⑧单击"确定"按钮，完成数据库用户的创建。

（2）使用 T-SQL 语句创建数据库用户

使用 T-SQL 语句创建数据库用户的语法格式如下：

```
CREATE USER  用户名
[{{FOR|FROM}
{LOGIN  登录名
|CERTIFICATE  证书名
|ASYMMETRIC KEY  非对称密码
| WITHOUT LOGIN}
}]
[WITH DEFAULT_SCHEMA=架构名]
```

该命令的选项如下：

①用户名，指定在此数据库中用于识别该用户的名称。

②LOGIN，指定要创建数据库用户的 SQL Server 登录名。当此 SQL Server 登录名进入数据库时，将获取正在创建的数据库用户的名称和 ID。

③CERTIFICATE，指定要创建数据库用户的证书。

④ASYMMETRIC KEY，指定要创建数据库用户的非对称密码。

⑤WITHOUT LOGIN，指定不应该将该用户映射到现有登录名。

⑥WITH DEFAULT_SCHEMA，指定服务器为此数据库用户解析对象名时要最先搜索的架构名。

【例 9-5】创建一个名为"User2"的 SQL Server 登录名，并将该登录名添加为"school"数据库用户。

```
USE master
GO
CREATE LOGIN User2
WITH PASSWORD='a1b2c3'
USE school
CREATE USER ZHANGSAN FOR LOGIN User1
```

9.3.2　数据库角色

一旦创建了数据库用户，随之而来的便是管理这些用户权限。数据库角色是为某一用户或某一组用户授予不同级别的管理或访问数据库以及数据库对象的权限，这些权限是数据库专有的，并且可以使一个用户具有属于同一数据库的多个角色。

1. 固定数据库角色

SQL Server 提供了两种类型的数据库角色：固定数据库角色和用户自定义数据库角色。

固定数据库角色是指 SQL Server 已经定义了这些角色所具有的管理、访问数据库的权限，而且 SQL Server 管理者不能对其所具有的权限进行任何修改。SQL Server 每一个数据库中都有一组固定的数据库角色，在数据库中使用固定的数据库角色可以将不同级别的数据库管理工作分给不同的角色，从而有效地实现工作权限的传递。

SQL Server 提供了 10 种常用的固定数据库角色来授予数据库用户权限，具体内容如下：

（1）db_owner，可以执行数据库的所有配置和维护活动。

（2）db_accessadmin，可以增加或删除数据库用户、工作组和角色。

（3）db_ddladmin，可以在数据库中运行任何数据定义语言（DDL）命令。

（4）db_securityadmin，可以修改角色成员身份和管理权限。

（5）db_backupoperator，可以备份和恢复数据库。

（6）db_datareader，能且仅能对数据库中的任何表执行 select 操作，从而读取所有表的信息。

（7）db_datawriter，能够增加、修改和删除表中的数据，但不能进行 select 操作。

（8）db_denydatareader，不能读取数据库中任何表的数据。

（9）db_denydatawriter，不能对数据库中的任何表执行增加、修改和删除数据操作。

（10）public，每个数据库用户都属于 public 数据库角色，当尚未对某个用户授予或拒绝对安全对象的特定权限时，则该用户将继承授予该安全对象的 public 角色的权限。不能将用户从 public 角色中移除。

2. 用户自定义数据库角色

由于固定数据库角色不能更改权限，有时可能不能满足人们的需要，所以，可以对数据库创建数据库角色来设置权限。

【例 9-6】在 school 数据库中，创建名为"stu"的自定义角色，并指派给"ZHANGSAN"和"LISI"数据库用户。

实施步骤如下：

①启动 Microsoft SQL Server Management Studio，并连接到目标服务器。

②在"对象资源管理器"窗口中展开"服务器"→"数据库"→"school"数据库→"安全性"→"角色"，定位到"数据库角色"结点。

③鼠标右键单击"数据库角色"结点，选择"新建数据库角色"命令，打开"数据库角色-新建"窗口，如图 9-13 所示。

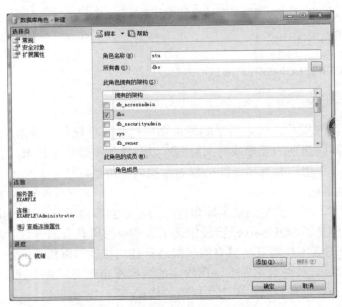

图 9-13　"数据库角色-新建"窗口

④在该窗口中，设置角色名称为"stu"，所有者为"dbo"。单击"添加"按钮，选择数据库用户"ZHANGSAN""LISI"。

⑤单击"确定"按钮完成自定义数据库角色的创建。

3. 添加数据库角色成员

【例 9-7】在 school 数据库中，为"stu"角色添加成员用户"WANGWU""ZHAOLIU"。实施步骤如下：

①启动 Microsoft SQL Server Management Studio，并连接到目标服务器。

②在"对象资源管理器"窗口中展开"服务器"→"数据库"→"school"数据库→"安全性"→"角色"→"数据库角色"，展开"数据库角色"结点，定位到"stu"数据库角色。

③双击"stu"数据库角色，打开"数据库角色属性"窗口，如图 9-14 所示。

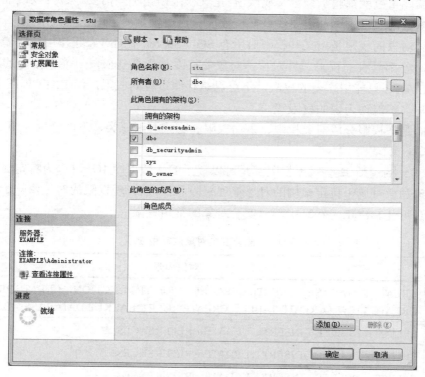

图 9-14　"数据库角色属性"窗口

④单击"添加"按钮，选择数据库用户"WANGWU""ZHAOLIU"。

⑤单击"确定"按钮完成数据库角色成员添加。

9.4　数据库对象级的安全性

数据库对象的安全性是核查用户权限最后的一个安全等级。该级别的安全性通过设置数据库对象的访问权限进行控制。在创建数据库对象时，SQL Server 将自动把该数据库对象的拥有权赋予该对象的所有者。数据对象访问的权限包括用户对数据库中数据对象的引用、数据操作语句的许可权限。

默认情况下，只有数据库的所有者才可以在该数据库下进行操作。当一个非数据库所有者想访问该数据库里的对象时，必须事先由数据库的所有者赋予该用户对指定对象执行特定操作的权限。例如：一个用户想访问 school 数据库的 StudInfo 表中的信息，则他必须先成为该数据库的合法用户，然后，再获得 school 数据库所有者分配的针对 StudInfo 表的访问权限。

9.4.1 权限类型

在 SQL Server 中，按照不同的方式可以把权限分成不同的类型。比如预定义权限和自定义权限、针对所有对象的权限和针对特殊对象的权限。

预定义权限是指在安装完成 SQL Server 后，不必授权就拥有的权限。比如固定服务器角色和固定数据库角色就都属于预定义权限。自定义权限是指那些需要经过授权或继承才能得到的权限。大多数的安全主体都需要经过授权才能获得对安全对象的使用权限。

针对所有对象的权限是指某些权限对所有 SQL Server 中的对象起作用。比如 CONTROL 权限是所有对象都具有的权限。针对特殊对象的权限是指某些权限只能在指定的对象上起作用。比如 DELETE 只能用作表的权限，不可以是存储过程的权限；而 EXECUTE 只能用作存储过程的权限，不能作为表的权限等。

最常用的是把权限分成对象权限、语句权限和隐式权限三类，下面分别介绍这三类权限。

1. 对象权限

在 SQL Server 中，所有对象权限都是可以授予的。数据库用户可以为特定对象、特定类型的所有对象和所有属于特定架构的对象管理权限，用可以管理权限的对象依赖于对象的作用范围。表 9-1 列出了 SQL Server 中部分安全对象的常用权限。

表 9-1 部分安全对象的常用权限

安全对象	对象权限
数据库	CREATE DATABASE、CREATE DEFAULT、CREATE FUNCTION、CREATE PROCEDURE、CREATE VIEW、CREATE TABLE、CREATE RULE、BACKUP DATABASE、BACKUPLOG
表	SELECT、DELETE、INSERT、UPDATE、REFERENCES
视图	SELECT、DELETE、INSERT、UPDATE、REFERENCES
表值函数	SELECT、DELETE、INSERT、UPDATE、REFERENCES
标量函数	EXECUTE、REFERENCES
存储过程	EXECUTE、SYNONYM

2. 语句权限

语句权限是用于控制创建数据库或数据库中的对象而涉及的权限。例如，如果用户要在数据库中创建表，则应该向该用户授予 CREATE TABLE 语句权限。只有 sysadmin、db_owner 和 db_securityadmin 角色的成员才能授予用户语句权限。表 9-2 列出了 SQL Server 中可以授予、拒绝或撤销的语句权限。

表 9-2　语句权限

语句权限	描述
CREATE DATABASE	确定登录是否能创建数据库，要求用户必须在 Master 数据库中或者是 sysadmin 服务器角色的成员
CREATE TABLE	确定用户是否具有创建表的权限
CREATE VIEW	确定用户是否具有创建视图的权限
CREATE DEFAULT	确定用户是否具有创建表的列默认值的权限
CREATE RULE	确定用户是否具有创建表的列规则的权限
CREATE FUNCTION	确定用户是否具有在数据库中创建用户自定义函数的权限
CREATE PROCEDURE	确定用户是否具有在创建存储过程的权限
BACKUP DATABASE	确定用户是否具有备份数据库的权限
BACKUP LOG	确定用户是否具有备份事务日志的权限

3．隐式权限

只有预定义系统角色的成员或数据库和数据库对象所有者具有隐式权限。所有角色的隐式权限不能被更改，而且可以让角色成员具有相关的隐式权限。例如：sysadmin 服务器角色的成员能在 SQL Server 中执行任何活动。任何添加到 sysadmin 角色的账户都能执行这些任务。

数据库和数据库对象所有者也有隐式权限。这些权限包括操作数据库或者拥有数据库对象或者二者兼有。例如：拥有表的用户可以查看、增加、更改和删除数据，该用户还可具有修改表的定义和控制表的权限。

9.4.2　管理权限

在 SQL Server 中提供两种方法管理权限：使用命令管理和使用 Microsoft SQL Server Management Studio 管理权限。

1．使用命令管理权限

在 SQL Server 中使用 GRANT、REVOKE 和 DENY 三个命令来管理权限。

（1）GRANT

把权限授予某一数据库用户或角色执行所授权限指定的操作。

授予对象权限的语法是：

GRANT
{ALL [PRIVILEGES]|permission [,…n]}
{
[(column [,…n])] ON {table|view}
|ON {table |view}[(column [,…n])]
|ON {stored_procedure|extended_procedure}
|ON {user_defined_function}

```
    }
    TO security_account [,…n]
    [WITH GRANT OPTION]
    [AS {group|role}]
```

授予命令权限的语法是：

```
    GRANT {ALL |statement [,…n]}
    TO security_account [,…n]
```

各参数说明如下：

ALL：表示授予所有可以应用的权限。在授予命令权限时，只有固定服务器角色 sysadmin 成员可以使用 ALL 关键字；在授予对象权限时，固定服务器角色 sysadmin 成员、固定数据库角色 db_owner 成员和数据库对象拥有者都可以使用 ALL 关键字。

statement：表示可以授予的命令权限。

permission：表示在对象上执行某些操作的权限。

column：在表或视图上允许用户将权限局限到某些列上，column 表示列的名字。

WITH GRANT OPTION：定义是否给予用户以授予该权限给别的用户的权利。

security_account：定义被授予权限的用户单位。security_account 可以是 SQL Server 的数据库用户，可以是 SQL Server 的角色，也可以是 Windows 的用户或工作组。

权限只能授予本数据库的用户，或者获准访问本数据库的别的数据库用户。如果将权限授予了 public 角色，则所有数据库里的所有用户都将默认地获得了该项权限。如果将权限授予了 guest 用户，则所有可连接上服务器的用户都默认获得了该项权限。

REVOKE 和 DENY 语法格式与 GRANT 语法格式一样。

【例 9-8】将 SELECT 权限授予 StudInfo 表的 public 角色。

```
    GRANT SELECT ON StudInfo TO public
```

【例 9-9】将 INSERT、UPDATE、DELETE 权限授予 StudInfo 表的 ZHANGSAN、LISI 用户。

```
    GRANT INSERT,UPDATE,DELETE ON StudInfo TO ZHANGSAN,LISI
```

【例 9-10】将在 school 数据库上创建表和视图的命令权限授予用户 WANGWU。

```
    USE school
    GO
    GRANT CREATE VIEW,CREATE TABLE
    TO WANGWU
    GO
```

（2）DENY

拒绝一个数据库用户或角色的特定权限，并且阻止它们从其他角色中继承这个权限。

【例 9-11】禁止 guest 用户对 StudInfo 表进行查询、添加、修改和删除操作。

```
    DENY SELECT,INSERT,UPDATE,DELETE
    ON StudInfo
    TO guest
```

注意：如果使用 DENY 命令拒绝了某用户获得某项权限，即使用户后来又加入具有该项权限的某工作组或角色，该用户也将依然无法使用该项权限。

（3）REVOKE

撤销先前被授予或拒绝的权限。

【例 9-12】撤销用户 WANGWU 创建表和视图的权限。

　　REVOKE CREATE VIEW,CREATE TABLE FROM WANGWU

2．使用 Microsoft SQL Server Management Studio 管理权限

在 SQL Server 中可以使用 Microsoft SQL Server Management Studio 实现对语句权限和对象权限的管理，从而实现对用户或角色权限的设定。

【例 9-13】将 StudInfo 表上的插入、更新权限授予用户 LISI，并且该用户还能将该权限授予其他用户。

实施步骤如下：

①启动 Microsoft SQL Server Management Studio，并连接到目标服务器。

②在"对象资源管理器"窗口中展开"服务器"→"数据库"→"school"数据库→"表"，定位到"StudInfo"结点。

③对 StudInfo 表单击右键选择"属性"，打开"表属性"窗口。在"表属性"窗口中选择"权限"选择页，如图 9-15 所示。

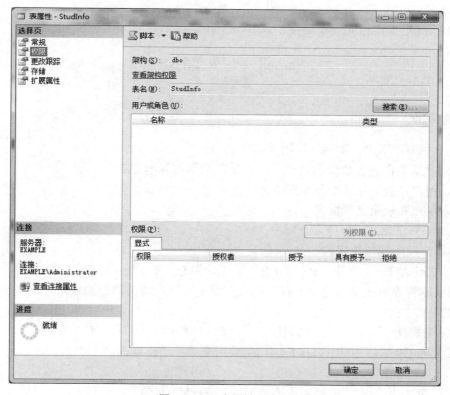

图 9-15　"表属性"窗口

④点击"搜索"按钮，搜索数据库用户和数据库角色，在数据库用户和数据库角色清单中选择要进行权限设置的用户，如 LISI。

⑤然后在"用户或角色"列表下面的权限列表中进行权限设置，如图 9-16 所示。

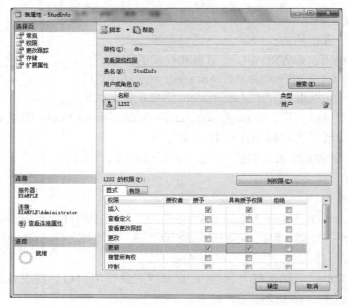

图 9-16　设置权限

⑥单击"确定"按钮完成权限授予。

习　　题

一、选择题

1．关于登录和用户，下面说法错误的是（　　　）。

　A．登录是在服务器级创建的，用户是在数据库级创建的

　B．用户是登录在某个数据库中的映射

　C．用户和登录必须同名

　D．一个登录可以对应多个用户

2．向用户授予操作权限的 SQL 语句是（　　　）。

　A．CREATE　　　　B．REVOKE　　　　C．SELECT　　　　D．GRANT

3．数据库管理系统通常提供授权功能来控制不同用户访问数据的权限，这主要是为了实现数据库的（　　　）。

　A．可靠性　　　　B．一致性　　　　C．完整性　　　　D．安全性

4．SQL 的 GRANT 和 REVOKE 语句主要用来维护数据库的（　　　）。

　A．安全性　　　　B．完整性　　　　C．可靠性　　　　D．一致性

5．下列 SQL 语句中，能够实现"收回用户 ZHAO 对学生表（STUD）中学号（XH）的修改权"这一功能的是（　　　）。

　A．REVOKE UPDATE(XH) ON TABLE FROM ZHAO

　B．REVOKE UPDATE(XH) ON TABLE FROM PUBLIC

　C．REVOKE UPDATE(XH) ON STUD FROM ZHAO

  D．REVOKE UPDATE(XH) ON STUD FROM PUBLIC

6．把对关系 SC 的属性 GRADE 的修改权授予用户 ZHAO 的 SQL 语句是（   ）。

  A．GRANT GRADE ON SC TO ZHAO

  B．GRANT UPDATE ON SC TO ZHAO

  C．GRANT UPDATE (GRADE) ON SC TO ZHAO

  D．GRANT UPDATE ON SC (GRADE) TO ZHAO

7．下列关于身份验证模式叙述正确的是（   ）。

  A．SQL Server 安装在 Windows NT 中才有 Windows 身份验证模式

  B．只有 Windows 的当前用户才可选择 Windows 身份验证模式

  C．以 SQL Server 身份验证模式登录 SQL Server 时，需要输入登录名和密码

  D．都正确

8．在"连接"组中有两种连接认证方式，其中在（   ）方式下，需要客户端应用程序连接时提供登录时需要的用户标识和密码。

  A．Windows 身份验证　　　　　　　B．SQL Server 身份验证

  C．以超级用户身份登录　　　　　　D．其他方式登录

9．下列哪个账户可以被删除（   ）。

  A．sa　　　　　　　　　　　　　　B．正在被使用的账户

  C．映射到数据库用户上的账户　　　D．以上都不可以被删除

二、填空题

1．建立视图之后，可以简化数据库管理，如可以通过_____命令为各种用户授予在视图上的操作权限。

2．SQL Server 采用的身份验证模式有_____模式和_____模式。

3．使用_____身份验证模式登录 SQL Server 时，不需输入登录名和密码。

4．SQL Server 安装时会自动创建两个登录账户：BUILTIN\Administrators 和_____。

5．在 SQL Server 中，要访问某个数据库，除了需要有一个登录账号外，还必须有一个该数据库的_____账号。

6．访问 SQL Server 数据库对象时，需要经过_____和_____两个阶段。

7．SQL Server 中，其权限分为三类，即_____权限、_____权限和_____权限。

8．角色是一组用户所构成的组，可以分为_____和_____。

9．对象权限是指用户基于数据库对象层次上的访问和操作权限，共有 5 种：_____、_____、_____、_____和_____。

10．与权限管理相关的 T-SQL 语句有三个：_____、_____ 和_____。

三、简答题

1．简述 SQL Server 的安全机制。

2．简述 SQL Server 的混合身份验证模式。

3．简述数据库用户的作用及其与服务器登录账号的关系。

4．简述 SQL Server 中的三种权限。

第 10 章　数据的备份与恢复

【学习目标】

- 了解数据库备份的概念。
- 掌握备份设备的使用。
- 掌握数据库备份的操作。
- 理解数据库恢复的策略。
- 掌握数据库恢复的操作。

数据库的备份和恢复是维护数据库安全性和完整性的重要组成部分。用户的错误操作和蓄意破坏、病毒攻击和自然界不可抗力等，都是造成数据丢失的因素。通过备份和恢复数据库，可以防止因为各种原因而造成的数据破坏和丢失，并使数据库继续正常运行。备份和恢复是保证数据库数据安全的两项密不可分的重要措施。

10.1　数据的备份

10.1.1　数据库备份的概念

备份是指对 SQL Server 数据库及其他相关信息进行拷贝，数据库备份记录了在进行备份这一操作时数据库中所有数据的状态，如果数据库因意外被损坏，备份文件将在数据库恢复时用来恢复数据库。

根据备份数据库的大小，可将备份划分为四种类型，分别应用于不同的场合。

1. 完全数据库备份

完全数据库备份也称为完全备份，完全备份可以备份整个数据库，包含用户表、系统表、索引、视图和存储过程等所有数据库对象。但由于这种备份需要花费更多的时间和空间，因此推荐一周做一次完全备份。这是备份常用的方式。

2. 事务日志备份

事务日志是单独的文件，它记录数据库的改变，由于备份时复制自上次备份以来对数据库所做的改变，只需要很少的时间，所以建议频繁备份事务日志，从而减少丢失数据的可能性。例如：每小时备份一次甚至更频繁的备份事务日志。

3. 差异备份

差异备份也称为增量备份，同完全备份不一样，差异备份只备份自上次完全备份以来，数据库又发生的一系列新的变化。差异备份在备份的数据规模和花费的时间上都远远少于完全备份，因此可以相对频繁地执行，从而减少丢失数据的风险。

差异备份与事务日志备份也有所不同。差异备份无法将数据库恢复到出现意外前某一指定的时刻，它只能将数据库恢复到上一次差异备份结束的时刻。

4．文件和文件组备份

数据库可以由硬盘上的许多文件构成。如果这个数据库非常大，并且一个晚上也不能将它备份完，那么可以使用文件备份每晚备份数据库的一部分。由于一般情况下数据库不会大到必须使用多个文件存储，所以这种备份不是很常用。

按照数据库的状态，可将备份分为三种类型。

（1）冷备份。备份时数据库处于关闭状态，能够较好地保证数据库的完整性。

（2）热备份。备份时数据库正处于运行状态，这种方法需要依赖于数据库的日志文件进行备份。

（3）逻辑备份。使用软件从数据库中提取数据并将结果写到一个文件上。

10.1.2　备份设备

在创建备份时，必须选择存放备份数据库的备份设备。可以将数据库备份到磁盘设备或磁带设备上。磁盘备份设备是硬盘或其他磁盘，存储媒体上的文件，可以像操作系统文件一样进行管理，也可以将数据库备份到远程计算机上的磁盘。

SQL Server 使用物理设备名称或逻辑设备名称标识备份设备。物理备份设备是操作系统用来标识备份设备的名称，如 C:\school_DB_Full.bak。

SQL Server 可以使用两种方式建立备份设备。

1．使用 Microsoft SQL Server Management Studio 建立备份设备

【例 10-1】创建磁盘备份设备的物理备份设备名为 C:\backup\school_full.bak，逻辑备份设备名为 school_bakdevice。

实施步骤如下：

（1）启动 Microsoft SQL Server Management Studio，并连接到目标服务器。

（2）在"对象资源管理器"窗口中展开"服务器"→"服务器对象"，定位到"备份设备"结点。

（3）对"备份设备"单击右键选择"新建备份设备"，打开"备份设备"窗口，如图 10-1 所示。

（4）在"设备名称"文本框中输入 school_bakdevice；在不存在磁带机的情况下，"目标"选项自动选中"文件"单选按钮，在"文件"单选按钮对应的文本框中输入文件路径和名称 C:\backup\school_full.bak。

（5）单击"确定"按钮完成备份设备创建。

2．使用系统存储过程建立备份设备

SQL Server 使用系统存储过程 sp_addumpdevice 添加物理备份设备。

语法：

```
sp_addumpdevice [@devtype=]'device_type'
                ,[@logicalname=]'logical_name'
                ,[@physicalname=]'physical_name'
```

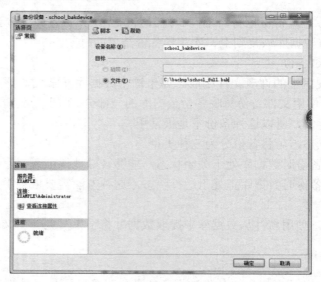

图 10-1　"备份设备"窗口

各项参数说明如下：

（1）[@devtype=]'device_type'，备份设备的类型。device_type 的数据类型为 varchar(20)，无默认值，可取 disk，表示硬盘文件作为备份设备；取 tape，表示 Windows 支持的任何磁盘设备。

（2）[@logicalname=]'logical_name'，在备份和恢复语句中使用的备份设备的逻辑名称。logical_name 的数据类型为 sysname，无默认值，且不能为 NULL。

（3）[@physicalname=]'physical_name'，备份设备的物理名称。物理名称必须遵从操作系统文件名规则或网络设备的通用命名约定，并且必须包含完整路径。physical_name 的数据类型为 nvarchar(260)，无默认值，且不能为 NULL。

【例 10-2】创建磁盘备份设备的物理备份名为 C:\backup\school_log.bak，逻辑备份设备名为 school_log_bakdevice。

```
sp_addumpdevice @devtype='disk'
                ,@logicalname='school_log_bakdevice'
                ,@physicalname='C:\backup\school_log.bak'
```

在 SQL Server 中可以使用 sp_dropdevice 删除数据库设备或备份设备，并从 master.dbo.sysdevice 中删除相应的项。

语法：

```
sp_dropdevice [@logicalname=]'device'
              [,[@delfile=]'delfile']
```

各项参数说明如下：

（1）[@logicalname=]'device'，在 master.dbo.sysdevice 中列出的数据库设备或备份设备的逻辑名称。device 的数据类型为 sysname，无默认值。

（2）[@delfile=]'delfile'，指定物理备份设备文件是否应删除。delfile 的数据类型为 varchar(7)。如果指定为 delfile，则删除物理备份设备磁盘文件。

【例 10-3】删除备份设备 school_log_bakdevice，并删除相关的物理文件。

```
sp_dropdevice 'school_log_bakdevice','delfile'
```

10.1.3　备份数据库

下面介绍 SQL Server 中使用 T-SQL 语句和 Microsoft SQL Server Management Studio 创建备份的两种方法。

1. 使用 T-SQL 语句创建备份

（1）完全备份

语法：

  BACKUP DATABASE　数据库名　TO　备份设备[,…n]

功能：完全备份整个数据库到磁盘文件或备份设备。

【例 10-4】完全备份数据库 school 到备份设备 school_bakdevice。

  BACKUP DATABASE school TO school_bakdevice

（2）事务日志备份

语法：

  BACKUP LOG　数据库名　TO 备份设备[,…n]

功能：仅复制事务日志到磁盘或备份设备。

【例 10-5】备份事务日志到 C:\backup\school_log.bak。

  BACKUP LOG school TO disk='C:\backup\school_log.bak'

在 BACKUP LOG 语句中可以使用 WITH NO_TRUNCATE 参数，指定在完成事务日志备份以后，并不清空原有日志的数据。

（3）差异备份

语法：

  BACKUP DATABASE　数据库名　TO　备份设备[,…n] WITH DIFFERENTIAL

功能：仅备份自上一次完整备份之后修改过的数据库页。

【例 10-6】差异备份 school 到备份设备 school_bakdevice。

  BACKUP DATABASE school TO school_bakdevice WITH DIFFERENTIAL

进行数据库恢复时，先恢复数据库完全备份，再恢复数据库差异备份，最后才恢复事务日志备份。差异备份与上一次完全备份紧密相连，不管期间有多少次事务日志备份和差异备份，差异备份还是会从上一次完全备份开始备份。差异备份并不意味着磁盘空间肯定会少，这取决于实际情况。当期间有大量操作发生时，差异备份还是会变得很大。

（4）文件和文件组备份

可以在 BACKUP DATABASE 语句中使用"FILE=逻辑文件名"或"FILEGROUP=逻辑文件组名"执行一个文件和文件组备份。

语法：

  BACKUP DATABASE　数据库名　FILE=逻辑文件名　TO 备份设备[,…n]

  BACKUP DATABASE　数据库名　FILEGROUP=逻辑文件组名　TO 备份设备[,…n]

功能：备份文件或文件组到磁盘或备份设备。

【例 10-7】备份数据库数据文件 school_DB_data 到 C:\backup\school_file.bak。

  BACKUP DATABASE school FILE='school_DB_data' TO disk='C:\backup\school_file.bak'

2. 使用 Microsoft SQL Server Management Studio 创建数据库备份

（1）打开 Microsoft SQL Server Management Studio，并连接到目标服务器。

（2）在"对象资源管理器"窗口中展开"服务器"→"数据库"，定位到要备份的数据库（如 school），单击鼠标右键，在弹出的快捷菜单中选择"任务"，在弹出的子菜单中单击"备份"命令，打开"备份数据库"窗口，如图 10-2 所示。

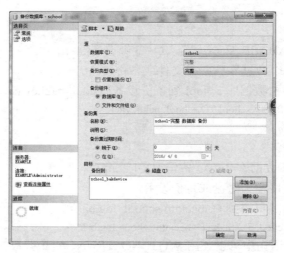

图 10-2　"备份数据库"窗口

（3）在"备份类型"一栏选择"完整""差异"或"事务日志"备份类型。

（4）在"备份集/名称"一栏输入备份集名称（如 school-完整 数据库 备份）。在"说明"一栏中输入对备份集的描述（可选）。

（5）在"目标"选项下的"备份到"一栏中选中"磁盘"。如果没有出现备份目的地，则单击"添加"以添加现有的目的地或创建新目的地。

（6）在"备份数据库"窗口的"选择页"单击"选项"，如图 10-3 所示，可进行备份媒体选项设置。

图 10-3　备份数据库选项

（7）单击"确定"按钮完成备份。

10.2　数据的恢复

计算机系统中硬件的故障、软件的错误、操作员的失误以及恶意的破坏是不可避免的，这些故障可造成运行事务非正常中断，影响数据库中数据的正确性，破坏数据的正确性，甚至破坏数据库，使数据库中部分或全部数据丢失。当系统运行过程中发生故障，利用数据库备份和日志文件就可将数据库恢复到故障前的某个一致性状态。数据库恢复即数据库管理系统必须把数据库从错误状态恢复到某一已知的正确状态（也称为一致状态或完整状态）的功能。

10.2.1　恢复策略

造成数据库发生故障的原因有很多，不同故障其恢复策略和方法也不一样，下面对各种恢复策略进行介绍。

1. 事务故障的恢复

事务故障是指事务在运行至正常终止点前被终止，这时可利用事务日志文件撤销此事务对数据库进行的修改。恢复步骤为：

（1）反向扫描事务日志文件（即从最后向前扫描日志文件），查找该事务的更新操作。

（2）对该事务的更新操作执行逆操作，继续反向扫描日志文件，查找该事务的其他更新操作，并做同样处理。

（3）继续同样处理下去，直至读到该事务的开始标记，事务故障恢复完成。

2. 系统故障的恢复

系统故障造成数据库不一致状态的原因有二：一是未完成事务对数据库的更新可能已写入数据库；二是已提交事务对数据库的更新可能还留在缓冲区没来得及写入数据库。因此恢复操作就是要撤销故障发生时未完成的事务，重做已完成的事务。

系统的恢复步骤是：

（1）正向扫描日志文件，找出故障发生前已经提交的事务，将其事务标识记入重做队列。同时找出故障发生时尚未完成的事务，将其事务标识记入撤销队列。

（2）对撤销队列中的各个事务进行撤销处理。

（3）对重做队列中的各个事务进行重做处理。

3. 介质故障的恢复

介质故障是最严重的一种故障，发生介质故障后，磁盘上的物理数据和日志文件被破坏。恢复方法是重装数据库，然后重做已完成的事务。恢复步骤是：

（1）装入最新的数据库备份，使数据库恢复到最近一次转储的一致性状态。

（2）装入相应的日志文件备份，重做已完成的事务。

这样就可以将数据库恢复至故障前某一时刻的一致状态了。

10.2.2　恢复数据库

如果存在数据库备份，数据库一旦出现故障，则可以使用备份文件来恢复数据库。下面介绍恢复数据库的两种方法。

1. 使用 T-SQL 语句恢复数据库

在 SQL Server 中使用 RESTORE DATABASE 语句进行数据库恢复。

语法：

  RESTORE DATABASE 数据库名 [FROM 备份设备[,…n]]

  [WITH [NORECOVERY|RECOVERY] [[,] REPLACE]]

功能：从备份磁盘或备份设备恢复数据库。

参数说明：

NORECOVERY|RECOVERY，表示恢复操作是否回滚所有未曾提交的事务。默认的选项为 RECOVERY。当使用一个数据库备份和多个事务日志恢复时，在恢复最后一个事务日志之前应该选择使用 NORECOVERY 选项。

REPLACE，强制还原，在现有数据库基础上强制还原。

【例 10-8】从备份设备 school_bakdevice 恢复 school 数据库。

  RESTORE DATABASE school FROM school_bakdevice

2. 使用 Microsoft SQL Server Management Studio 恢复数据库

（1）打开 Microsoft SQL Server Management Studio，并连接到目标服务器

（2）在"对象资源管理器"窗口中展开"服务器"→"数据库"，定位到要恢复的数据库（如 school），单击鼠标右键，在弹出的快捷菜单中选择"任务"，在弹出的子菜单中选择"还原"，继续在弹出的子菜单中选择"数据库"命令，打开"还原数据库"窗口，如图 10-4 所示。

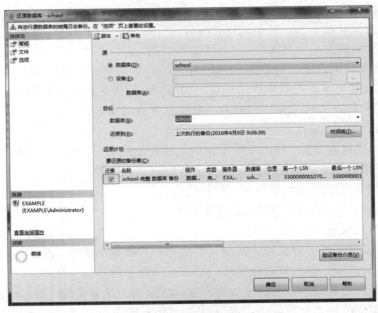

图 10-4　"还原数据库"窗口

（3）在打开的"还原数据库"窗口中，列出了可用于还原的备份集，选择需要还原的备份集，单击"确定"按钮即可完成数据库还原。

（4）如果没有列出当前可用的备份集，可选择"源-设备"，单击右侧的按钮，打开"选择备份设备"窗口，如图 10-5 所示。

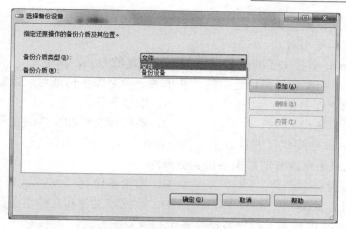

图 10-5　"选择备份设备"窗口

（5）"备份介质类型"选择"文件"或"备份设备"，单击"添加"按钮，定位磁盘文件或备份设备。单击"确定"按钮返回"还原数据库"窗口，选择需要还原的备份集，单击"确定"按钮即可。

习　　题

一、选择题

1. 备份数据库 Mydb 的语句为（　　）。
　　A．RESTORE DATABASE Mydb　　　　B．BACKUP DATABASE Mydb
　　C．EXEC DATABASE Mydb　　　　　　D．UPDATE　DATABASE Mydb
2. 在 SQL Server 中，用户应备份如下内容（　　）。
　　A．记录用户数据的所有用户数据库　B．记录系统信息的系统数据库
　　C．记录数据库改变的事务日志　　　　D．以上所有
3. SQL Server 系统提供了四种备份方法类型来满足企业和数据库活动的各种需要。这四种备份方法是：完全数据库备份、增量（差异）备份、事务日志备份、数据库文件和文件组备份。其中当恢复（　　）时，能执行定点数据库恢复。
　　A．完全数据库备份　　　　　　　　　B．增量（差异）备份
　　C．事务日志备份　　　　　　　　　　D．数据库文件和文件组备份
4. SQL Server 备份是动态的，这意味着（　　）。
　　A．不必计划备份工作，SQL Server 会自动完成
　　B．允许用户在备份的同时访问数据
　　C．不允许用户在备份的同时访问数据
　　D．备份要不断地进行
5. SQL Server 恢复过程是静态的，这意味着（　　）。
　　A．在数据库恢复过程中，用户不能进入数据库
　　B．在数据库恢复过程中，用户可以访问数据库，但不能更新数据库

　　　　C．在数据库恢复过程中，用户可以对数据库进行任何操作

　　　　D．以上解释均不对

　　6．在 SQL Server 中提供了四种数据库备份和恢复的方式，其中（　　　）制作数据库中所有内容的一个副本，全库备份是自包含的，从单独一个全库备份就可以恢复数据库。

　　　　A．完全数据库备份　　　　　　　　B．增量备份

　　　　C．事务日志备份　　　　　　　　　D．数据库文件和文件组备份

　　7．在 SQL Server 中提供了四种数据库备份和恢复的方式，其中（　　　）是指将从最近一次全库备份结束以来所有改变的数据备份到数据库。

　　　　A．部分备份　　　　　　　　　　　B．增量备份

　　　　C．事务日志备份　　　　　　　　　D．数据库文件和文件组备份

　　8．在 SQL Server 中提供了四种数据库备份和恢复的方式，其中（　　　）是指将从最近一次日志备份以来所有的事务日志备份到备份设备。使用该备份进行恢复时，可以指定恢复到某一时间点或某一事务。

　　　　A．完全数据库备份　　　　　　　　B．增量备份

　　　　C．事务日志备份　　　　　　　　　D．数据库文件和文件组备份

　　9．在 SQL Server 中提供了四种数据库备份和恢复的方式，其中（　　　）对数据库中的部分文件或文件组进行备份。

　　　　A．完全数据库备份　　　　　　　　B．增量备份

　　　　C．事务日志备份　　　　　　　　　D．数据库文件和文件组备份

　　10．系统管理员 SA 对数据库做了如下备份：1:30 执行了完全备份；2:30 执行了日志备份；3:30 执行了差异备份。现在要恢复数据到 3:30 时的状态，操作步骤是（　　　）。

　　　　A．直接恢复差异备份

　　　　B．先恢复完全备份，再恢复日志备份

　　　　C．先恢复日志备份，再恢复差异备份

　　　　D．先恢复完全备份，再恢复差异备份

二、填空题

　　1．四种数据库备份分别是_____、_____、_____、和_____。

　　2．使用_____命令可以对数据库进行备份。

　　3．使用_____命令可以对数据库进行还原。

　　4．_____备份只记录自上次完整数据库备份后发生更改的数据。

　　5．_____就是制作数据库结构、对象和数据的拷贝，以便在数据库遭到破坏的时候能够恢复数据库。数据库恢复就是指将_____加载到系统中。

　　6．在 SQL Server 中提供了四种数据库备份和恢复的方式，其中_____备份制作数据库中所有内容的一个副本，全库备份是自包含的，从单独一个全库备份就可以恢复数据库。_____备份是指将从最近一次全库备份结束以来所有改变的数据备份到数据库。_____备份是指将从最近一次日志备份以来所有的事务日志备份到备份设备。_____对数据库中的部分文件或文件组进行备份。利用日志备份进行恢复时，可以指定恢复到某一时间点或某一事务。

三、简答题

1. 什么是数据库的备份和恢复？SQL Server 提供哪几种数据库备份和恢复的方式？

2. 数据库恢复中的 RECOVERY | NORECOVERY 选项是什么含义？分别在什么时候使用？

3. 某企业的数据库每周日晚 12 点进行一次全库备份，每天晚 12 点进行一次差异备份，每小时进行一次日志备份，数据库在 2015 年 6 月 10 日（星期三）3:30 崩溃，应如何将其恢复使数据损失最小？

第 11 章　数据库设计

【学习目标】

- 理解数据库设计的步骤。
- 理解需求分析的任务和方法。
- 理解概念设计的方法与步骤。
- 掌握 E-R 图向关系模型转换的方法。

　　数据库是信息系统的核心和基础，数据库设计是指对于一个给定的应用环境，构造最优的数据库模式，建立数据库及其应用系统，使之能够有效地存储数据，满足各种用户的应用需求（信息要求和处理要求），是规划和结构化数据库中的数据对象以及这些数据对象之间关系的过程，是信息系统开发和建设的核心技术。

　　数据库设计是根据用户的需求，在某一具体的数据库管理系统上，设计数据库的结构和建立数据库的过程。因此，数据库系统设计时，需要应用软件工程的原理和方法。此外，开发数据库系统还应当具备计算机科学的基础知识和程序设计技术，同时还应当具备应用领域的知识。

　　按照规范设计的方法，结合软件工程的思想，可将数据库设计分为六个阶段：需求分析阶段、概念结构设计阶段、逻辑结构设计阶段、物理结构设计阶段、数据库实施阶段、数据库运行和维护阶段。

　　下面分别介绍数据库设计的每个阶段的详细任务及目标。

11.1　需求分析

　　需求分析就是了解并分析用户的需求。设计一个性能良好的数据库系统，明确应用环境对系统的要求是首要和基本的。因此，应该把用户需求的收集和分析作为数据库设计的第一步。需求分析的结果是否准确地反映了用户的实际要求，直接影响到后面各个阶段的设计，决定了在这个基础之上构建的数据库开发的速度和完成的质量。如果需求分析做得不好，可能会导致整个数据库设计返工重做，并影响到设计结果是否合理和实用。

11.1.1　需求分析的任务

　　需求分析的任务主要是调查和分析用户的业务活动和数据的使用情况，弄清所用数据的种类、范围、数量以及它们在业务活动中交流的情况，确定用户对数据库系统的使用要求和各种约束条件等，形成用户需求规约，然后在此基础上确定新系统的功能，同时考虑系统可能存在的改变和扩展。

　　在进行需求分析的过程中，需要对数据及处理进行需求调查。

（1）需要调查用户对数据信息的要求，即在数据库中需要存储哪些数据，并详细了解这些信息的内容与性质。

（2）需要调查用户要完成什么处理功能。确定用户的最终需求是一件很困难的事，用户缺少计算机知识，往往不能准确地表达自己的需求，而设计人员缺少用户的专业知识，不易理解用户的真正需求，因此设计人员必须不断深入地与用户交流，才能逐步确定用户的实际需求。

11.1.2 需求分析的方法

1. 调查方法

进行需求分析首先是调查清楚用户的实际要求，与用户达成共识，然后分析与表达这些需求。调查、收集用户要求的具体做法是：

（1）了解组织机构的情况，调查这个组织由哪些部门组成，各部门的职责是什么，为分析信息流程做准备。

（2）了解各部门的业务活动情况，调查各部门输入和使用什么数据，如何加工处理这些数据。输出什么信息，输出到什么部门，输出的格式等。在调查活动的同时，要注意对各种资料的收集，如票证、单据、报表、合同等，要特别注意了解这些报表之间的关系，各数据项的含义等。

（3）确定新系统的边界。确定哪些功能由计算机完成或将来准备让计算机完成，哪些活动由人工完成。由计算机完成的功能就是新系统应该实现的功能。

在调查过程中，根据不同的问题和条件，可采用的调查方法很多，如咨询业务权威、设计调查问卷、查阅历史记录等。但无论采用哪种方法，都必须有用户的积极参与和配合。强调用户的参与是数据库设计的一大特点。

2. 需求分析方法

由于需求分析的方法有多种，主要方法有自顶向下和自底向上两种。

自顶向下的分析方法（Structured Analysis），简称 SA 方法，是最简单实用的方法。SA 方法从最上层的系统组织机构入手，采用逐层分解的方式分析系统，用数据流图（Data Flow Diagram，DFD）和数据字典（Data Dictionary，DD）描述系统。而自底向上的分析方法则正好相反。

3. 数据流图和数据字典

数据流图，简称 DFD，就是采用图形方式来表达系统的逻辑功能、数据在系统内部的逻辑流向和逻辑变换过程,是结构化系统分析方法的主要表达工具及用于表示软件逻辑的一种图示方法，表达了数据和处理的关系，如图 11-1 所示。

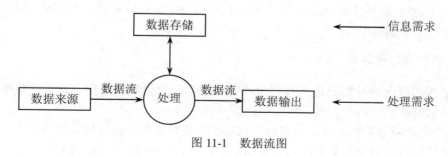

图 11-1 数据流图

数据字典是对系统中数据的详细描述，是各类数据结构和属性的清单。它与数据流图互为注释。数据字典贯穿于数据库需求分析直到数据库运行的全过程，在不同的阶段其内容和用途各有区别。在需求分析阶段，它通常包含以下五部分内容：

（1）数据项

数据项是不可再分的数据单位。对数据项的描述包含若干项。

数据项描述={数据项名，含义说明，别名，数据类型，长度，取值范围，取值含义，与其他数据项的逻辑关系}

（2）数据结构

数据结构反映了数据之间的组合关系。一个数据结构可以由若干各数据项组成。

数据结构描述={数据结构名，含义说明，组成}

（3）数据流

数据流可以是数据项，也可以是数据结构，它表示某一处理过程中数据在系统内传输的路径，内容包括数据流名、说明、流出过程、流入过程，这些内容组成数据项或数据结构。

数据流描述={数据流名，说明，来源，去向，组成：数据结构，平均流量，高峰期流量}

（4）数据存储

数据存储时数据结构在系统内传输的路径。

（5）处理过程

处理过程的具体处理逻辑一般用判定表或判定书来描述。

处理过程描述={名字，说明，输入：数据流，输出：数据流，处理：简要说明}

需求分析阶段是一个重要而困难的阶段，设计人员应在用户的参与下，积极详细地了解用户的需求，为后续阶段奠定良好的基础。

11.2　概念结构设计

概念结构设计就是将需求分析得到的用户需求抽象为信息结构，即概念模型。概念模型使设计人员先从用户角度观察数据及处理要求和约束，然后再把概念模型转换成逻辑模型。这样做有三个好处：

（1）从逻辑设计中分离出概念设计以后，各阶段的任务相对单一化，设计复杂程度大大降低，便于组织管理。

（2）概念模型不受特定的 DBMS 的限制，也独立于存储安排和效率方面的的考虑，因此比逻辑模型更为稳定。

（3）概念模型不含具体的 DBMS 所附加的技术细节，更容易为用户所理解，因此更有可能准确反映用户的信息需求。

11.2.1　概念模型的特点

概念模型作为概念设计的表达工具，为数据库提供一个说明性结构，是设计数据库逻辑结构即逻辑模型的基础。因此，概念模型必须具备以下特点：

（1）语义表达能力丰富。概念模型能表达用户的各种需求，充分反映现实世界，包括事物和事物之间的联系、用户对数据的处理要求，它是现实世界的一个真实模型。

（2）易于交流和理解。概念模型是 DBA、应用开发人员和用户之间的主要界面，因此，概念模型要表达自然、直观和容易理解，以便和不熟悉计算机的用户交换意见，用户的积极参与是保证数据库设计和成功的关键。

（3）易于修改和扩充。概念模型要能灵活地加以改变，以反映用户需求和现实环境的变化。

（4）易于向各种数据模型转换。概念模型独立于特定的 DBMS，因而更加稳定，能方便地向关系模型、网状模型或层次模型等各种数据模型转换。

人们提出了许多概念模型，其中最著名、最实用的一种是 E-R 模型（1.3.3 介绍过），它将现实世界的信息结构统一用属性、实体以及它们之间的联系来描述。

11.2.2　概念结构设计的方法与步骤

1. 概念结构设计的方法

设计概念结构通常有四种方法：

（1）自顶向下，即首先定义全局概念结构的框架，然后逐步细化。

（2）自底向上，即首先定义各局部应用的概念结构，然后将它们集成起来，得到全局概念结构。

（3）逐步扩张。首先定义最重要的核心概念结构，然后向外扩充，以滚雪球的方式逐步生成其他概念结构，直至总体概念结构。

（4）混合策略，即将自顶向下和自底向上项结合，用自顶向下策略设计一个全局概念结构的框架，以它为骨架集成自底向上策略中设计的各局部概念结构。

其中最经常采用的策略是自底向上方法，即自顶向下地进行需求分析，然后再自底向上地设计概念结构。

2. 概念结构设计的步骤

这里主要以自底向上的设计方法介绍概念结构设计，可分为如下两步：

（1）进行数据抽象，设计局部 E-R 模型，即设计用户视图。

（2）集成各局部 E-R 模型，形成全局 E-R 模型，即视图的集成。

概念结构是对现实世界的一种抽象。所谓抽象是对实际的人、物、事和概念进行人为处理，抽取人们关心的共同特性，忽略非本质的细节，并把这些特性用各种概念精确地加以描述，这些概念组成了某种模型。概念结构设计首先要根据需求分析得到结果（数据流图、数据字典等），然后对现实世界进行抽象，设计各个局部 E-R 模型。下面通过一个例子加以说明。

设计一个简单的学生成绩管理系统，有如下实际情况：

（1）一个学生可选修多门课程，一门课程可为多个学生选修，因此学生和课程是多对多的联系。

（2）一个教师可讲授多门课程，一门课程可为多个教师讲授，因此教师和课程也是多对多的联系。

（3）一个学院可有多个教师，一个教师只能属于一个学院，因此学院和教师是一对多的联系，同样学院和学生也是一对多的联系。

数据抽象后得到了实体和属性，实际上实体和属性是相对而言的，往往要根据实际情况进行必要的调整。在调整中要遵循两条原则：

（1）实体具有描述信息，而属性没有。即属性必须是不可分的数据项，不能再由另一些属性组成。

（2）属性不能与其他实体具有联系，联系只能发生在实体之间。

例如：学生是一个实体，学号、姓名、性别、出生日期、班级等是学生实体的属性，班级只表示学生属于哪个班，不涉及班的具体情况，换句话说，没有需要进一步描述的特性，是不可分的数据项，则根据原则（1）可以作为学生实体的属性。但如果考虑一个班的班主任、学生人数等，则应将班级看作一个实体。

根据上述语义约束，可以得到学生选课局部 E-R 图（如图 11-2 所示）和教师任课局部 E-R 图（如图 11-3 所示）。形成局部 E-R 模型后，应该返回去征求用户意见，以求改进和完善，使之如实地反映现实世界。

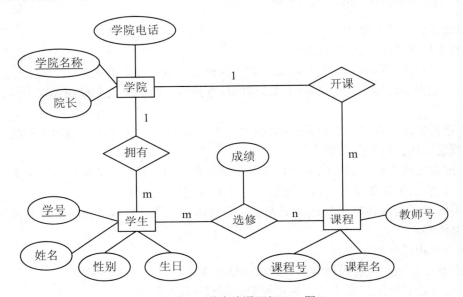

图 11-2　学生选课局部 E-R 图

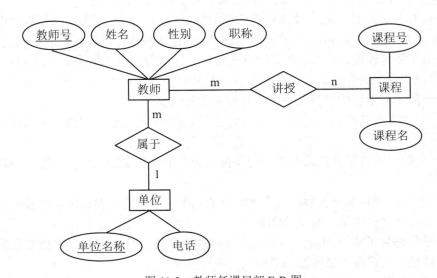

图 11-3　教师任课局部 E-R 图

局部 E-R 模型设计完成之后，下一步就是集成各局部 E-R 模型，形成全局 E-R 模型，即视图的集成。视图集成的方法有两种：

（1）多元集成法，一次性将多个局部 E-R 图合并为一个全局 E-R 图，如果局部视图比较简单，可以采用多元集成。

（2）二元集成法，首先集成两个重要的局部视图，以后再用累加的方法逐步将一个新的视图集成进来，采用二元集成，即每次只综合两个视图，可降低难度。

在实际应用中，可以根据系统复杂性选择两种方案。无论使用哪一种方法，视图集成均分成两个步骤：

（1）合并，消除各局部 E-R 图之间的冲突，生成初步 E-R 图。

（2）优化，消除不必要的冗余，生成基本 E-R 图。

由于各个局部应用不同，通常由不同的设计人员进行局部 E-R 图设计，因此，各局部 E-R图不可避免地会有许多不一致的地方，我们称之为冲突。

合并局部 E-R 图时必须消除各个局部 E-R 图中的不一致，使合并后的局部概念结构不仅支持所有的局部 E-R 模型，而且必须是一个能为全系统中所有用户共同理解和接受的完整的概念模型。因此，合并局部 E-R 图的关键就是合理消除各局部 E-R 图中的冲突。

E-R 图中冲突有三种：属性冲突、命名冲突和结构冲突。

（1）属性冲突，又分为属性值域冲突和属性的取值单位冲突。

①属性值域冲突，即属性值的类型、取值范围或取值集合不同。比如学号，有些部门将其定义为数值型，而有些部门将其定义为字符型。

②属性的取值单位冲突。比如零件的重量，有的以公斤为单位，有的以斤为单位，有的则以克为单位。

属性冲突属于用户业务上的约定，必须与用户协商后解决。

（2）命名冲突，命名不一致可能发生在实体名、属性名和联系名之间，其中属性的命名冲突更为常见。一般表现为同名异义或异名同义（实体、属性、联系名）。

①同名异义，即同一名字的对象在不同的部门中具有不同的意义。例如单位在某些部门表示为人员所在部门，而在某些部门可能表示物品的总量、长度等属性。

②异义同名，即同一意义的对象在不同的部门中具有不同的名称。例如对于房间这个名称，在教务管理部门中对应着教室，而在后勤管理部门中对应为学生宿舍。

命名冲突的解决方法同属性冲突，需要与各部门协商、讨论后加以解决。

（3）结构冲突。

①同一对象在不同应用中有不同的抽象，可能为实体，也可能为属性。例如，教师的职称在某一局部应用中被当作实体，而在另一局部应用中被当作属性。

解决办法：使同一对象在不同应用中具有相同的抽象，或把实体转换为属性，或把属性转换为实体。

②同一实体在不同应用中属性组成不同，可能是属性个数或属性次序不同。

解决方法：合并后实体的属性组成为各局部 E-R 图中的同名实体属性的并集，然后再适当调整属性的次序。

③同一联系在不同应用中呈现不同的类型。

解决办法：根据应用的语义度实体联系的类型进行综合或调整。

以上述教务管理系统中的两个局部 E-R 图为例，下面介绍概念结构设计的具体步骤。

（1）消除各局部 E-R 图之间的冲突，进行局部 E-R 模型的合并，生成初步 E-R 图。

首先，这两个局部 E-R 图中存在命名冲突，学生选课局部 E-R 图中的实体"学院"与教师任课局部 E-R 图中的实体"单位"，都是指"学院"，即所谓的异名同义，合并后同义改为"学院"，这样属性"学院名称"和"单位名称"即可统一改为"学院名称"。

其次，还存在结构冲突，实体"学院"和实体"课程"在两个不同应用中的属性组成不同，合并后这两个实体的属性组成为原来局部 E-R 图中的同名实体属性的并集。解决上述冲突后，合并两个 E-R 图，生成初步的全局 E-R 图，如图 11-4 所示。

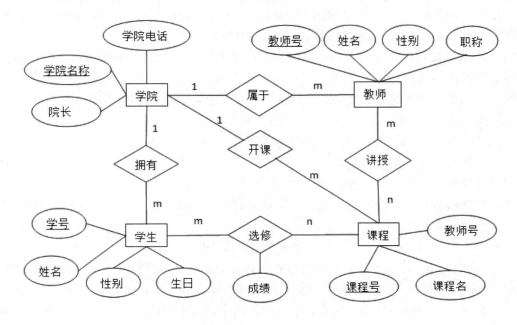

图 11-4　初步全局 E-R 图

（2）消除不必要的冗余，生成基本 E-R 图。

所谓冗余，是指冗余的数据和实体之间冗余的联系。冗余的数据是指可由基本的数据导出的数据，冗余的联系是由其他的联系导出的联系，冗余的存在容易破坏数据库的完整性，给数据库的维护增加困难，应该消除。

把消除冗余的初步 E-R 图称为基本 E-R 图。通常采用分析的方法消除冗余。数据字典是分析冗余数据的依据，还可以通过数据流图分析出冗余的联系。

在初步 E-R 图中，"课程"实体中的属性"教师号"可由"讲授"这个教师与课程之间的联系导出，因此"教师号"这个属性属于冗余数据，而"开课"这个联系则属于冗余联系，因为可通过授课教师属于哪个学院来确定由哪个学院开这门课程。上例消除了冗余后的基本 E-R 图如图 11-5 所示。

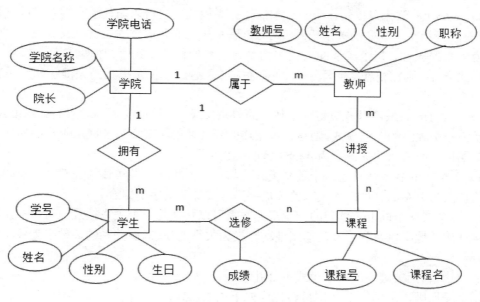

图 11-5　基本 E-R 图

11.3　逻辑结构设计

概念结构是独立于任何一种数据模型的信息结构。逻辑结构设计的任务就是把概念结构设计阶段设计好的基本 E-R 图转换为与选用 DBMS 产品所支持的数据模型相符合的逻辑结构。

从理论上讲，设计逻辑结构应该选择最合适的 DBMS。但实际情况往往是已给定了某种 DBMS，设计人员没有选择的余地。目前 DBMS 产品一般支持关系、网状、层次三种模型中的某一种，对某一种数据模型，各个产品及其系统又有许多不同的限制，提供不同的环境与工具。所以设计逻辑结构时一般要分三步进行：

（1）将概念结构转换为一般的关系、网状、层次模型。

（2）将转换来的关系、网状、层次模型向特定 DBMS 支持下的数据模型转换。

（3）对数据模型进行优化。

目前的数据库应用系统普遍采用支持关系模型的 RDBMS，所以这里只介绍 E-R 图向关系模型的转换原则与方法。

11.3.1　E-R 图向关系模型的转换

E-R 图向关系模型的转换主要是指如何将实体和实体间的联系转换为关系模式，如何确定这些关系模式的属性和关键字。

关系模型的逻辑结构是一组关系模式的集合。E-R 图则是由实体、实体的属性和实体之间的联系三个要素组成的。所以将 E-R 图转换为关系模型实际上就是要将实体、实体的属性和实体之间的联系转换为关系模式，这种转换一般遵循如下原则：

（1）一个实体型转换为一个关系模式。实体的属性就是关系的属性，实体的关键字就是关系的关键字。

（2）一个 1:1 联系可以转换为一个独立的关系模式，也可以与任意一端对应的关系模式合并。如果转换为一个独立的关系模式，则与该联系相连的各实体的关键字及联系本身的属性均转换为关系的属性，每个实体的关键字均是该关系的候选关键字。如果与某一端实体对应的关系模式合并，则需要在该关系模式的属性中加入另一个关系模式的关键字和联系本身的属性。

（3）一个 1:n 联系可以转换为一个独立的关系模式，也可以与 n 端对应的关系模式合并。如果转换为一个独立的关系模式，则与联系相连的各实体的关键字以及联系本身的属性均转换为关系的属性，而关系的关键字为 n 端实体的关键字。

（4）一个 m:n 联系转换为一个关系模式。与该联系相连的各实体的关键字以及联系本身的属性均转换为关系的属性，而关系的关键字为各实体关键字的组合。

（5）三个或三个以上实体间的一个多元联系可以转换为一个关系模式。与该多元联系相连的各实体的关键字以及联系本身的属性均转换为关系的属性。而关系的关键字为各实体关键字的组合。

（6）具有相同关键字的关系模式可合并。

根据上述原则，上例的 E-R 图可转化为如下关系模式：

（1）把每一个实体转换为一个关系，四个实体分别转换为四个关系模式。其中，有下划线者表示主键。

学生（<u>学号</u>，姓名，性别，生日）

课程（<u>课程号</u>，课程名）

教师（<u>教师号</u>，姓名，性别，职称）

学院（<u>学院名称</u>，学院电话，院长）

（2）把每一个联系转换为关系模式，四个联系也分别转换成四个关系模式：

属于（<u>教师号</u>，学院名称）

讲授（<u>教师号</u>，<u>课程号</u>）

选修（<u>学号</u>，<u>课程号</u>，成绩）

拥有（学院名称，<u>学号</u>）

（3）特殊情况的处理，三个或三个以上实体间的一个多元联系在转换为关系模式时，与该多元联系相连的各实体的主键及联系本身的属性均转换成关系的属性，转换后得到的关系的主键为各实体键的组合。

（4）具有相同关键字的关系模式合并。

关系模式学生和拥有具有相同的关键字学号，可以将两者合并成：

学生（<u>学号</u>，姓名，性别，生日，学院名称）

关系模式教师和属于具有相同的关键字教师号，可以将两者合并成：

教师（<u>教师号</u>，姓名，性别，职称，学院名称）

11.3.2　数据模型的优化

数据库逻辑设计的结果不是唯一的。为了进一步提高数据库应用系统的性能，还应该根据应用需要适当地修改、调整数据模型的结构，这就是数据模型的优化。关系数据模型的优化通常以规范化理论为指导，方法为：

（1）确定数据依赖。

（2）对于各个关系模式之间的数据依赖进行极小化处理，消除冗余的联系。

（3）按照数据依赖的理论对关系模式逐一进行分析，考察是否存在部分函数依赖、传递函数依赖、多值依赖等，确定各关系模式分别属于第几范式。

（4）按照需求分析阶段得到的处理要求，分析这些模式对于这样的应用环境是否合适，确定是否要对某些模式进行合并或分解。

（5）对关系模式进行必要的分解，提高数据操作的效率和存储空间的利用率。

并不是规范化程度越高的关系就越优。例如，当查询经常涉及两个或多个关系的连接运算，可以考虑将这几个关系合并为一个关系。因此在这种情况下，第二范式甚至第一范式更为合适。

11.4　物理结构设计

数据库最终要存储在物理设备上。对于给定的逻辑数据模型，选取一个最合适应用环境的物理结构的过程，称为数据库物理结构设计。物理结构设计的任务是为了有效地实现逻辑模式，确定所采取的存储策略。设计物理数据库结构的准备工作主要有两点：

（1）充分了解应用环境，详细分析要运行的事务，以获得选择物理数据库设计所需参数。

（2）充分了解所用 RDBMS 的内部特征，特别是系统提供的存取方法和存取结构。

数据库物理结构设计的内容主要包括以下几个方面。

11.4.1　确定数据库的存取方法

确定数据库的存取方法，就是确定建立哪些存储路径以实现快速存取数据库中的数据。现行的 DBMS 一般都提供了多种存取方法，如索引法、HASH 法等。其中，最常用的是索引法。

索引虽然能加快查询的速度，但是为数据库中的每张表都设置大量的索引并不是一个明智的做法。这是因为增加索引也有其不利的一面：首先，每个索引都将占用一定的存储空间，如果建立聚集索引，占用需要的空间就会更大；其次，当对表中的数据进行增加、删除和修改的时候，索引也要动态地维护，这样就降低了数据的更新速度。

11.4.2　确定数据库的存储结构

确定数据库的存储结构主要指确定数据的存放位置和存储结构，包括确定关系、索引、日志、备份等的存储安排及存储结构，以及确定系统存储参数的配置。

确定数据存放位置是按照数据应用的不同将数据库的数据划分为若干类，并确定各类数据的大小和存放位置。数据的分类可依据数据的稳定性、存取响应速度、存取频度、数据共享程度、数据保密程度、数据生命周期的长短、数据使用的频度等因素加以区别。

确定数据存放的位置主要是从提高系统性能的角度考虑。由于不同的系统和不同的应用环境有不同的应用需求，所以在此只列出一些启发性的规则：

（1）在大型系统中，数据库的数据备份、日志文件备份等数据只在故障恢复时才使用，而且数据量很大，可以考虑放在磁带上。

（2）对于拥有多个磁盘驱动器或磁盘阵列的系统，可以考虑将表和索引分别存放在不同的磁盘上。在查询时，由于两个磁盘驱动器分别工作，因而可以保证物理读写速度比较快。

（3）将比较大的表分别存放在不同的磁盘上，可以加快存取的速度，特别是在多用户的环境下。

（4）将日志文件和数据库对象分别放在不同的磁盘可以改进系统的性能。

由于各个系统所能提供的对数据进行物理安排的手段、方法差异很大，因此设计人员应该在仔细了解给定的 DBMS 在这方面提供了什么方法、系统的实际应用环境的基础上进行物理安排。

11.4.3　确定系统存储参数的配置

现行的许多 DBMS 都设置了一些系统的配置变量，供设计人员和 DBA 进行物理的优化。在初始情况下，系统都为这些变量赋予了合理的初值。但是这些值只是从产品本身特性出发，不一定能适应每一种应用环境，在进行物理结构设计时，可以重新对这些变量赋值以改善系统的性能。

应该指出，在物理结构设计时对系统配置变量的调整只是初步的，在系统运行时还需要根据系统实际的运行情况做进一步的调整，以获得最佳的系统性能。

11.5　数据库的实施

数据库实施是指根据逻辑设计和物理设计的结果，在计算机上建立起实际的数据库结构、装入数据、进行测试和试运行的过程。数据库的实施主要包括以下工作：

（1）建立实际的数据库结构。DBMS 提供的数据定义语言可以定义数据库结构。

（2）装入数据。装入数据又称为数据加载，是数据库实施阶段的主要工作。在数据库结构建立好之后，就可以向数据库中加载数据了。

在加载数据时，必须先把这些数据收集起来加以整理，去掉冗余并转换成数据库规定的格式，这样处理之后才能装入数据库。

（3）应用程序编码与调试。数据库结构建立好之后，就可以开始编制与调试数据库的应用程序，这时由于数据入库尚未完成，调试程序时可以先使用模拟数据。

（4）数据库试运行。应用程序编写完成，并有了一小部分数据装入后，应该按照系统支持的各种应用分别试验应用程序在数据库上的操作情况，这就是数据库的试运行阶段，或者成为联合调试阶段。在这一阶段要完成两方面的工作：

①功能测试。实际运行应用程序，测试它们能否完成各种预定的功能。

②性能测试。测量系统的性能指标，分析系统是否符合设计目标。

系统的试运行对于系统设计的性能检验和评价是很重要的，因为有些参数的最佳值只有在试运行后才能找到。如果测试的结果不符合设计目标，则应返回到设计阶段，重新修改设计和编写程序，有时甚至需要返回到逻辑设计阶段，调整逻辑结构。

（5）整理文档。完整的文件资料是应用系统的重要组成部分，在程序的编码调试和试运行中，应该将发现的问题和解决方法记录下来，将它们整理存档作为资料，供以后正式运行和改进时参考。

11.6　数据库的运行和维护

数据库试运行合格后，数据库开发工作就基本完成，即可投入正式运行了。在数据库运行阶段，对数据库经常性的维护工作主要由 DBA 完成。数据库运行和维护阶段的主要任务包括以下三项内容。

1. 维护数据库的安全性与完整性

按照设计阶段提供的安全规范和故障恢复规范，DBA 要经常检查系统的安全是否受到侵犯，根据用户的实际需要授予用户不同的操作权限。

数据库在运行过程中，由于应用环境发生变化，对安全性的要求可能发生变化，DBA 要根据实际情况及时调整相应的授权和密码，以保证数据库的安全性。

同样数据库的完整性约束条件也可能会随着应用环境的改变而改变，这时 DBA 也要对其进行调整，以满足用户的要求。

另外，为了确保系统在发生故障时，能够及时地进行恢复，DBA 要针对不同的应用要求定制不同的转储计划，定期对数据库和日志文件进行备份，以使数据库在发生故障后恢复到某种一致性状态，保证数据库的完整性。

2. 监测并改善数据库性能

目前许多 DBMS 产品都提供了监测系统性能参数的工具，DBA 可利用系统提供的这些工具，经常对数据库的存储空间状况及响应时间进行分析评价；结合用户的反应情况确定改进措施；及时改正运行中发现的错误；按用户的要求对数据库的现有功能进行适当的扩充。但要注意在增加新功能时应保证原有功能和性能不受损害。

3. 组织和构造数据库

数据库建立后，除了数据本身是动态变化的以外，随着应用环境的变化，数据库本身也必须变化以适应应用要求。

数据库运行一段时间后，由于记录的不断增加、删除和修改，会改变数据库的物理存储结构，使数据库的物理特性受到破坏，从而降低数据库存储空间的利用率和数据的存取效率，使数据库的性能下降。因此，需要对数据库进行重新组织，即重新安排数据的存储位置，回收垃圾，减少指针链，改进数据库的响应时间和空间利用率，提高系统性能。这与操作系统对"磁盘碎片"处理的概念相类似。

只要数据库系统在运行，就需要不断地进行修改、调整和维护。一旦应用变化太大，数据库重新组织也无济于事，这就表示数据库应用系统的生命周期结束，应该建立新系统，重新设计数据库。从头开始数据库设计工作，标志着一个新的数据库应用系统生命周期的开始。

习　　题

一、填空题

1. 如何构造出一个合适的数据逻辑结构是（　　）主要解决的问题。

  A. 物理结构设计   B. 数据字典

    C．逻辑结构设计   D．关系数据库查询

2．概念结构设计是整个数据库设计的关键，它通过对用户需求进行综合、归纳与抽象，形成一个独立于具体 DBMS 的（   ）。

    A．数据模型   B．概念模型   C．层次模型   D．关系模型

3．数据库设计中，确定数据库存储结构，即确定关系、索引、聚簇、日志、备份等数据的存储安排和存储结构，这是数据库设计的（   ）。

    A．需求分析阶段   B．逻辑设计阶段

    C．概念设计阶段   D．物理设计阶段

4．数据库物理设计完成后，进入数据库实施阶段，下述工作中，（   ）一般不属于实施阶段的工作。

    A．建立数据库结构   B．系统调试

    C．加载数据   D．扩充功能

5．数据库设计可划分为六个阶段，每个阶段都有自己的设计内容，"为哪些关系在哪些属性上建什么样的索引"这一设计内容应该属于（   ）阶段。

    A．概念设计   B．逻辑设计   C．物理设计   D．全局设计

6．在关系数据库设计中，设计关系模式是数据库设计中（   ）的任务。

    A．逻辑设计阶段   B．概念设计阶段

    C．物理设计阶段   D．需求分析阶段

7．数据流图是用于数据库设计中（   ）阶段的工具。

    A．概念设计   B．可行性分析   C．程序编码   D．需求分析

8．在数据库设计中，将 E-R 图转换成关系数据模型的过程属于（   ）。

    A．需求分析阶段   B．逻辑设计阶段

    C．概念设计阶段   D．物理设计阶段

9．从 E-R 图导出关系模型时，如果实体间的联系是 M:N 的，下列说法中正确的是（   ）。

    A．将 N 方码和联系的属性纳入 M 方的属性中

    B．将 M 方码和联系的属性纳入 N 方的属性中

    C．增加一个关系表示联系，其中纳入 M 方和 N 方的码

    D．在 M 方属性和 N 方属性中均增加一个表示级别的属性

10．在 E-R 模型中，如果有 3 个不同的实体型，3 个 M:N 联系，根据 E-R 模型转换为关系模型的规则，转换为关系的数目是（   ）。

    A．4   B．5   C．6   D．7

11．数据库设计中，用 E-R 图描述信息结构但不涉及信息在计算机中的表示，这是数据库设计的（   ）。

    A．需求分析阶段   B．逻辑设计阶段

    C．概念设计阶段   D．物理设计阶段

12．在 E-R 模型向关系模型转换时，M:N 的联系转换为关系模式时，其关键字是（   ）。

    A．M 端实体的关键字   B．N 端实体的关键字

    C．M、N 端实体的关键字组合   D．重新选取其他属性

13．进行数据库需求分析时，数据字典的含义是（   ）。

A．数据库中所涉及的属性和文件的名称集合

B．数据库中涉及到的字母、字符及汉字的集合

C．数据库中所有数据的集合

D．数据库中所涉及的数据流、数据项和文件等描述的集合

14．当局部 E-R 图合并成全局 E-R 图时可能出现冲突，不属于合并冲突的是（　　）。

A．属性冲突　　　　B．语法冲突　　　　C．结构冲突　　　　D．命名冲突

15．若两个实体之间的联系是 1:m，则实现 1:m 联系的方法是（　　）。

A．在 m 端实体转换的关系中加入 1 端的实体转换关系的码

B．将 m 端实体转换关系的码加入到 1 端的关系

C．在两个实体转换的关系中，分别加入另一个关系码

D．将两个实体转换成一个关系

二、简答题

1．简述数据库设计过程。

2．简述需求分析阶段的设计目标。

3．简述数据字典的内容和作用。

4．简述把 E-R 图转换为关系模型的转换规则。

三、设计题

1．现有一局部应用，包括两个实体："出版社"和"作者"。这两个实体是多对多的联系，请读者自己设计恰当的属性，画出 E-R 图，再将其转换为关系模式（包括关系名、属性名和码）。

2．设计一个图书馆数据库，此数据库中对每个借阅者保存读者记录，包括：读者号、姓名、地址、性别、年龄、单位。对每本书存有书号、书名、作者、出版社。对每本被借出的书存有读者号、借出日期和应还日期。要求：给出 E-R 图，再将其转换为关系模型。

第 12 章 数据库技术的新发展

【学习目标】

● 了解影响数据技术发展的三个因素。
● 了解新的数据库研究成果和技术。
● 了解面向对象的数据库、分布式数据库、多媒体数据库、数据仓库、数据挖掘技术、基于移动 Ad Hoc 无线网络的数据库技术、嵌入式数据库技术的概念和特点。

12.1 影响数据库技术发展的因素

数据库技术自从 20 世纪 60 年代中期诞生至今，数据库一直是一个十分活跃的研究领域。随着计算机系统硬件技术、Internet 和 Web 技术的发展，以及数据库系统管理的数据和应用环境的不断变化，数据库研究领域的新问题不断出现，每隔几年就会出现一大批新的挑战性问题，随之又会出现大量解决这些问题的研究成果和新产品，新研究成果和新技术层出不穷。

为什么一个具有 50 多年历史的领域不但没有衰落，反而其活跃程度和变化速度与日俱增呢？我们需要从数据库系统的构成谈起。数据库系统由数据、计算机系统、数据库系统软件和数据库应用构成。数据、计算机系统、数据库应用是影响数据库技术发展的三个重要因素，三者任何一个发生改变都必然引起数据库系统的改变。50 多年来，数据、计算机系统、数据库系统软件和数据库应用都在不断地发生变化，而且变化速度越来越快，这就是数据库领域的活跃程度和变化速度与日俱增的主要原因。数据库系统构件的数据、计算机系统和数据库应用不断的变化促成了数据库研究领域的日新月异，促进了数据库系统软件的不断更新。

数据的变化主要表现在两个方面。第一个方面是数据类型、复杂程度的迅速增长；第二个方面是数据量的剧增。

计算机系统的变化是举世瞩目的。从第一台计算机的诞生到现在，计算机硬件不断地发生着令人兴奋的变化。衡量计算机性能的许多指标参数都在呈指数增长。

数据库诞生 50 多年来，数据库应用环境发生了巨大变化。最初的数据库系统主要用于银行管理、飞机订票等事务处理环境。进入 20 世纪 80 年代后期，出现了一大批新的数据库应用领域，如工程设计与制造、软件工程、办公自动化、实时数据管理、科学与统计数据管理、多媒体数据管理等。新应用迫使人们开始了新一代数据库系统的研究，并取得了很好的成绩，大量的数据库新技术已经出现。进入 90 年代以来，数据库应用环境发生了巨大变化，Internet/Web 向数据库领域提出了前所未有的挑战。特别是进入本世纪以来，一大批新一代数据库应用应运而生，如支持高层决策的数据仓库、OLAP 分析、数据挖掘、数字图书馆、电子出版物、电子商务、Web 医院、远程教育、虚拟现实、工作流管理、移动数据库、Web 上的信息管理与检索、流数据管理等。数据库领域已经获得了大量的研究成果和新技术，如面向对象的关系数据库系统、多媒体数据的支持、并行数据库、Web 数据集合与检索、数据仓库、数据挖掘、数据可视化技术等。同时，各种应用领域也向数据库提出了很多新技术问题，如半结构化数据技术、嵌入式数据技术、新的数据库系统体系结构、程序逻辑和数据统一管理技术、数据流技术、基于移动 Ad Hoc 无线网络的数据库技术等。

12.2　面向对象的数据库技术

数据库技术在商业领域的巨大成功，促使数据库应用领域迅速扩展。从 20 世纪 80 年代开始，设计目标源于商业事务处理的层次、网状和关系数据库系统，面对层出不穷的新一代数据库应用显得力不从心。人们一直都在研究支持新一代数据库应用的数据库技术和方法，试着寻找一种像关系数据库系统那样被普遍接受、能够广泛支持新一代数据库应用的统一数据系统。面向对象的数据库系统引起了人们的极大关注，被很多数据库系统研究者列为追逐的目标。面向对象的数据库系统（object-oriented database system，OODBS）是数据库技术与面向对象程序设计方法相结合的产物。它既是一个 DBMS，又是一个面向对象系统，因而，既具有 DBMS 的特性，如持久性、辅存管理、数据共享（并发性）、数据可靠性（事务管理和恢复）、查询处理和模式修改等，又具有面向对象的特征，如类型/类、封装性/数据抽象、继承性、复载/滞后联编、计算机完备性、对象标识、复合对象和可扩充等特性。

面向对象程序设计在计算机的各个领域都产生了深远的影响，也给数据库技术带来了机会和希望。人们把面向对象程序设计方法和数据库技术相结合，能有效地支持新一代数据库应用。于是，面向对象数据库系统领域应运而生，吸引了相当多的数据库工作者，取得了大量的研究成果，开发了很多面向对象的数据库管理系统。

有关面向对象的数据模型和面对对象的数据库系统的研究在数据库研究领域是沿着三条线路展开的：

第一条是以关系数据库和 SQL 为基础的扩展关系模型。例如，美国加州大学伯克利分校的 POSTGRES 就是以 INGRES 关系数据库系统为基础的，扩展了抽象数据类型 ADT，使之具有面向对象的特性。目前，Informix、DB2、Oracle、Sybase 等数据库厂商，都在不同程度上扩展了关系模型，推出了数据库产品。

第二条是以面向对象程序设计语言为基础，研究持久的程序设计语言，支持面向对象模型。例如，美国 Ontologic 公司的 Ontos 是以面向对象程序设计语言 C++为基础的；Servialogic 公司的 GemStone 则是以 Smalltalk 为基础的。

第三条是建立新的面向对象的数据库系统，支持面向对象的数据模型。例如，法国 O2 Technology 公司的 O2、美国 Itasca System 的 Itasca 等。

面向对象的数据库系统集成了关系数据库的优点和面向对象的模型能力，具有用户根据应用需要扩展数据类型和函数的机制，支持大数据类型的储存和操作，支持函数和数据的集成，具有管理能力。目前市场上已经出现了很多商品化的面向对象关系数据库系统，如 Informix、Universal Server、IBM DB2 Universal Database、Oracle8、UniSQL/X、OSMOS by Unisys CA-OpenIngres、Sybase Adaptive Server。IBM DB2 Universal Database 是一个很有特色的面向对象的关系数据库系统。它集成了 DB2 Common Server 和 DB2 并行版的优点。用户定义的数据类型和函数具有对象的封装性、继承性和重载性。用户定义的函数可以嵌入 SQL。它还支持嵌套触发器和存储过程，自动验证完整性约束、支持用户定义的规则，并且具有存储和操作图像的机制，支持多媒体应用。

12.3　分布式数据库

12.3.1　分布式数据库系统简介

到目前为止，我们所介绍的数据库系统都是集中式数据库系统。所谓集中式数据库，就是集中在一个中心场地的电子计算机上，以统一处理方式所支持的数据库。这类数据库无论是逻辑上还是物理上，都是集中存储在一个容量足够大的外存储器上，其基本特点是：

（1）集中控制处理效率高，可靠性好。

（2）数据冗余少，数据独立性高。

（3）易于支持复杂的物理结构，获得对数据的有效访问。

但是随着数据库应用的不断发展，人们逐渐感觉到过分集中化的系统在处理数据时有许多局限性。例如，不在同一地点的数据无法共享；系统过于庞大，复杂，显得不灵活且安全性较差；储存容量有限，不能完全适应信息资源存储的要求等。为了克服这种系统的缺点，人们采用数据分散的方法，即把数据库分成多个，建立在多台计算机上，这种系统称为分布式数据库系统。

分布式数据库（distributed database）是分布在计算机网络上的多个逻辑相关的数据集合，其中"分布在计算机网络上"和"逻辑相关"是分布式数据库的两个基本要点，它们既指出分布式数据库是分布在计算机网络的不同结点上，又强调这些分布的数据集合在逻辑上是一个整体。

分布式数据库系统是建立在计算机网络基础上管理分布式数据库的数据库系统。它是由多个局部数据库系统组成的，即在计算机网络上的每个结点都有一个局部数据库系统。每个结点可以处理那些只对本结点数据进行存取的局部事物，也可以通过结点之间参与全局事务的处理。

12.3.2　分布式数据库的特点

由于分布式数据库系统是在成熟的集中式数据库技术的基础上发展起来的，它除了具有集中式数据库的一些特点（例如数据的逻辑独立性和物理独立性）以外，还有很多其他的性质和特点。

（1）网络透明性

用户在访问分布式数据库中的数据时，没有必要知道数据分布在网络的哪个结点上，即用户可以像访问集中式数据库一样访问数据库。网络透明性又称为分部透明性。具体包括以下内容：

①逻辑数据透明性。某些用户的逻辑数据文件改变时，或者增加新的应用使全局逻辑结构改变时，对其他用户的应用程序没有或者只有尽量少的影响。

②物理数据透明性。数据在结点上的存储格式或者组织方式改变时，数据的全局结构与应用程序无需改变。

（2）数据冗余和冗余透明性

共享数据和减少数据冗余是集中式数据库系统的目标之一，这样才能节省存储空间，减少额外的开销。而分布式数据库系统则通过保留一定程度的冗余数据，以适应分布处理的特点。这种数据冗余对用户是透明的，即用户并不需要知道冗余数据的存在。

（3）数据片段透明性

分布式数据库中一般都把关系划分成若干个子集，其中每个子集称为一个数据片段。分布式数据库就是以数据片段为单位分布到各个结点的，但是这些划分和分布的细节对用户也是透明的。

（4）局部自治性

分布式数据库有集中式数据库的共享性和集成性，但它更强调自治及可控制的共享。这里的自治是指局部数据库可以是专用资源，也可以是共享资源，这种共享资源体现了物理上的分散性，这是由按一定的约束条件被划分而形成的。因此，要有一定的协调机制来控制以实现共享，同时可以构成很灵活的分布式数据库。

（5）数据库的安全性和一致性

由于数据分布在各个结点上，而且存在一定的冗余，所以各个结点之间数据副本的一致性必须得到保证，否则会出现数据存取错误。对每个局部的数据库，需要保证其安全性，同时对整个全局数据库也要保证其安全性。

12.3.3　分布式数据库与集中式数据库相比的优缺点

由于分布式数据库有以上的一些特点，所以它与传统的集中式数据库相比有如下几个优点和缺点。

（1）优点

①分布式控制。由于分布式数据库的局部自治性，即每个结点都能独立处理仅涉及本结点数据的存取，所以我们可以将用户常用的数据放在用户所在的结点上，以减少通信的开销。这样，多个用户可以在不同的计算机上对分布式数据库系统进行操作，而且互相干扰很少。

②增强数据共享。在同一结点上的用户可以共享这个结点中的数据，称为局部共享。而不同结点上的用户可以共享网络中所有局部结点中的数据，称为全局共享。每个用户即可以访问自己所在结点的数据，也可以访问其他结点的数据。这大大提高了数据库中数据的共享性。

③系统可靠。由于分布式数据库系统的各个结点之间存在数据冗余，所以当一个结点出现故障时，可以通过其他结点中的数据对其进行数据恢复。

④提高系统性能。由于数据库中的数据分布在多个结点上，所以各个结点可以并行的处理所需要的数据存取，这样可以提高整个系统的性能。

⑤可扩充性好。由于分布式数据库系统本身的特点，它比传统的集中式数据库更容易扩展。集中式数据库扩展只能增加或者升级计算机配置，往往比较复杂，而且有一定的局限性，而分布式数据库只需要增加计算机结点。

（2）缺点

①系统实现复杂。由于分布式数据库分布在各个结点上，它要比集中式数据库复杂得多。在协调各个结点完成用户的数据处理操作时，需要进行很多复杂的工作。

②开销增大。分布式数据库与集中式数据库相比，增加了很多额外的开销，这些开销主

要体现在硬件、通信和冗余数据库处理等开销上。

分布式数据库系统是近年来发展的一门新技术，它是数据库技术和计算机网络相结合的产物。分布式数据库系统已经广泛应用于企业人事、财务、库存等管理系统，百货公司、销售店的经营信息系统，电子银行、民航订票、铁路订票等在线处理系统，国家政府部门的经济信息系统，大规模数据资源如人口普查、气象预报、环境污染、水文资源、地震监测等信息系统。

12.4　多媒体数据库技术

"多媒体"是指计算机控制下的文字、声音、图形、图像、视频等多种类型数据的有机组成。多样化的数据称为多媒体数据，多媒体数据库就是存取多媒体数据而产生的一种新型数据库。为了支持多媒体数据，人们研究了视频、音频等新数据类型的表示和操作问题，研究和开发了很多支持这些新数据类型的数据模型、数据操作和相关语言。

多媒体数据库一词早在 20 世纪 80 年代初就已经提出，但限于当时的技术条件，还不可能实现有用价值的多媒体数据库系统。直到光盘普及以后，多媒体数据有了合适的存储载体，多媒体数据库技术才等到较快发展。早期的多媒体数据库都建立在文件系统上。多媒体数据库实际上是一个服务器系统，用于存储和传输，称为多媒体服务器。多媒体服务器实际上是一个面向多媒体数据的文件系统，只是存储容量和存储数据的带宽比较大。有关多媒体数据的处理和查询仍由应用软件和工具软件进行，其用途也比较单一。

多媒体数据库目前有三种结构：

（1）有单独一个多媒体数据库管理系统来管理不同媒体的数据库以及对象空间。

（2）主辅 DBMS 体系结构。每一个数据库由一个辅 DBMS 管理。另外有一个主 DBMS 来一体化所有的辅 DBMS。用户在 DBMS 上使用多媒体数据库。对象空间由主 DBMS 来管理。

（3）协作 DBMS 体系结构。每个媒体数据库对应一个 DBMS，称为成员 DBMS，每个成员放到外部软件模型中，外部软件模型提供通信、查询和修改的界面。用户可以在任一结点上使用数据库。

目前，大部分关系型数据库管理系统（rational database management system，RDBMS）都增加了二进制的大容量数据类型：BLOB（binary large object，大容量二进制对象），这为在通用 DBMS 上建立多媒体数据库系统创造了条件。但如前所述，BLOB 仅仅是 DBMS 管理下的文件系统，有关多媒体数据的处理和查询仍主要由应用程序和工具进行，只是增加了演示系统和相应的用户接口。要真正实现多媒体数据库，主要需解决如下问题：

（1）多媒体数据模型应提供统一的概念。在使用时可屏蔽各种媒体之间的差别，而在实现时对不同媒体又能区别对待。

（2）大容量、高带宽的存储器系统。多媒体数据量相当庞大，而输入/输出又相当频繁，从而对存储系统提出更高要求。

（3）查询和索引技术。查询语言应能表达复杂的时空概念，而信息检索可能引入基于内容的检索方法，也可能基于模糊的条件。

（4）等时、同步和演示管理。多种媒体数据在播放时应保持良好的协调关系。多媒体数据库的应用领域主要有：电视点播、数字图书馆、电子商务、教学和培训、远程医疗、多媒体信息系统和多媒体文档系统等。

同时基于内容的多媒体数据检索和浏览是一个非常重要且十分困难的问题。在这方面，人们已经开展了很长时间的研究，在基于内容的多媒体对象的提取和检索、基于内容的半结构化数据的检索、基于内容的多媒体数据浏览、基于内容检索的多媒体模型、图像信息检索、视频数据索引等方面取得了很多成果。

12.5　数据仓库

传统的数据库技术是单一的数据资源，它以数据库为中心，进行从事务处理、批处理到决策分析等各种类型的数据处理工作。然而，不同类型的数据处理有着不同的处理特点，以单一的数据组织方式进行组织的数据库并不能反映这种差别，满足不了数据处理化的多样要求。随着对数据处理认识的逐步加深，人们意识到计算机系统的数据处理应当分为两类，即以操作为主要内容的操作型处理和以分析决策为主要内容的分析型处理。

操作型处理也称为事务处理，它是指对数据库联机的日常操作，通常是对记录的查询、修改、插入、删除等操作；分析型处理与事务型处理不同，它不但要访问现有的数据，而且要访问大量历史数据，甚至要提供企业外部、竞争对手的相关数据。

显然，传统数据库技术不能反映这种差异，它满足不了数据处理化的多样要求。事务型和分析型处理的分离，划清了数据处理分析型环境和操作型环境之间的界限，从而由原来的单一数据库为中心的数据环境（即事务处理环境）发展为一种新环境——体系化环境。体系化环境由操作型环境和分析型环境（包括全局级数据仓库、部门及数据仓库和个人级数据仓库）构成。数据仓库是体系化环境的核心，它是建立决策支持系统（DSS）的基础。

为了有效地支持决策分析，近几年人们提出了数据仓库的概念。联机分析处理是数据仓库上最重要的应用，是决策分析的关键。

数据仓库系统是多种技术的综合体，它由数据仓库、数据仓库管理系统和数据仓库工具三部分组成。在整个系统中，数据仓库居于核心地位，是信息挖掘的基础；数据仓库管理系统是整个系统的引擎，负责管理整个系统的运转；而数据仓库工具则是整个系统发挥作用的关键，只有通过有效的工具，数据仓库才能真正发挥出数据宝库的作用。

数据仓库是为了有效地支持决策分析而从操作数据库中提取并经过加工后得到的数据集合，是一个特殊的数据库。支持数据仓库的数据库管理系统目前可分为两类。一类是关系数据库管理系统，另一类是多维数据库管理系统。由关系数据库管理系统支持的数据仓库称为关系数据仓库，由多维数据库管理系统支持的数据仓库称为多维数据仓库。

数据仓库系统的后端工具通过数据提取、数据清理、数据转换、数据加载、数据维护和元数据管理，负责从操作数据库提取数据，加工转换为数据仓库需要的数据并加载到数据仓库。当操作数据库发生改变时，后端工具还要负责维护数据仓库中的相关数据。

数据仓库系统的前端工具包括多维模型的实现，联机分析处理工具，数据挖掘工具，决策分析报告生成工具及其他应用工具。

最近几年，国内外在数据仓库方面开展了大量的研究工作，主要包括三个方面。第一，提出了联机分析处理（OLAP）概念和支持 OLAP 的星形和雪花多维数据模型，并对支持 OLAP 的多维数据库开展了研究。第二，对复杂数据分析和决策所需要的基本操作进行了考察分析，提出了 Cube 操作和多维聚集操作，设计实现了 Cube 操作和多维聚集操作算法，提出了支持

Cube 操作和多维聚集操作的有效数据结构，如 Cubtree 等。第三，研究了数据仓库的体系结构、物理化视图的选择、物理化视图的维护、从数据仓库中的综合数据恢复原始数据、快速收集和有效存取数据等问题，提出了一系列的算法和技术。

12.6 数据挖掘技术

数据挖掘（data mining，DM）是从超大型数据库或数据仓库中发现并提取隐藏在内部的信息的一种新技术，其目的是帮助决策者寻找数据间潜在的关联，发现被经营者忽略的要素，而这些要素对预测趋势、决策行为可能是非常有用的信息。数据挖掘技术涉及数据库技术、人工智能技术、机器学习、系统分析等多种技术，它使决策支持系统涉入了一个新的阶段。传统的决策支持系统通常是在某个假设的前提下，通过数据查询和分析来验证或否定这个假设。而数据挖掘技术可以产生联想，建立新的业务模型帮助决策者调整市场策略，找到新的决策。

数据挖掘是当前最为活跃的数据库研究领域之一。它综合了机器学习、统计分析和数据库技术，是解决当前"数据丰收，知识贫乏"问题的关键技术。数据挖掘研究工作可以分为两类。一类是一般方法和算法的研究，主要包括相关规则的挖掘、聚集、分类、抽象和摘要，基于模式的相似性检索，路径的发现，序列分析等。另一类是不同类型应用领域的数据挖掘，如Web 日志信息的挖掘，生物数据的挖掘，DNA 数据库的挖掘等。不同应用领域的数据挖掘的研究重点是根据各个领域的特点，把领域知识融合到一般的数据挖掘算法中，设计有效的挖掘算法，从数据中发现对各领域专家和工作者有用的知识。

12.7 基于移动 Ad Hoc 无线网络的数据库技术

移动 Ad Hoc 无线网络（简记为 MANET）是一个正在出现的研究领域。MANET 是移动服务器和客户机的集合。所有的结点都是移动的，都由电池供电，而且都由无线网络连接。MANET 的拓扑结构频繁改变。MANET 的结点具有自组织能力，可以是孤立的网络，也可以与包括 Internet 在内的大型网络相连。MANET 的每个结点都能够自由地与任何其他结点通信。传感器网络就是一个典型的 MANET 实例。MANET 可以广泛应用于军事国防、国家安全、环境探测、交通管理、医疗卫生、制造业、灾难预防等领域。

通过回顾传统的移动通信网络，我们可以看到 MANET 与传统的移动通信网络的差别。传统的移动通信网络，是由一些固定的服务器、固定客户机和移动客户机组成的。服务器具有无限的能量，通过无线网络与移动客户机通信，移动客户机只能通过服务器互相通信。这种移动通信网络存在客户机能量消耗问题、网络连接性问题、服务器到移动客户机的可达性问题等。

MANET 除了具有传统移动通信网络的问题之外，还具有服务器的电源消耗问题和服务器的移动性问题。MANET 还有一个关键特性，即客户机之间可以直接通信，不需要服务器的干预。

由于几乎所有的 MANET 应用都需要数据库系统的支持，基于 MANET 的数据库技术成为了一个重要的研究领域。由于 MANET 中的服务器和客户机都是移动的，都具有能源消耗问题，并且客户机之间要能直接通信，传统的移动数据库技术已经远远不能满足基于 MANET 的数据库系统的需要。作为一个全新的研究领域，MANET 的数据库技术在基础理论和工程技术两个层面向科技工作者提出了大量的挑战性研究问题，包括数据模型问题、能源有效的数据操作问题、能源有效的查询优化与处理问题、能源有效的数据挖掘与数据分析问题。显然，MANET 既对数据库系统提出了新的挑战，也开辟了一个新的研究方向。

12.8　嵌入式数据库技术

将许多个微型信息设备连接到 Web 上，每个微型信息设备都可能配置一个数据库系统，将这种数据库系统称为嵌入式数据库系统。嵌入式数据系统在两个方面与传统的数据库系统不同。下面分别讨论这两方面的不同和和嵌入式数据库系统的关键技术。

自我调节和适应能力是嵌入式数据库系统的第一个重要特征。嵌入式数据库系统没有数据库管理员，而用户一般都具有很少的数据库系统知识。因此嵌入式数据库系统必须具有自我调节的能力。它不具有需要用户来设置的系统参数，然而当应用环境发生改变时，系统必须能自我调整，以适应新环境。嵌入式数据库的自我调节能力是需要研究的重要问题，其关键是取消全部系统参数并使系统具有自我调节能力和自我适应能力。我们需要进一步研究的嵌入式数据库系统问题是数据库物理设计的自动化，如索引技术的自动选择。我们也需要研究嵌入式数据库系统的逻辑数据库设计和应用设计自动化问题。事实上，在大型数据库系统中，实现嵌入式数据库系统的这些特殊要求也是十分有意义的。这样的大型数据库系统对于没有数据管理人才的企业是十分有利的。

随时与 Web 连接是嵌入式数据库的另一个重要特征。Web 上具有遍及世界的大量数据库。如何使嵌入式数据库系统快速准确地发现所要存取的 Web 数据库并与之相连接是另一个需要研究的困难问题。这种 Web 信息源的发现过程要求数据库系统提供丰富的元数据。当然我们相信会有其他发现和连接 Web 数据库系统的方法。

习　　题

一、填空题

1. 在分布式数据库中，采用的是_____和_____相结合的两层控制机制。
2. 数据库技术与面向对象程序技术的结合产生了_____数据库，数据库技术与多媒体技术的结合产生了_____数据库。
3. 多媒体数据库组织结构的两种典型实现方式分别是_____和_____。
4. 数据挖掘可以分为两类：_____和_____。

二、选择题

1. 分布式数据库的含义是（　　）。
   A. 数据是集中的，处理是分布的　　B. 数据是分布的，处理是集中的
   C. 数据是分布的，处理是也分布的　　D. 数据是集中的，处理也是集中的
2. 下面的描述中，（　　）不是面向对象的数据库管理系统的基本要求。

    A．提供面向对象的数据库的管理机制

    B．提供面向对象的数据库语言

    C．支持面向对象的数据模型

    D．支持面向对象的并发事务处理能力

3．在多媒体数据库系统中，对（　　　）数据的管理可以采用传统关系数据库的管理方式和实现技术。

    A．声音　　　　　　B．文本　　　　　C．视频　　　　　　D．图像

4．不属于数据仓库技术范畴的技术是（　　　）。

    A．OLAP　　　　　　　　　　B．多维数据存储与管理

    C．OLTP　　　　　　　　　　D．数据集市

5．数据挖掘的描述性挖掘方法不包括（　　　）。

    A．统计回归分析　　　　　　B．序列模式分析

    C．聚集分析　　　　　　　　D．关联分析

三、解释下列术语的含义

分布式数据库系统、数据仓库、数据挖掘

四、简答题

1．简述面向对象的数据库产生的主要原因。

2．简述多媒体数据库的技术要求和难点。

3．分布式数据库有哪些特点？

第13章 SQL Server 开发工具

【学习目标】

- 理解作业、计划、警报和操作员。
- 掌握使用 SQL Server 代理服务实现数据库管理自动化。
- 了解 SQL Server Integration Services。
- 了解 SQL Server Reporting Services。
- 了解 SQL Server Analysis Services。

整套 SQL Server 由一系列的服务组件组成，各服务组件有其特有的功能，按照功能需要安装不同的服务组件，以达到最佳的性能和最少的费用。

13.1 SQL Server 代理服务

在数据库的管理和实际应用中，经常需要定期执行数据库备份、数据库同步、日志清理、数据内容更改、重建索引等操作，这些工作都可以由 SQL Server 代理自动完成。SQL Server 代理是一种独立于数据库引擎的 Windows 服务，用于执行安排的管理任务，即"作业"。

13.1.1 SQL Server 代理简介

SQL Server 代理（SQL Server Agent）是一种独立于数据库引擎的 Windows 服务。SQL Server 代理在默认情况下并没有启用，在启用的情况下，它将按照用户定义的计划定期执行代理中定义的作业，并使用 SQL Server 存储作业信息，作业包含一个或多个步骤，每个步骤都有相应的任务。

例如，对某个或多个数据库执行备份操作。SQL Server 代理可以按照计划运行作业，也可以在响应特定事件时运行作业，还可以根据需要运行作业。例如，希望每天晚上 12:00 没有业务处理时，系统能够自动对某个业务数据库执行备份，如果备份出现问题，SQL Server 代理可记录该事件，并通过邮件等方式通知管理员。

SQL Server 代理是存在于实例中的，也就是说，如果一台服务器上安装了多个 SQL Server 实例，则会存在多个 SQL Server 代理。默认实例的 SQL Server 代理在任务管理器中为 SQLAGENT.EXE 进程。

SQL Server 代理使用下列组件定义要执行的任务、执行任务的时间及报告任务成功或失败的方式。

1. 作业

"作业"是 SQL Server 代理执行的一系列指定操作。使用作业可以定义一个能执行一次或多次的管理任务，并能监视执行结果成功还是失败。作业可以在一个本地服务器上运行，也可以在多个远程服务器上运行。可以通过下列几种方式运行作业：

（1）根据一个或多个计划。

（2）响应一个或多个警报。

（3）通过执行 sp_start_job 存储过程。

作业中的每个操作都是一个"作业步骤"。作业步骤作为作业的一部分进行管理。

2．计划

"计划"指定了作业运行的时间。多个作业可以根据一个计划运行，多个计划也可以应用到一个作业。计划可以为作业运行的时间定义下列条件：

（1）每当 SQL Server 代理启动时。

（2）每当计算机的 CPU 使用率处于定义的空闲状态水平时。

（3）在特定日期和时间运行一次。

（4）按重复执行的计划执行。

3．警报

"警报"是对特定事件的自动响应。例如，事件可以是启动的作业，也可以是达到特定阈值的系统资源。可以定义警报产生的条件。警报可以响应下列任一条件：

（1）SQL Server 事件。

（2）SQL Server 性能条件。

（3）运行 SQL Server 代理的计算机上的 WMI 事件。

4．操作员

操作员定义的是负责维护一个或多个 SQL Server 实例的个人联系信息。在有些企业中，操作员职责被分配给一个人。在拥有多个服务器的企业中，操作员职责可以由多个人分担。操作员既不包含安全信息，也不会定义安全主体。

SQL Server 可以通过下列一种或多种方式通知操作员有警报出现：电子邮件、寻呼程序（通过电子邮件）和 Net send。

13.1.2　启用 SQL Server 代理

在 SQL Server 2012 中，出于安全考虑，默认情况下 SQL Server 代理是被禁用的。通过 SQL Server 配置管理器可以配置和管理 SQL Server 代理。由于 SQL Server 代理本身是一个 Windows 服务，所以通过 Windows 自带的服务管理器也可以管理 SQL Server 代理。使用"SQL Server 配置管理器"设置和管理 SQL Server 代理的操作如下。

（1）打开"SQL Server 配置管理器"，在"SQL Server 服务"界面可以看到当前服务器的 SQL Server 代理服务和运行状态，如图 13-1 所示。

（2）右击"SQL Server 代理"，然后在弹出的快捷菜单中选择"属性"选项，系统将打开"SQL Server 代理属性"对话框，如图 13-2 所示。

（3）在登录界面可以设置运行 SQL Server 代理服务的账户，还可以启动、暂停、停止和重启服务。其中内置账户有如下三个：

1）"本地系统"账户，此账户的名称是 NTAUTHORITY\System。该账户功能强大，可以不受限制地访问所有本地系统资源。它是本地计算机上 Windows Administrator 组的成员，因此也是 SQL Server sysadmin 固定服务器角色的成员。

图 13-1　SQL Server 配置管理器

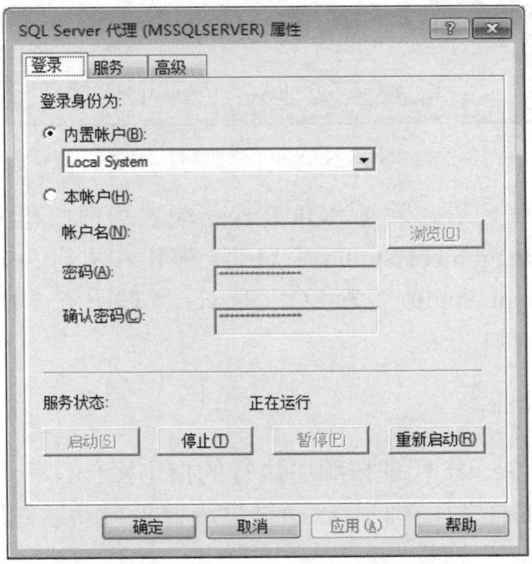

图 13-2　"SQL Server 代理属性"对话框

2）"网络服务"账户，此账户的名称是 NTAUTHORITY\Network Service。所有使用网络服务账户运行的服务都会验证到作为本地计算机的网络资源。

3）"本地服务"账户，此账户的名称是 NTAUTHORITY\Local Service，它作为没有凭据的空会话访问网络资源。

除了内置账户外，SQL Server 还提供了"本账户"选项。用户可以指定运行 SQL Server 代理服务的 Windows 域账户。如果选择非 Windows Administrator 组成员的 Windows 用户账户，当 SQL Server 代理服务账户不是本地 Administrator 组的成员时，使用多服务器管理会存在限制。

（4）设置好 SQL Server 代理服务所在的账户后选择"服务"选项卡，进入服务配置界面，如图 13-3 所示。

（5）在服务配置界面，只有"启动模式"选项可以修改，其他选项都是只读的。若需要在系统启动的同时启动 SQL Server 代理，选择"自动"选项，若需要手动启动则选择"手动"选项。

（6）"高级"选项卡中主要配置是否启用错误报告等，与 SQL Server 代理正常使用无关。单击"确定"按钮完成 SQL Server 代理配置。

图 13-3　"SQL Server 代理属性-服务" 对话框

在配置好 SQL Server 代理后，除了 SQL Server 配置管理器和 Windows 的服务管理器外，还可以通过 SQL Server Management Studio 来启动、停止和重启 SQL Server 代理服务。若需要使用 SQL Server Management Studio 管理 SQL Server 代理服务，则必须使用 Windows 身份验证的具有服务管理权限的用户登录。

13.1.3　配置数据库作业

作业是一系列由 SQL Server 代理按顺序执行的指定操作。作业可执行一系列活动，可运行重复任务或那些可计划的任务，它们可以通过生成警报自动通知用户作业的状态，从而极大地简化了 SQL Server 管理。

一个作业其实就是一系列任务的集合，其中的任务可以被自动化为需要的任何时候运行。例如，可以将创建数据库分为以下几个步骤：第一步创建数据库，第二步备份新的数据库，第三步完成数据库的备份，第四步可以在数据库中创建一些表，最后再向表中导入相关的数据。这几个步骤，每一步都是作业的一项任务。

作业中的步骤都有一个简单的逻辑，通过控制每个步骤的流程，可以将纠错机制内建到作业中。例如，在创建数据库作业时，如果创建的过程中硬盘填满，则作业停止。这时在第四步创建一个用于清理硬盘空间的任务，就可以创建这样一个简单的逻辑，用于规定"第一步失败，转到第四步；如果成功，返回第一步"。有了这些步骤之后，就可以通知 SQL Server 何时启动这个作业。

1. 创建作业

T-SQL 和 SQL Server Management Studio 都可以用于创建作业。使用 T-SQL 创建数据库作业的步骤如下：

（1）执行 sp_add_job 创建作业。

（2）执行 ap_add_jobstep 创建一个或多个作业。

（3）执行 sp_add_schedule 创建计划。

（4）执行 sp_attach_schedule 将计划附加到作业。

（5）执行 sp_add_jobserver 设置作业的服务器。

由于这些存储过程参数众多，使用起来比较复杂，同时 SQL Server Management Studio 提供了可视化创建作业的功能，所以这里就不再讲解每一步的操作和每个存储过程的使用方法。读者若需要详细了解可以参考联机丛书。接下来通过实例介绍使用 SQL Server Management Studio 创建作业。

【例 13-1】创建一个作业，该作业先对"school"数据库进行收缩，然后备份该数据库。

具体步骤如下：

（1）使用 SQL Server Management Studio 连接到 SQL Server 数据库引擎服务器。

（2）在"对象资源管理器"窗口中展开服务器，展开"SQL Server 代理"结点，右击"作业"，选择"新建作业"命令，打开"新建作业"窗口。

（3）在打开的"新建作业"窗口中设置作业的名称、所有者、类别和说明信息，如图 13-4 所示。

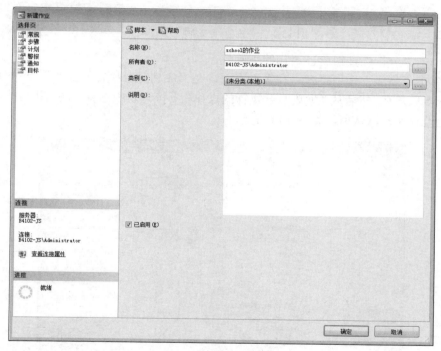

图 13-4　"新建作业"窗口

（4）在"选择页"中单击"步骤"选项，在出现的页面内单击"新建"按钮，弹出"新建作业步骤"窗口。

（5）在"步骤名称"文本框中为这个作业步骤定义一个名称，然后从"类型"下拉列表中选择作业的类型。根据作业要求，首先要收缩 school 数据库，即使用 T-SQL 语句，因此选择"Transact-SQL 脚本（T-SQL）"选项。

（6）如果该步骤是对数据库直接进行操作，可以在"数据库"下拉列表中选择目标数据库。然后在"命令"文本框中输入压缩数据库的 T-SQL 语句，如图 13-5 所示。

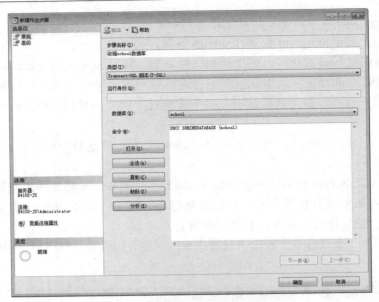

图 13-5　"新建作业步骤"窗口

（7）单击"分析"按钮验证语句的正确性。

（8）单击"高级"选项打开"高级"页面，在"成功时要执行的操作"下拉列表中选择"转到下一步"选项，然后从"失败时要执行的操作"下拉列表中选择"退出报告失败的作业"选项，其他设置保持默认值，如图 13-6 所示。

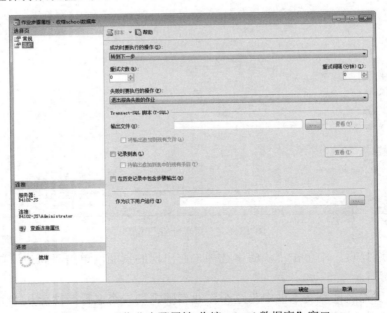

图 13-6　"作业步骤属性-收缩 school 数据库"窗口

（9）单击"确定"按钮创建该作业步骤。

（10）经过以上步骤，新建了一个使用 T-SQL 语句收缩数据库的作业步骤。根据题目要求，还需要备份数据库。因此，再次单击"新建"按钮打开"新建作业步骤"窗口。

（11）输入步骤名称为"备份 school 数据库"，然后再输入备份数据库的 T-SQL 语句并单击"分析"按钮验证是否正确，如图 13-7 所示。

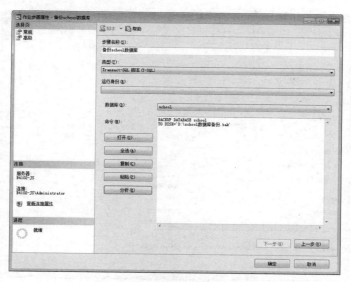

图 13-7　新建备份数据库作业

（12）完成后单击"确定"按钮返回，此时会看到"作业步骤列表"中包含两项，还可以调整执行顺序、编辑或者删除作业步骤，如图 13-8 所示。

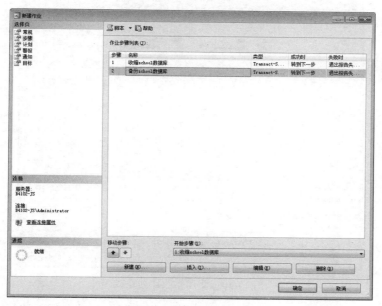

图 13-8　查看作业步骤

（13）打开"计划"页面，再单击"新建"按钮，打开"新建作业计划"窗口。在这里创建一个执行计划通知 SQL Server 如何执行该作业。

（14）在"名称"文本框中为要执行的作业计划定义一个名称，再选择一个计划的类型，可选项有重复一次、执行一次、CPU 空闲时启动和 SQL Server 代理启动时自动启动，然后设置计划执行的时间、日期及其频率。这里选择"重复执行"类型，如图 13-9 所示。

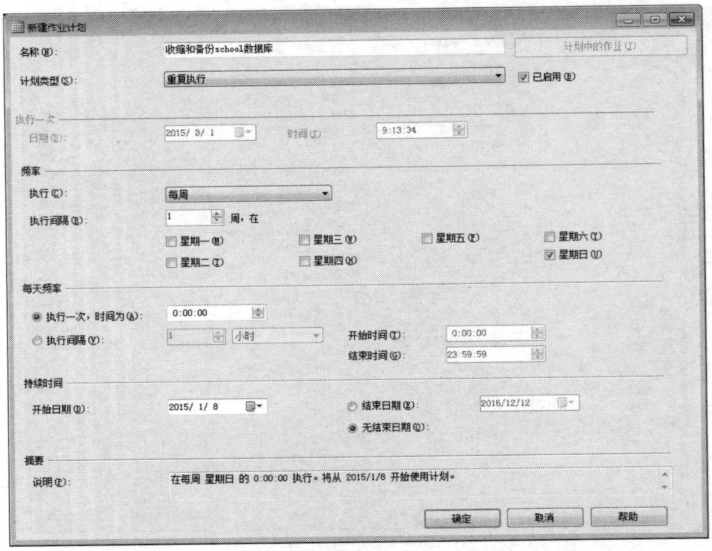

图 13-9　"新建作业计划"窗口

（15）设置完成后，单击"确定"按钮返回，如图 13-10 所示。

图 13-10　新建作业计划完成

（16）打开"通知"页面，勾选"电子邮件"复选框，并且在后面的第一个列表框中选择执行作业时通知的操作员。

（17）在第二个列表框中选择通知操作员的时机，可选项有"当作业失败时""当作业完成时"和"当作业成功时"。如果选择"当作业完成时"则包括了"当作业成功时"和"当作业失败时"，如图 13-11 所示。

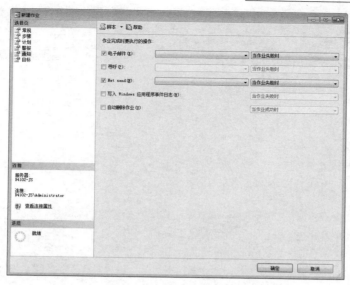

图 13-11　"新建作业-通知"窗口

（18）单击"确定"按钮完成创建作业。以后就会按照上面的设定按计划执行。

2．执行作业

作业在指定关联计划后便会按照计划中的配置定时运行，但是有时需要人为地运行作业，也可手动执行该作业。

【例 13-2】使用 SQL Server Management Studio 手动执行【例 13-1】创建的作业，并查看其历史记录。

具体实施步骤如下：

（1）使用 SQL Server Management Studio 连接到 SQL Server 数据库引擎服务器。

（2）在"对象资源管理器"窗口中展开服务器，展开"SQL Server 代理"结点，再展开"作业"结点，右击"school 的作业"，选择"作业开始步骤"命令，打开"开始作业"窗口并执行作业。当作业执行成功之后，将显示作业状态为成功，如图 13-12 所示。

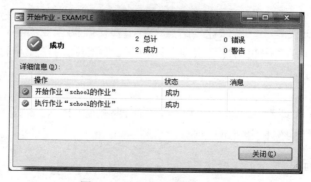

图 13-12　"开始作业"窗口

（3）单击"关闭"按钮，作业执行成功。

（4）当作业执行完成后，可右击作业名称选择"查看历史记录"命令，在弹出的"日志文件查看器"窗口中查看执行情况，如图 13-13 所示。

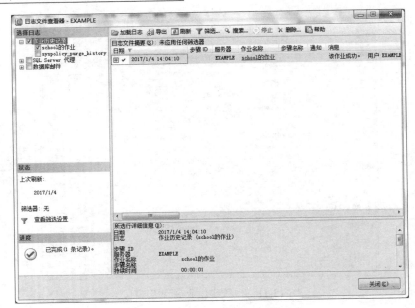

图 13-13　查看作业历史记录

3.作业的管理操作

使用 SQL Server Management Studio 工具除了创建和执行作业，还可以对已经创建的作业进行管理，主要包括：停止正在运行的作业、禁止作业、修改作业和删除作业。

（1）停止作业

打开 SQL Server Management Studio 窗口，在"对象资源管理器"中展开服务器，选择"SQL Server 代理"→"作业"选项，展开"作业"结点。右击要停止运行的作业名称，在打开的快捷菜单中选择"停止作业"命令，则作业停止运行。

（2）禁用作业

选择"SQL Server 代理"→"作业"结点，右击要禁用的作业名称，选择"禁用"命令，则作业的启用状态将被设置为否，在指定的时间内不会再执行该作业。

（3）修改作业

选择"SQL Server 代理"→"作业"结点，右击要修改的作业名称，在打开的快捷菜单中选择"属性"命令，打开"作业属性"窗口，即可对已经创建的作业进行修改操作。修改作业与创建作业的过程相似。

（4）删除作业

选择 SQL Server 代理"→"作业"结点，右击要删除的作业名称，在打开的快捷菜单中选择"删除"命令，即可删除指定的作业。

13.1.4　数据库邮件

数据库邮件是数据库自动化的一个主要部分。数据库管理员必须配置数据库邮件，以便警报和其他类型的信息可以发送给管理员或者其他用户。数据库邮件使 SQL Server 能够将服务器与邮件系统集成起来。一旦配置好"数据库邮件"以后，就可以使用该邮件系统来处理警报通知。

1. 数据库邮件简介

在 SQL Server 2005 之前，数据库中发送邮件主要通过 SQL Mail 完成，SQL Mail 使用外部电子邮件应用程序中的扩展 MAPI 客户端组件来发送和接受电子邮件。因此，若要使用 SQL Mail，必须在运行 SQL Server 的计算机上安装支持扩展 MAPI 的电子邮件应用程序。

为了保证向后的兼容性，在 SQL Server 2008 中仍然提供了 SQL Mail，但是在 SQL Server 2012 中就废除该功能了，而是使用数据库邮件来代替 SQL Mail。使用数据库邮件具有如下优点：

（1）使用标准的简单邮件传输协议（SMTP）发送邮件，无需 Outlook 或扩展消息处理应用程序编程接口。

（2）数据库邮件的进程与 SQL Server 数据库引擎的进程是隔离的。为了尽量减少对 SQL Server 的影响，电子邮件的发送是由单独的程序来完成的。即使该程序停止、失败或者发生异常，SQL Server 也会继续将电子邮件放入队列，下次再尝试发送。

（3）数据库邮件配置文件允许指定多台 SMTP 服务器，如果一台 SMTP 服务器不可用，还可以使用其他的 SMTP 服务器发送。

（4）支持多个数据库邮件配置文件。在一个 SQL Server 实例中可以创建多个数据库邮件配置文件，在发送邮件时可以选择使用不同配置的数据库邮件。

（5）支持多个账户。可以配置包含不同账户的不同配置文件，以跨多台电子邮件服务器分发电子邮件。

（6）支持发送附件，附件大小是可以调控的。发送数据库邮件附件时，可以指定禁止的附件文件扩展名。

（7）允许以 HTML 格式发送电子邮件。

除了这些特性外，数据库邮件在安全性上由很大的提升，默认情况下数据库邮件是关闭的，只有特殊的数据库角色和权限才能使用数据库邮件，数据库邮件的活动可以记录到 SQL Server 日志或 Windows 应用程序事务日志中。发送数据库邮件时，系统会把数据库邮件的副本保存到 msdb 数据库中以便审核。

数据库邮件会把电子邮件信息保存到数据库中，包括邮件中的附件。数据库邮件视图提供了排除故障使用的邮件状态，使用存储过程可以对数据库邮件队列进行管理。

2. 配置数据库邮件

SQL Server 提供了数据库邮件配置向导，可以轻松实现数据库邮件的配置。在 SQL Server 中使用数据库邮件向导配置数据库邮件的操作如下。

（1）打开 SQL Server Management Studio，使用正确的身份登录到数据库引擎服务器。

（2）在"对象资源管理器"窗口中展开"服务器"→"管理"结点，右击"数据库邮件"，选择"配置数据库邮件"命令，打开"数据库邮件配置向导"窗口。

（3）在向导的欢迎界面中单击"下一步"按钮，进入"选择配置任务"窗口，系统提供的配置任务如图 13-14 所示。

（4）由于这里是第一次配置数据库邮件，所以选择第一个选项，单击"下一步"按钮。出于安全考虑，默认情况下数据库邮件是被禁用的，所以系统会弹出提示"数据库邮件功能不可用，是否启用此功能？"，在提示对话框中单击"是"按钮，启用数据库邮件并进入"新建配置文件"界面，如图 13-15 所示。

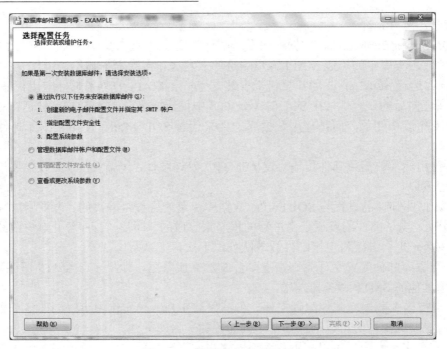

图 13-14　数据库邮件配置任务

图 13-15　新建配置文件

（5）在"配置文件名"文本框中输入新建的配置文件名 DatabaseConfigFile，"说明"文本框可以输入一些描述，也可以不输入。单击"添加"按钮，弹出"新建数据库邮件账户"对话框，如图 13-16 所示。

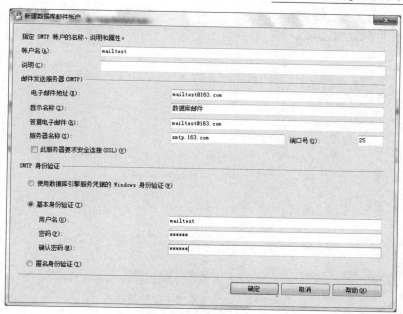

图 13-16　"新建数据库邮件账户"对话框

（6）这里使用网易的邮件系统作为数据库邮件的邮件服务器，各种配置与一般的 Outlook 等邮件客户端并没有什么不同。配置完成后单击"确定"按钮回到向导窗口，在向导窗口中单击"下一步"按钮进入"管理配置文件安全性"窗口，如图 13-17 所示。

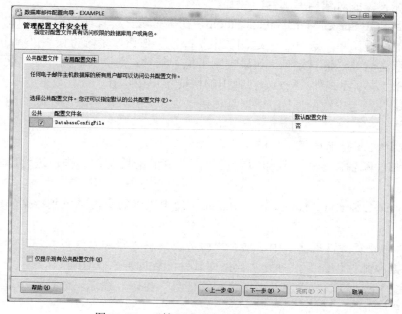

图 13-17　"管理配置文件安全性"窗口

（7）公共配置文件是指当前的配置可以被数据库中的所有用户访问，而专用配置文件就是指配置文件仅限于某个用户访问。这里配置为公共配置文件，选中"公共"复选框，然后单击"下一步"按钮，进入"配置系统参数"窗口，如图 13-18 所示。

图 13-18 "配置系统参数"窗口

（8）"配置系统参数"窗口提供了重试次数、重试延迟时间、最大文件大小、禁止的附件文件扩展名、可执行文件的最短生存期和日志记录级别几个参数选项。可根据具体的需要修改系统参数，如果没有特殊要求则使用默认值即可。

（9）单击"下一步"按钮，最后再单击"完成"按钮即可完成向导配置，SQL Server 将根据向导中的配置完成对数据库邮件的配置。

（10）回到 SQL Server Management Studio，在"对象资源管理器"中右击"数据库邮件"结点，在弹出的快捷菜单中选择"发送测试电子邮件"按钮，系统将使用 DatabaseConfigFile 配置中的邮件服务器发送测试邮件。如果收到了电子邮件，则说明数据库邮件配置成功；若未收到邮件，选择"数据库邮件"结点，在弹出的快捷菜单中选择"查看数据库邮件日志"选项，日志中将记录邮件发送失败的原因，根据具体错误提示，仍然使用数据库邮件配置向导修改数据库邮件的设置。

3. 管理配置文件和账户

在数据库邮件配置向导中，还可以对已经配置好的配置文件和账户进行修改和删除，具体的步骤如下。

（1）打开 SQL Server Management Studio，使用正确的身份登录到数据库引擎打开 SQL Server 实例。

（2）在"对象资源管理器"中，展开"服务器"→"管理"结点，右击"数据库邮件"选择"配置数据库邮件"命令，打开"数据库邮件配置向导"欢迎窗口。

（3）单击"下一步"按钮进入"选择配置任务"窗口，在这里选择"管理数据库邮件账户和配置文件"选项。

（4）单击"下一步"按钮，进入"管理配置文件和账户"窗口。该窗口提供的四个选项为"创建新账户""查看、更改或删除现有账户""创建新配置文件"和"查看、更改或删除现有配置文件。您也可以管理与该配置文件关联的账户"。这里选择"查看、更改或删除现有账户"选项，如图 13-19 所示。

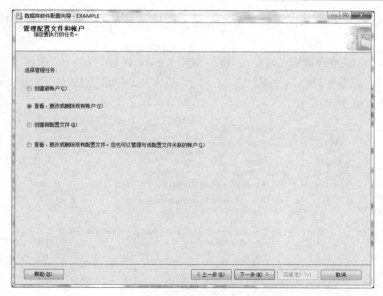

图 13-19　选择管理任务

（5）单击"下一步"按钮，进行"管理现有账户"窗口。在"账户名"后的下拉列表中，可以选择当前存在的所有账户，如图 13-20 所示。

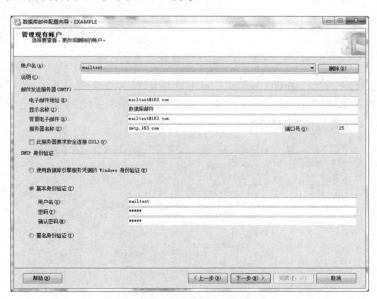

图 13-20　管理现有账户

（6）选中某个账户后，可以修改该账户的内容或者单击"删除"按钮删除该账户。

（7）最后单击"下一步"按钮，进入"完成该向导"窗口。单击"完成"按钮，保存对账户的修改。

4．使用现有配置文件

前面介绍了如何使用数据库邮件配置向导，而且创建了一个名为 DatabaseConfigFile 的配置文件。接下来介绍如何在 SQL Server 代理中使用该邮件配置文件，操作步骤如下。

（1）打开 SQL Server Management Studio，使用正确的身份登录到数据库引擎打开 SQL Server 实例。

（2）在"对象资源管理器"中，右击"SQL Server 代理"结点，选择"属性"命令，打开"SQL Server 代理属性"窗口，如图 13-21 所示。在"Net send 收件人"文本框中指定 Net send 的收件人，一般为机主名或 IP。

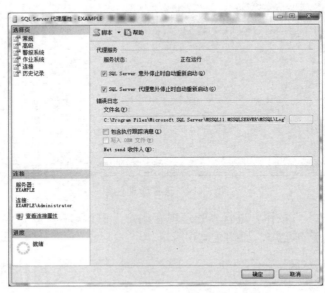

图 13-21　"SQL Server 代理属性"窗口

（3）打开"警报系统"界面，勾选"启用邮件配置文件"复选框，从"邮件系统"下拉列表中选择"数据库邮件"选项，再从"邮件配置文件"下拉列表中选择之前创建的配置文件 DatabaseConfigFile 选项，如图 13-22 所示。

图 13-22　"警报系统"界面

（4）单击"确定"按钮完成属性设置。

（5）从 SQL Server 配置管理器中，停止并重新启动 SQL Server 代理服务。

在顺利配置了数据库邮件之后，就可以创建从 SQL Server 那里接受电子邮件的操作员。

13.1.5　配置操作员

数据库警报发生时需要将警报发送给指定的用户，这些用户在 SQL Server 代理中就叫做操作员。操作员与数据库用户及 Windows 用户并没有任何关系，它其实更类似于通信簿中的联系人。

1. 创建操作员

SQL Server 支持三种方式通知操作员，分别是电子邮件通知、寻呼通知和 Net send 通知。在 SQL Server 中每个操作员都必须有一个唯一的名称，并且长度不能操作 128 个字符。

【例 13-3】创建一个名为 csczy 的操作员，具体步骤如下。

（1）打开 SQL Server Management Studio，使用正确的身份登录到数据库引擎打开 SQL Server 实例。

（2）在"对象资源管理器"中，展开"服务器"→"SQL Server 代理"结点，再右击"操作员"结点选择"新建操作员"命令，打开"新建操作员"窗口。

（3）在"姓名"文本框中输入"csczy"。如果已经将系统配置成使用数据库邮件配置文件发送邮件，则输入电子邮件地址作为电子邮件名称（这里输入 csczy@163.com）；如果没有，则跳过这一步。

（4）在"Net send 地址"文本框中输入计算机名称，这里输入"csczy"。

（5）如果操作员携带了能够接收电子邮件的传呼机，则可以在"寻呼电子邮件名称"文本框中输入传呼机的电子邮件，这里输入 csczy@163.com。

（6）在"寻呼值班计划"中选择操作员可以接收通知的日期和时间。如果勾选了某一天，操作员将在那一天的某个时间段（"工作日开始时间"和"工作日结束时间"选项指定的时间内）接到通知，这里保留默认值，如图 13-23 所示。

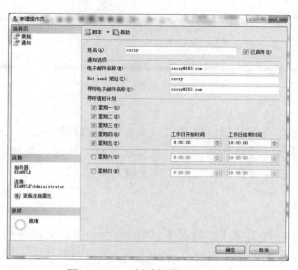

图 13-23　"新建操作员"窗口

（7）单击"确定"按钮完成操作员 csczy 的创建。

说明：Net send 通知方式通过 Net send 命令向操作员发送消息。对于 Net send，需要指定网络消息的收件人。寻呼是通过电子邮件实现的。对于寻呼通知，需要提供操作员接收寻呼消息的的电子邮件。若要设置寻呼通知，必须在邮件服务器上安装软件，处理入站邮件并将其转换为寻呼消息。寻呼通知的方式较少采用。

2．禁用操作员

当数据库管理员离开公司后，可能就需要考虑禁用与该数据库管理员相关联的登录账户和操作员账户。

【例 13-4】禁用操作员 csczy，具体步骤如下。

（1）打开 SQL Server Management Studio，使用正确的身份登录到数据库引擎打开 SQL Server 实例。

（2）在"对象资源管理器"中，展开"服务器"→"SQL Server 代理"→"操作员"结点。

（3）右击要禁用的操作员 csczy，然后选择"属性"命令打开"csczy 属性"窗口。在窗口中取消勾选"已启用"复选框就可以禁用 csczy 操作员，如图 13-24 所示。

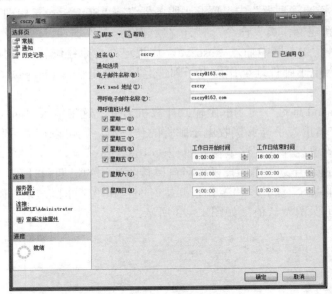

图 13-24　禁用操作员

3．删除操作员

操作员如果禁用即变为不可用，但是可以在需要时重新启用。如果一个操作员不再使用，可以删除该操作员。具体方法是右击操作员名称，选择"删除"命令，在打开的"删除对象"窗口中单击"确定"按钮完成删除，如图 13-25 所示。

13.1.6　配置警报

在数据库执行操作时发生错误的情况下，SQL Server 可以通过数据库警报将错误通知发送给数据库管理员，从而实现自动化的管理。另外，在锁定时间过长、日志文件过大等情况下发生的事件也可以通过警报的方式通知管理员。

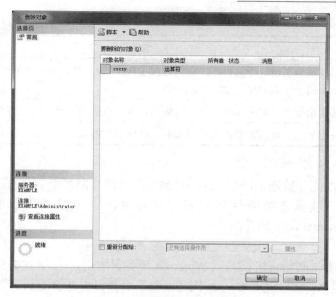

图 13-25　删除操作员

1．警报简介

警报由名称、触发警报的事件或性能条件、SQL Server 代理响应事件或性能条件所执行的操作三部分组成。每个警报都对应一种特定的事件，响应事件的类型可以是 SQL Server 事件、SQL Server 性能条件或者 WMI 事件之一。

不同的事件使用的事件参数也不相同，下面首先了解警报的基本元素。

（1）错误号

SQL Server 中可以出现的错误都有编号（约 3000 个），即使有这么多种错误，但仍然不够。例如，假设希望在用户从客户数据库中删除客户时激活某个警报，但是 SQL Server 并没有包括与数据库的结构或用户的名称有关的警报，因此需要创建新的错误号，并针对这一私有事件产生一个警报。警报可以基于任何一个有效的错误号。

（2）错误严重级别

SQL Server 中的每个错误都有一个关联的严重级别，用于指明错误的严重程度。警报可以按严重级别产生。表 13-1 列出了比较常见的严重级别。

表 13-1　常见错误级别

级别	说明
10	这是信息性消息，由用户输入信息中的错误所引起，不严重
11～16	这些是用户能够纠正的所有错误
17	这些错误是在服务器耗尽资源（比如内存或硬盘空间）时产生的错误
18	一个非致命的内部错误已经产生。语句将完成，并且用户连接将维持
19	一个不可配置的内部限额已达到。产生这个错误的任何语句将被终止
20	当前数据库中的一个单独进程已遇到问题，但数据库本身未遭到破坏
21	当前数据库中的所有进程都受到该问题的影响，但数据库本身未遭到破坏

续表

级别	说明
22	正在使用的表或索引可能受到损坏。应该运行 DBCC 设法修复对象（问题也可能出现在数据库缓存中，一个简单的重启可能就能解决问题）
23	这条消息通常指整个数据库不知何故已遭破坏，而且应该检查硬件的完整性
24	硬件已经发生故障。可能需要购买新硬件并从备份中重装数据库

（3）性能计数器

警报也可以从性能计数器中产生。这些计数器与"性能监视器"中的计数器完全相同，而且对纠正事务日志填满之类的性能问题非常有用，也可以产生基于 WMI（Windows Management Instrumentation）事件的警报。

2．事件警报

要创建的事件警报必须将错误写到 Windows 事务日志上，因为 SQL Server 代理从该事务日志上读取错误信息。一旦 SQL Server 代理读取了事务日志并检测到新错误，就会搜索整个数据库查找匹配的警报。当这个代理发现匹配的警报时，该警报立即激活，进而可以通知操作员和执行作业。

【例 13-5】在 school 数据库上创建一个备份失败时的警报，具体步骤如下。

（1）打开 SQL Server Management Studio，使用正确的身份登录到数据库引擎打开 SQL Server 实例。

（2）在"对象资源管理器"中，展开"服务器"→"SQL Server 代理"结点，右击"警报"结点选择"新建警报"命令，打开"新建警报"窗口。

（3）在"名称"文本框中为警报定义名称，例如"事件警报（无法正常执行备份作业）"，从"类型"下拉列表中选择"SQL Server 事件警报"选项。

（4）在"数据库名称"下拉列表框中选择警报作用的数据库为 school，接着选择"错误号"单选按钮为警报制定错误号，例如"15500"，如图 13-26 所示。

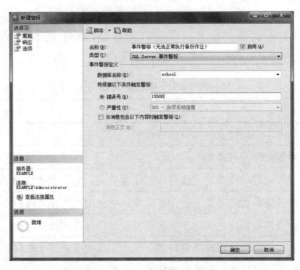

图 13-26　"新建警报"窗口

如果选择"严重性"单选按钮，则可以从下拉列表框中选择预定义的警报。此时，如果选择的严重级别在 19～25 之间，就会向 Windows 应用程序日志发送 SQL Server 消息，并触发一个警报。

说明：对于严重级别小于 19 的事件，只有在使用 sp_altermessage、RAISERROR WITH LOG 或 xp_logevent 强制这些事件写入 Windows 应用程序日志时，才会触发警报。

（5）在"响应"页面勾选"执行作业"复选框，并在下拉列表中选择要执行的作业。勾选"通知操作员"复选框，并选择 csczy 的"电子邮件"，如图 13-27 所示。

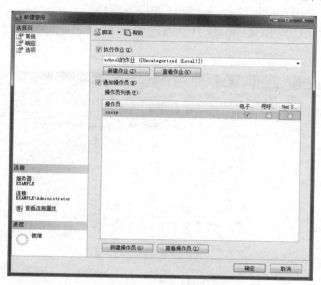

图 13-27　"响应"页面

（6）打开"选项"页面，勾选"警报错误文本发送方式"选项区下面的 Net send 复选框，如图 13-28 所示。

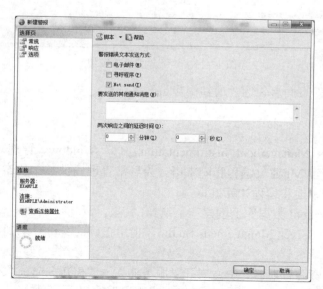

图 13-28　"选项"页面

（7）单击"确定"按钮，完成事件警报的创建。

3．性能警报

【例 13-6】在 school 数据库上创建一个事务日志超过 80%时激活的性能警报，弹出响应的警报信息。具体操作步骤如下。

（1）打开 SQL Server Management Studio，使用正确的身份登录到数据库引擎打开 SQL Server 实例。

（2）在"对象资源管理器"中，展开"服务器"→"SQL Server 代理"结点，右击"警报"结点选择"新建警报"命令，打开"新建警报"窗口。

（3）配置警报类型为"SQL Server 性能条件警报"，再设置警报的对象、计数器、实例及警报条件，最终设置如图 13-29 所示。

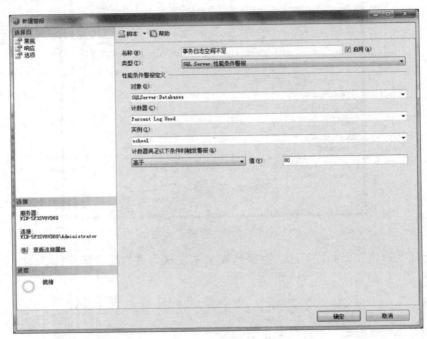

图 13-29　"新建警报"窗口

（4）在"响应"页面启勾选"通知操作员"复选框，并勾选 csczy 的"电子邮件"复选框，如图 13-30 所示。

4．WMI 警报

WMI（Windows Management Instrumentation），即 Windows 管理规范，是一项核心的 Windows 管理技术。WMI 通过编程和脚本语言为日常管理提供了一条连续一致的途径，用户可以使用 WMI 管理本地和远程计算机。

【例 13-7】在 school 数据库上创建一个 WMI 警报，具体步骤如下。

（1）打开 SQL Server Management Studio，使用正确的身份登录到数据库引擎打开 SQL Server 实例。

（2）在"对象资源管理器"中，展开"服务器"→"SQL Server 代理"结点，右击"警报"结点，选择"新建警报"命令，打开"新建警报"窗口。

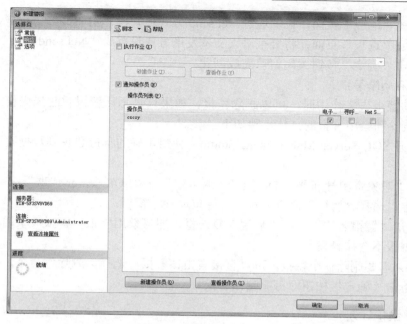

图 13-30　"响应"页面

（3）单击"确定"按钮，警报创建完成。

（4）配置警报的名称、类型和命名空间，如图 13-31 所示，并且在"查询"文本框中输入如下语句：

```
SELECT * FROM DDL_DATABASE_LEVEL_EVENT WHERE DatabaseName='school'
```

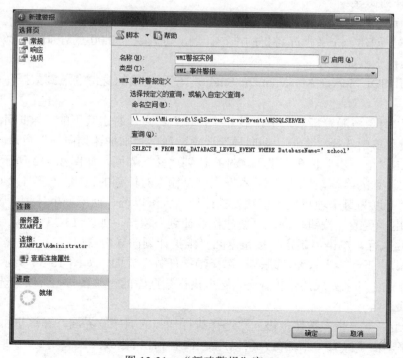

图 13-31　"新建警报"窗口

（5）打开"响应"页面，设置通过 Net send 方式通知操作员 csczy。

（6）打开"选项"页面，将警报错误文本发送方式设置为"Net send"。

（7）单击"确定"按钮关闭窗口完成创建。

5. 禁用和删除警报

当创建的警报失去作用时，可以删除警报；如果只是想让警报暂时失去作用，则可以禁用该警报。删除和禁用警报的具体步骤如下。

（1）打开 SQL Server Management Studio，使用正确的身份登录到数据库引擎打开 SQL Server 实例。

（2）在"对象资源管理器"中，展开"服务器"→"SQL Server 代理"→"警报"结点，右击警报名称，选择"属性"命令，打开"警报属性"窗口。

（3）取消"警报名称"后的"启用"复选框，即可禁用警报。警报被禁用后，当相关事件发生时，警报不会被触发。

（4）如果需要删除一个警报，可以直接右击该警报，选择"删除"命令，打开"删除对象"窗口，单击"确定"按钮即可删除该警报。

13.1.7 维护计划

维护计划可创建所需的任务工作流，以确保优化数据库、定期进行备份并确保数据库一致。维护计划与 SQL Server 代理紧密结合，维护计划会创建由 SQL Server 代理作业运行的 Integration Services 包。可以按预定的时间间隔手动或自动运行这些维护任务，从而大量简化数据库维护的配置工作。

1. 维护计划向导

维护计划可以通过维护计划向导来完成。

【例 13-8】创建一个数据库备份的维护计划，每天晚上 2:00 点对 school 数据库进行完整备份，具体操作步骤如下。

（1）打开 SQL Server Management Studio，使用正确的身份登录到数据库引擎打开 SQL Server 实例。

（2）在"对象资源管理器"中，展开"管理"结点，右击其下的"维护计划"子结点。在弹出的快捷菜单中选择"维护计划向导"选项，弹出"维护计划向导"窗口。

（3）单击"下一步"按钮，进入"选择计划属性"界面，如图 13-32 所示。在"名称"文本框中输入计划的名称，"说明"文本框中可以输入对计划的说明。一个计划中可以包含多个项目任务，可以为每个项目任务单独设置计划，也可以统一使用一个计划。

（4）单击"更改"按钮，进入"新建作业计划"窗口，如图 13-33 所示。将计划设置为每天晚上 2:00 执行，单击"确定"按钮返回"维护计划向导"窗口。

（5）单击"下一步"按钮，进入"选择维护任务"界面，如图 13-34 所示。界面中列出了能够通过维护计划来完成的维护任务，这里执行数据库的完整备份，所以勾选"备份数据库（完整）"复选框。

（6）单击"下一步"按钮，进入"选择执行任务的顺序"界面，在这里可以调整多个任务的执行顺序，由于只有一个任务，所以此处不进行任何修改。

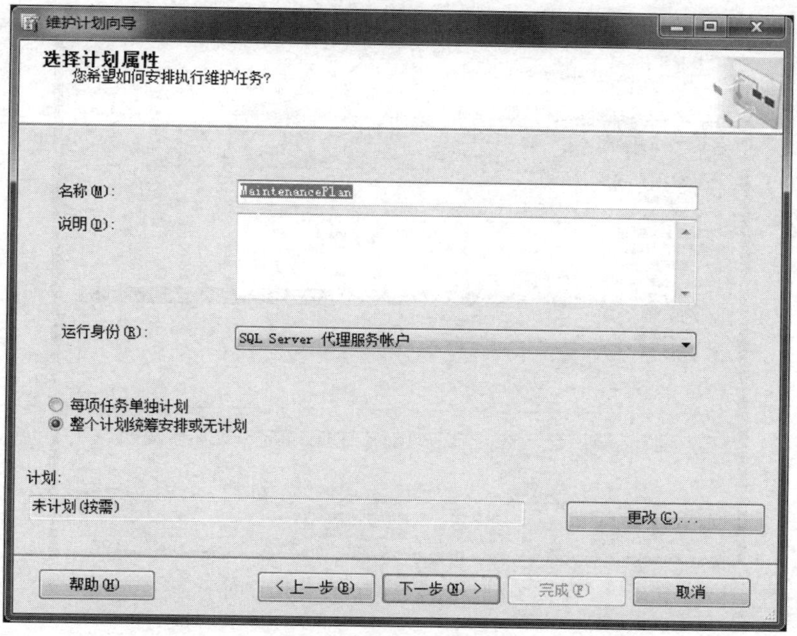

图 13-32　选择计划属性

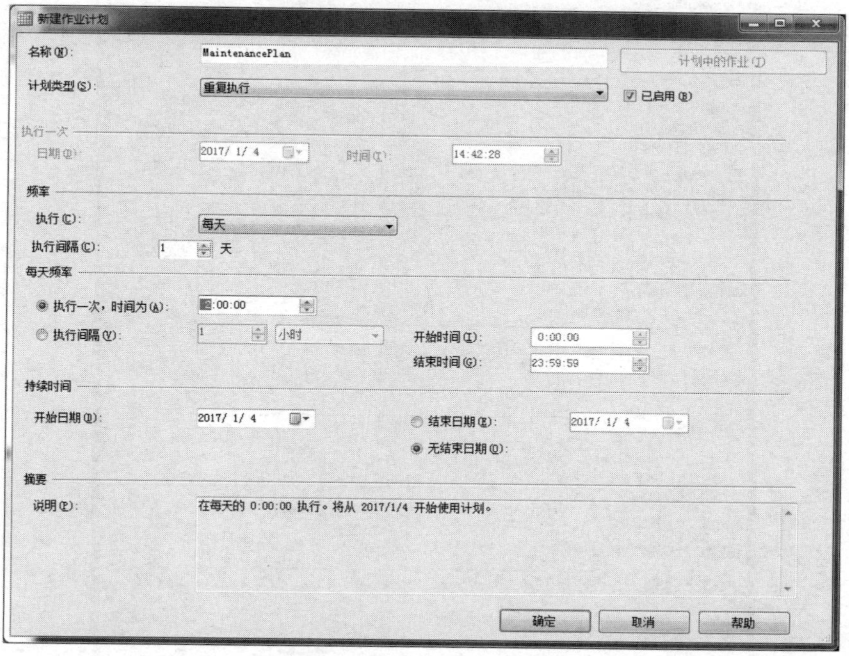

图 13-33　"新建作业计划"窗口

（7）单击"下一步"按钮，进入"备份数据库任务"的设置界面，如图 13-35 所示。在"数据库"下拉列表框中选择要备份的数据库"school"（选中一个数据库后会变成"特定数据库"）备份到磁盘上，这里采用为每个数据库创建备份文件的方式进行备份，备份文件夹设置为"D:\backup"。

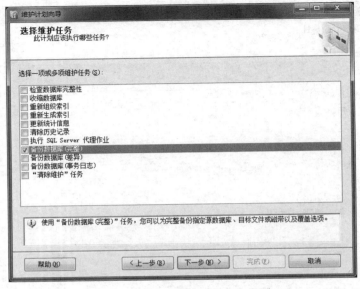

图 13-34　"选择维护任务"界面

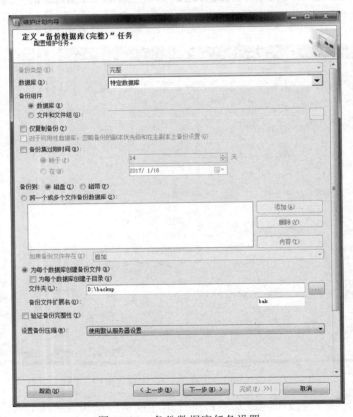

图 13-35　备份数据库任务设置

（8）单击"下一步"按钮，进入"选择报告选项"设置界面，如图 13-36 所示。备份数据库后的报告可以以日志文件的形式保存在本地文件，也可以以电子邮件的形式发送给操作员。

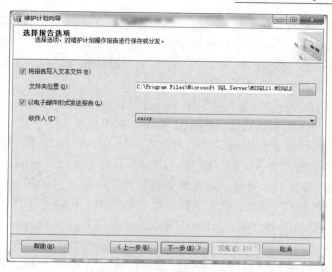

图 13-36　报告选项设置

（9）单击"下一步"按钮弹出向导完成的界面，最后再单击"完成"按钮，系统将开始根据向导中的配置创建维护计划。创建成功后在"对象资源管理器"中可以看到"维护计划"结点和"作业"结点下都多了个数据库备份的计划。

2. 维护计划管理

维护计划最终以 SSIS 包的形式作为数据库作业，由 SQL Server 代理负责运行。

若要运行维护计划，可以通过运行其对应作业的方式来实现。另外，也可以通过直接运行维护计划的方式来实现。例如，要运行数据库备份的维护计划 schoolbackupplan，只需要在对象资源管理器中右击该结点，在弹出的快捷菜单中选择"执行"选项即可。

维护计划虽然最终以 SSIS 包的形式在 SQL Server 代理中作为作业执行，但是维护计划的执行日志却与作业日志有所不同。在对象资源管理器中右击某个维护计划，然后在弹出的快捷菜单中选择"查看历史记录"选项，打开该维护计划的日志文件查看器。维护计划的日志中分别记录了每个任务的执行时间、执行的结果、执行单个任务所花的时间等。而在作业历史记录中，整个维护计划的子计划将作为一个作业步骤来执行，所以日志中使用一行日志记录了整个子计划的任务执行情况，不便于查看。

若要修改维护计划的执行周期、执行时间，则可以直接在 SQL Server 代理中修改其对应的计划，当然也可以通过执行直接修改维护计划的操作来修改具体计划。

由于维护计划在数据库作业中被当做一个作业步骤，所以维护计划中的任务不能通过修改作业的方式来修改，必须通过修改维护计划来完成。在对象资源管理器中右击要修改的维护计划，在弹出的快捷菜单中选择"修改"选项，打开该维护计划的设计界面，修改其中的任务属性，然后单击"保存"按钮即可。

13.2　SQL Server Integration Services

在数据库的实际应用中，经常面临两大问题，一是如何有效地解决异构数据问题，二是如何有效地创建数据仓库和向数据仓库加载数据的问题。由于数据库市场的激烈竞争，用户往往使用不同的数据存储结构,甚至同一个用户也可能在不同的时期、不同的部分、不同的领域使用不同的数据存储结构,导致用户经常面临异构数据现象。异构数据是指具有不同存储结构的数据。由于业务的需要,不同的数据源之间经常需要进行相互转换。异构数据问题实际上就是不同存储结构数据之间如何有效相互转换的问题。

SQL Server 2012 提供的集成服务(SQL Server Integration Services,SSIS)可以较好地解决异构数据问题和数据仓库加载问题。在 SQL Server 的早期版本中,微软提供了一个 DTS 服务,用于解决异构问题和加载数据问题。但是,在 SQL Server 2012 系统中,微软重写了集成服务,对原有的 DTS 进行了改变,目的是使其成为企业级的 ETL(extract、transformation and loading,即抽取、转换和加载)平台。集成服务包括生成并调试包的图形工具和向导;执行如数据导入、导出,FTP 操作,SQL 语句执行和电子邮件消息传递等工作流功能的任务等。

SSIS 体系结构主要由两部分组成:Data Transformation Pipeline engine(DTP,数据传输管道引擎),用来管理从多个数据源过来的数据流,通过转换操作,把数据送达目标系统;Data Transformation Run-time engine(DTR,数据转换运行时引擎),用来处理程序包中的控制流。这种划分的目的是为了清晰划分数据流和控制流。DTP 完成数据流的工作,DTR 负责控制流。在以前的 DTS 版本中,数据流的功能远远强大于控制流。但是,在 SSIS 中,控制流和数据流有着同样强大的功能和重要性。DTP 替代了以前版本中的 DTS Data Pump,其功能是处理源和目标对象之间的数据流。DTR 主要是控制 SSIS 包中所使用的控制流的作业执行环境。

SQL Server 2012 提供了多种创建包的方法,这里主要介绍两种,即 SSIS 导入/导出向导和 SSIS 设计器。

13.2.1 使用导入/导出向导转换数据

导入/导出向导用于帮助用户轻松快捷地创建数据的导入、导出工作。利用导入/导出向导可以实现 SQL Server、Oracel、Access 等数据库,以及 Excel 等格式文件相互之间的数据转换工作,当然也可以实现从 SQL Server 到 SQL Server 这样的同种数据库的数据导入、导出工作。

在"开始"菜单中的 SQL Server 2012 文件夹下提供了"导入导出数据(32 位)"选项,另外,也可以通过在"开始"中运行 dtswizard 命令启动导入、导出向导。除了这两种方式外,还可以在 SQL Server Management Studio 中右击某个数据库,在弹出的快捷菜单中选择"任务"菜单下的"导入数据"或者"导出数据"选项。

下面通过简单的实例来说明集成服务的使用。

【例 13-9】有一个 Excel 格式的学生情况统计表,现在需要将 Excel 中的数据导入到数据库中,具体操作步骤如下。

(1)在"开始"菜单中选择"导入导出数据(32 位)"选项,启动导入和导出向导。

(2)单击"下一步"按钮,进入"选择数据源"界面,如图 13-37 所示。

在"数据源"下拉列表中提供了当前环境支持的所有数据源类型,这里的选项取决于当前环境的驱动。由于要将 Excel 数据导入到 SQL Server 数据库中,所以选择 Microsoft Excel 选项。在"Excel 文件路径"文本框中输入要导入的 Excel 文件的完整路径。在"Excel 版本"下拉列表中提供了 Excel 文件的各种版本,这里由于是使用 xls 格式的 Excel 2003 文件,所以选择"Microsoft Excel 97-2003"选项。勾选"首行包含列名称"复选框,表示 Excel 中的第一行为该列的列名。

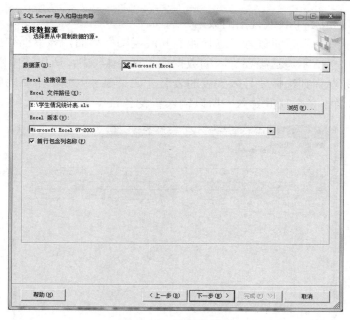

图 13-37　选择数据源

（3）单击"下一步"按钮，进入"选择目标"界面，如图 13-38 所示。

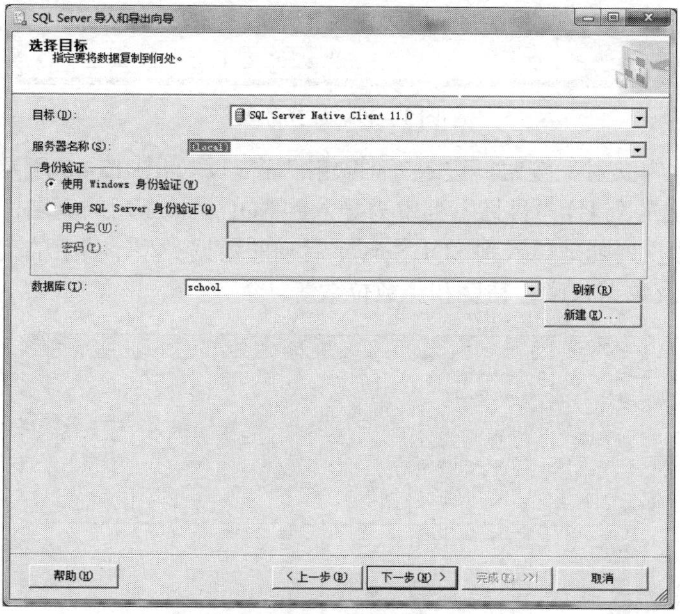

图 13-38　"选择目标"界面

在"目标"下拉列表中选择"SQL Server Native Client 11.0"选项，表示要导入到 SQL Server 2012 数据库中。接下来输入数据库所在的服务器的名称、身份验证和要导入的数据库。如果是导入到全新的数据库，则单击"新建"按钮来创建和导入数据库。

（4）单击"下一步"按钮进入"指定表复制或查询"界面，这里需要复制的是一个表，所以选择"复制一个或多个表或视图的数据"选项。

（5）单击"下一步"按钮进入"选择源表和源视图"界面，该界面列出了 Excel 源的所有 Sheet，如图 13-39 所示。这里要导入的数据在"Sheet1"中，所以选中"Sheet1$"选项左边的复选框，"目标"列则选择要导入到表的表名。如果要导入到一个新表中，这直接输入目标表名即可，这里由于是全新的导入，所以输入新表名 new_student。

图 13-39　选择源表

（6）单击"编辑映射"按钮，进入"列映射"窗口，如图 13-40 所示。映射表中"源"列为 Excel 中分析出的列名，"目标"列中为导入到 SQL Server 后的列名，该列名可以修改，也可以忽略。"类型"列则是导入到 SQL Server 后列的数据类型。其余的列还可以设置导入后的列是否为空，以及数据长度、精度和小数位数等。

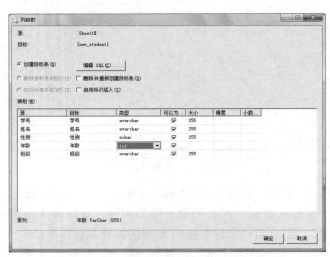

图 13-40　"列映射"窗口

（7）修改好目标列的属性后单击"确定"按钮，回到向导界面，然后单击"下一步"按钮进入保存并运行包界面。

通过导入和导出向导，系统将生成一个 SSIS 包，此处可以将 SSIS 包保存到文件系统或者 SQL Server 中，这样下次导入、导出同样的数据时，就不需要重复配置导入、导出了，如果只运行一次当然也没有必要保存 SSIS 包。这里选择保存 SSIS 包到文件系统以便下次修改和使用。选中"立即运行"复选框表示在向导完成时将执行导入工作。"包保护级别"下拉列表框中提供了多个用户密码的保护策略包，在导入、导出时连接数据库的用户认证信息。

（8）单击"下一步"按钮，由于选择了保存 SSIS 包，所以进入保存 SSIS 包的设置界面。输入 SSIS 包的名称和说明，选择该 SSIS 包保存的路径。

（9）单击"完成"按钮，系统将开始执行数据导入工作，在执行完成后将报告导入成功的数据行数。如果设置了保存 SSIS 包到文件系统，则可以在设置的路径下看到生成的 dtsx 文件。

13.2.2　SSIS 设计器

虽然 SSIS 导入/导出向导可以方便地传输数据和创建包，但是对于 ETL 操作来说，这种传输方式比较简单，很难满足复杂的应用场景。因为 ETL 作业不仅是简单地从一个目标传输到另外一个目标，而是需要组合来自多个数据源的数据，对这些数据进行处理，将这些数据映射到新的列中，并且提供各种不同的数据清洗和验证作业。SSIS 设计器可以较好地完成这种复杂的 ETL 作业。作为图形化的工具，SSIS 设计器可以用于构建、执行和调试 SSIS 包。

下面通过实例来介绍 SSIS 设计器的使用。

【例 13-10】假设现在有个财务数据库 finance，其中存在一个预算表 budget，记录了该公司的预算情况，现在业务人员用Excel制作好了新的预算表，需要将Excel中的数据导入到finance数据库中。可以使用 SSIS 将数据转存到数据库中，具体操作如下。

（1）打开 Microsoft Visual Studio，选择"新建项目"选项，在弹出的"新建项目"对话框中选择"商业智能"项目中的"Integration Services 项目"，如图 13-41 所示。

（2）在"名称"文本框中输入项目名称 SSIS1，然后单击"确定"按钮，进入集成服务设计工作界面，如图 13-42 所示。左边的工具箱提供了要执行 SSIS 任务要用到的所有工具，中间区域为任务的设计区域，右边是该项目的各个任务和属性窗口。

（3）SSIS 包中的控制流用不同类型的控制流元素构造而成：容器、任务和优先约束。容器提供包中的结构并给任务提供服务，任务在包中提供功能，优先约束将容器和任务连接成一个控制流。在"控制流"面板，从工具箱拖拽一个"数据流任务"到其中。数据流任务封装数据流引擎，该引擎在源和目标之间移动数据，使用户可以在移动数据时转换、清除和修改数据。将数据流任务添加到包控制流，使包可以提取、转换和加载数据。

（4）在主设计面板中，切换到"数据流"选项卡，工具箱中的组件也自动切换为数据流设计的组件。数据流设计组件分为数据流源、数据流转换和数据流目标 3 大类。一个完整的数据流就是从数据流源开始的，经过零到多个数据流转换操作，最终在数据流目标中结束。从工具箱中拖拽一个 Excel 源和一个 OLE DB 目标组件到"数据流"面板中。

（5）拖拽 Excel 源下的蓝色箭头到 OLE DB 目标上，表示数据从 Excel 源输到 OLE DB 目标中。

图 13-41　新建集成服务项目

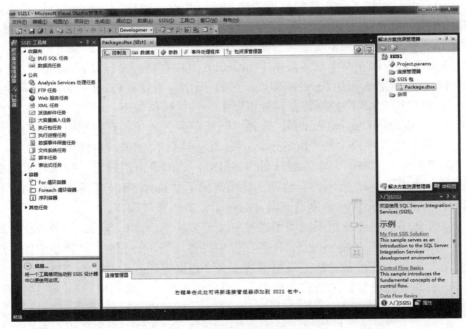

图 13-42　集成服务设计界面

　　说明：蓝色箭头表示成功处理结束的数据流，红色箭头则表示处理过程中出现错误的数据。

　　（6）右击"Excel 源"组件，在弹出的快捷菜单中选择"编辑"选项，弹出"Excel 源编辑器"窗口，如图 13-43 所示。单击"新建"按钮，将 Excel 文件路径添加到 OLE DB 连接管理器中。然后在"Excel 工作表的名称"下拉列表中选择预算工作表。

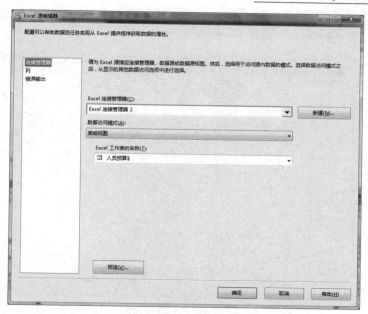

图 13-43　"Excel 源编辑器"窗口

（7）选择"列"选项页，切换到列输出配置界面，如图 13-44 所示。这里列出了从 Excel 数据中分析出来的列名，如果不用导入的列，则可以取消勾选该列右边的复选框。

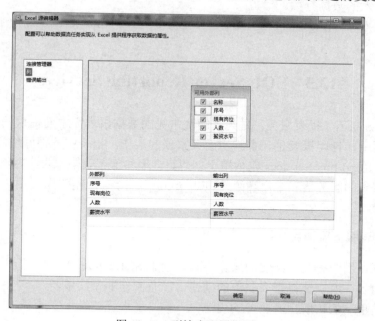

图 13-44　列输出配置界面

（8）单击"确定"按钮，回到数据流设计界面，用同样的方法为 OLE DB 目标设置连接的 SQL Server 数据库和表，然后选择"映射"选项页，切换到输入列与输出列的映射设置界面，如图 13-45 所示。可以在列表中通过选择的方式来设置每个输入列和目标列的映射，也可以在上面拖拽可用输入列到可用目标列上，从而实现两个列之间的映射。

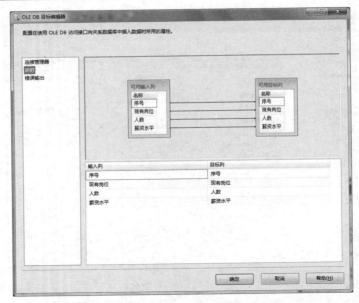

图 13-45　列映射设置

（9）单击"确定"按钮回到数据流设计面板，整个 Excel 数据导入的 SSIS 包已经设计完成。单击工具栏的"调试"按钮或者直接使用快捷键 F5，系统将保存该 SSIS 包并运行。运行成功后将提示导入的数据行数。

现在打开数据库，如果 Excel 中有数据的话，就可以看到 Excel 中的数据被成功导入到 SQL Server 中。

13.3　SQL Server Reporting Services

Reporting Services（报表服务）是为了解决常见的数据报表需求而提供的服务功能。在数据库的实际应用中，打印报表是一个常用而又繁琐的工作，报表服务很好地解决了这个问题。

SQL Server Reporting Services 包括用于创建、管理和部署表格报表、矩阵报表、图形报表以及自由格式报表的服务器和客户端组件。Reporting Services 还是一个可用于开发报表应用程序的可扩展平台。

13.3.1　报表服务器项目向导

报表服务在使用中有几个必要的操作步骤。由于 SQL Server 2012 中为报表服务提供了非常强大的功能向导，所以使得报表服务的创建、发布操作非常简单。

下面通过简单示例讲解报表服务的用法。

1. 创建报表服务器项目

在制作报表之前，要先创建一个报表服务器项目，在其中可以存放若干报表供用户调用。

【例 13-11】创建一个名为"SCHOOL 报表项目"的报表项目。

（1）打开 Microsoft Visual Studio，选择"新建项目"选项，在弹出的"新建项目"对话框中选择"商业智能"项目中的"报表服务器项目向导"，如图 13-46 所示。

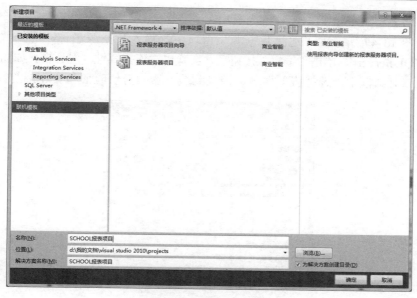

图 13-46　新建报表项目

（2）在"名称"文本框中输入"SCHOOL 报表项目"。

（3）单击"确定"按钮后，系统将弹出"报表向导"窗口。

（4）单击"下一步"按钮，将进入"选择数据源"的操作界面，如图 13-47 所示。

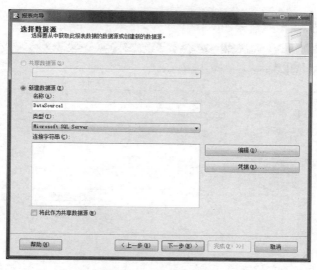

图 13-47　选择数据源

2. 设置数据源

数据源是编程开发时经常用到的一个术语，意思是提供一个连接方式，使开发工具能连接存储数据的数据库系统。数据源从本质上讲就是对从中获取数据位置的连接的定义，它可以是一个与 SQL Server 数据源的连接，也可以是任意 OLE DB 或 ODBC 数据源的连接。

数据源是报表服务中最重要的内容。无论建立的报表是何种类型，也无论报表是使用报表模型器还是使用报表项目，它都以某种方式发挥着作用。数据源有两种类型：嵌入式和共享式。

【例 13-12】将 school 数据库设置为数据源。

（1）在图 13-47 所示的"选择数据源"窗口中，输入数据源名称，选择数据源类型为"Microsoft SQL Server"，单击"编辑"按钮后，会弹出"连接属性"对话框，如图 13-48 所示。

（2）在该对话框中，选择服务器名、登录到服务器的身份验证和要连接的数据库。

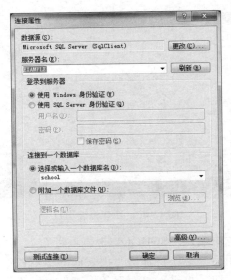

图 13-48　设置连接属性

（3）单击"确定"按钮，返回图 13-49 所示的窗口。

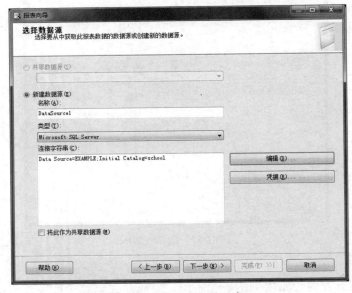

图 13-49　"报表向导"窗口

3. 设计报表

创建报表的操作实质上是创建一个报表视图，其创建过程与创建视图类似。但是在后续的报表设计中就出现了区别，因为要体现出报表的灵活性，所以向导给出了很多格式与布局上的内容选项。数据源视图和数据源虽然名称相似，但是在将数据安排进入报表的体系结构中，它们各自服务的层次略有不同。

【例 13-13】详细设计报表。

（1）单击图 13-49 中的"下一步"按钮，进入"设计查询"窗口，输入所需数据的查询语句或使用"查询生成器"创建查询语句，如图 13-50 所示。

图 13-50　"设计查询"窗口

（2）单击"下一步"按钮，选择报表类型为"表格"后，再单击"下一步"按钮，会出现"设计表"窗口。

（3）在该窗口中，选择页、组、详细信息字段，如图 13-51 所示。

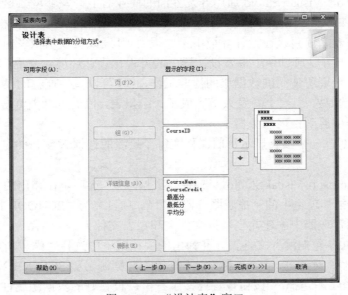

图 13-51　"设计表"窗口

（4）依次单击"下一步"按钮，可选择表布局、表样式、部署位置、输入报表名称等。

（5）最后，单击"完成"按钮即可完成报表设计。

（6）在"设计器"窗口中单击"预览"选项卡可预览报表，如图 13-52 所示。

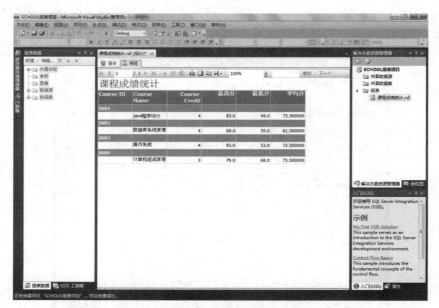

图 13-52　报表示例预览

13.3.2　报表设计器

报表设计器为开发人员和高级报表制作人员提供了一个非常灵活和高效的报表制作环境。报表设计器是 SQL Server 商业智能开发套件的一个组件，SQL Server 商业智能开发套件是一个基于 Microsoft Visual Studio 通用开发界面的商业智能开发环境。这个设计界面使得开发人员可以很容易的为一个报表定义从多个数据源而来的数据集、设计报表的布局，然后在将它部署到报表服务器之前直接在设计环境中预览报表。开发人员使用报表向导可以快速并容易地创建报表，他们也可以通过使用报表设计器中的可视化设计环境建立更广泛的报表。内置的查询设计器简化了报表所使用的数据集的提取工作，并且可以直接拖拉的设计界面使得布置报表元素用于显示很容易。当一个开发人员完成了一个报表，他们可以预览这个报表，然后将其直接从报表设计器部署到报表服务器上。

【例 13-14】创建一个报表显示每门课程在每个班级的选课人数、平均分、最高分和最低分。具体操作如下。

（1）打开 Microsoft Visual Studio，选择"新建项目"选项，在弹出的"新建项目"对话框中选择"商业智能"项目中的"报表服务器项目"。项目名为"SCHOOL 报表项目 2"，系统将在解决方案资源管理器中创建共享数据文件夹和报表文件夹。

（2）选择"共享数据源"文件夹，在弹出的快捷菜单中选择"添加新数据源"选项，弹出"共享数据源属性"对话框，在"名称"文本框输入数据源名称 SCHOOL2，类型为 Microsoft SQL Server，然后单击"编辑"按钮设置连接字符串，设置好的数据源属性如图 13-53 所示。

图 13-53　"共享数据源属性"对话框

（3）选择"报表"文件夹，在弹出的快捷菜单中选择"添加新报表"选项，弹出报表向导。单击"下一步"按钮，然后选择共享数据源"SCHOOL2"作为报表的数据源。

（4）单击"下一步"按钮进入"设计查询"界面，单击其中的"查询生成器"按钮，打开"查询设计器"窗口，如图 13-54 所示。

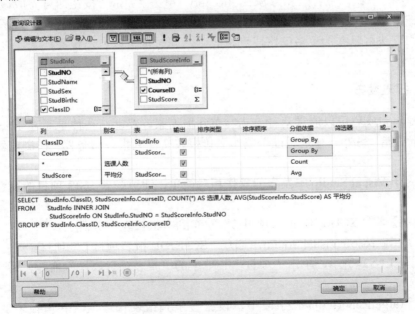

图 13-54　"查询设计器"窗口

（5）单击"确定"按钮回到报表向导，然后单击"下一步"按钮进入"报表类型选择"界面。这里由于是从两个维度分析数据，所以选择矩阵类型。

（6）然后单击"下一步"按钮，进入报表"设计矩阵"界面，如图 13-55 所示。

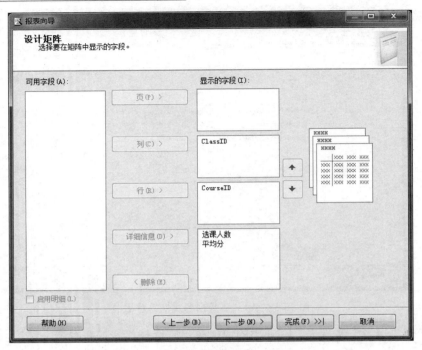

图 13-55　设计矩阵

（7）单击"下一步"按钮，进入"报表样式选择"界面，随便选择一个样式都可以，然后单击"下一步"按钮，命名报表为 SchoolReport，单击"完成"按钮即可完成该报表的创建。

（8）在"报表设计"界面，切换到"预览"选项卡可以看到当前报表的预览效果。

用同样的方法可以添加更多的字段到报表中，同时也可以自己定义样式，设计出更复杂、美观的报表。

13.3.3　报表发布

报表在制作完成后可以通过两种方式发布到报表服务器上，一种是通过 Microsoft Visual Studio 的发布功能，另外一种是通过浏览器上传报表文件到报表服务器，在浏览器中设置和管理报表。

在 Microsoft Visual Studio 中发布的操作相对简单，通过配置 SSIS 项目的属性，指定发布服务器即可。

【例 13-15】将"SCHOOL 报表项目 2"发布到本机报表服务器上。

（1）打开 Microsoft Visual Studio，打开"SCHOOL 报表项目 2"项目。

（2）如图 13-52 所示，单击"项目"菜单中的"报表项目属性"命令，弹出如图 13-56 所示的对话框。

（3）在 TargetReportFolder 字段中，设置登录到报表管理器时驻留报表的文件夹。在 TargetServerURL 字段中，输入报表服务器的 URL，比如 http://localhost/ReportServer。

（4）完成后，单击"确定"按钮。

（5）单击"生成"菜单中的"部署项目"命令进行部署，部署完成后，显示如图 13-57 所示输出信息。

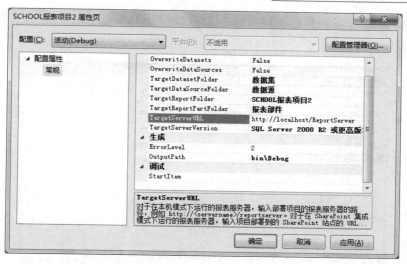

图 13-56　"属性页"对话框

这里使用的是本机报表服务器，所以在浏览器中输入 http://localhost/ReportServer，将可以看到报表服务器中的所有报表。

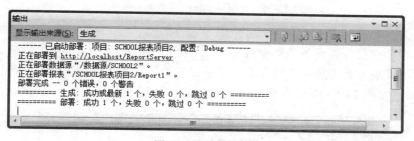

图 13-57　输出信息

13.4　SQL Server Analysis Services

数据库系统已经从单纯的支持事务向支持事务和分析功能方向发展。如何把过去大量的业务数据存储到数据仓库中？如何创建数据仓库？如何在数据仓库中执行多维分析？如何从数据仓库中挖掘出更多的知识？对于许多组织的管理人员来说，这些问题都是非常重要和迫切的。Microsoft SQL Server 2012 系统提供的 SQL Server Analysis Services（分析服务）可以用来解决这些问题，辅助管理人员发现问题和执行决策。分析服务包括用于创建和管理联机分析处理（OLAP）以及数据挖掘应用程序的工具。

本节仅简述在 SQL Server Business Intelligence Development Studio 中创建分析服务解决方案的操作步骤。

【例 13-16】创建分析服务项目。

（1）打开 Microsoft Visual Studio，启动商业智能开发环境。

（2）单击"文件"→"新建"→"项目"命令，会弹出"新建项目"对话框。

（3）在对话框的"项目类型"列表中选择"商业智能"选项，在"联机模板"列表中选择"Analysis Services 多维和数据挖掘项目"选项，在"名称"框中输入"SSAS1"，如图 13-58 所示。

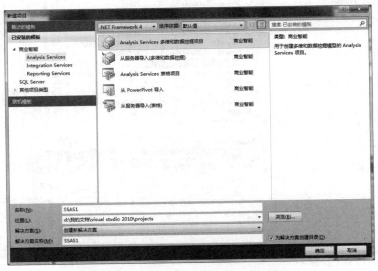

图 13-58　创建 Analysis Services 项目

（4）单击"确定"按钮。

【例 13-17】定义分析服务的数据源。

（1）在"解决方案资源管理器"中，用鼠标右键单击"数据源"结点，选择"新建数据源"命令，弹出如图 13-59 所示的窗口。

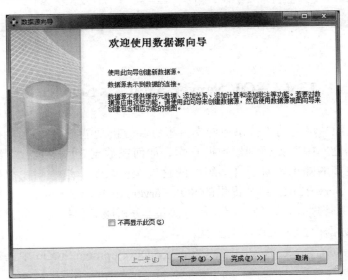

图 13-59　创建数据源向导

（2）单击"下一步"按钮，可打开"选择如何定义连接"窗口，选择"基于现有连接或新连接创建数据源"，单击"新建"按钮，在弹出的"连接管理器"对话框中，为数据源定义连接属性。

（3）在"提供程序"列表中，确保已选中"本机 OLE DB\SQL Server Native Client 11.0"。

（4）在"服务器名称"文本框中输入"localhost"。如果要连接到特定的计算机而不是本地计算机，则输入该计算机名称或 IP 地址。

（5）选中"使用 Windows 身份验证"，在"选择或输入一个数据库名"列表中，选择"school"，如图 13-60 所示。

图 13-60　配置连接属性

（6）单击"测试连接"按钮以测试与数据库的连接。

（7）连接测试成功后，单击"确定"按钮，返回图 13-61 所示的窗口。

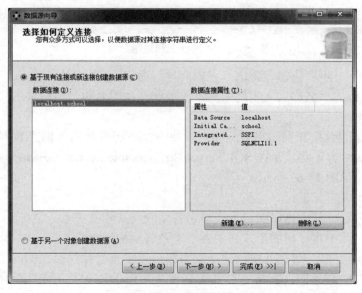

图 13-61　定义连接

（8）单击"完成"按钮，弹出"完成向导"窗口，输入数据源名称后，再单击"完成"按钮即可完成新数据源的创建。

【例13-18】定义数据源视图。

（1）在"解决方案资源管理器"中，用鼠标右键单击"数据源视图"结点，选择"新建数据源视图"命令，弹出"欢迎使用数据源视图向导"窗口。

（2）在该窗口中，单击"下一步"按钮，将弹出"选择数据源"窗口。

（3）在该窗口中，选择"关系数据源"列表中的"school"，单击"下一步"按钮，弹出"选择表和视图"窗口。

（4）单击">"按钮，将选中的表添加到"包含的对象"列表中，如图13-62所示。

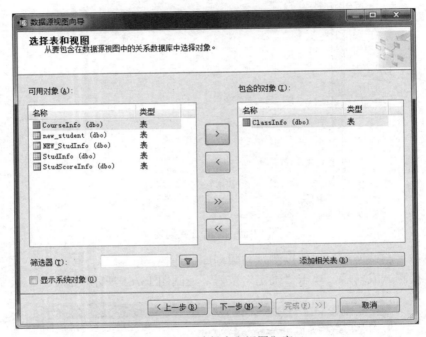

图13-62   "选择表和视图"窗口

（5）单击"下一步"按钮，弹出"完成向导"窗口。

（6）在该窗口的"名称"文本框中，输入数据源视图名称，然后单击"完成"按钮即可创建新数据源视图。

此时，所定义的数据源视图将显示在"解决方案资源管理器"的"数据源视图"文件夹中，数据源视图的内容还将显示在 SQL Server Business Intelligence Development Studio 的数据源视图设计器中，如图13-63所示。

此设计器包含以下元素：

"关系图"窗格，其中将以图形方式显示各个表及其相互关系。

"表"窗格，其中将以树的形式显示各个表及其架构元素。

"关系图组织程序"，可在其中创建子关系图，用于查看数据源视图的子集。

现在，即可在"关系图"窗格中查看所有表及其相互关系了。若要查看某种关系的详细信息，可双击"关系图"窗格中的关系箭头。

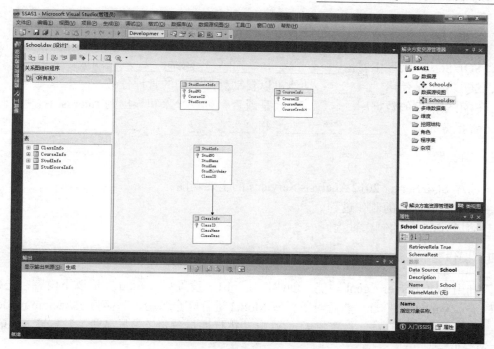

图 13-63　数据源视图设计器

　　创建好数据源和数据源视图后，便可创建多维数据集。多维数据集创建完成后，接下来便是将其部署到服务器上，以进行维度分析。将多维数据集成功部署到分析服务的实例后，便可浏览多维数据集中的实际数据。

习　　题

一、选择题

1. 如果要提高 SQL Server 代理实现的安全，下列遵循原则中不正确的是（　　　）。

   A. 可以为代理创建公共账户

   B. 专门为代理创建专用的用户账户

   C. 只为代理用户账户授予必需的权限

   D. 不要使用 Administrator 组成员账户运行 SQL Server 代理服务

2. 假设要创建操作员，可使用存储过程（　　）实现。

   A. sp_add_operator

   B. sp_update_operator

   C. sp_help_operator

   D. sp_delete_operator

3. SQL Server 代理服务通过（　　）记录一个针对数据库的操作。

   A. 作业　　　　　　B. 警报　　　　　　C. 操作员　　　　　D. 计划

二、填空题

1．SQL Server 代理主要由_____、_____和_____组成。
2．SQL Server 使用_____功能可以自动处理不同的管理任务。
3．SQL Server 的数据库_____（是或否）可以导入和导出到 Access 中。
4．警报分为_____、_____和_____。

三、简答题

1．简述 SQL Server 2012 Analysis Services 的主要功能。
2．简述报表服务的制作过程。
3．简述 SSIS 包的制作过程。

四、操作题

1．利用 SQL Server Agent 功能，创建作业 job1，设置每天 5:00 完成以下内容：先删除备份文件 c:\backup\model.bak，然后对数据库 Model 进行完全备份，保存为 c:\backup\model.bak。
2．利用维护计划功能，设置每天 1:00 自动执行增量备份（差异备份）数据库 Model 到文件夹 C:\Backup。

参考文献

[1] Patrick LeBlanc 著，潘玉琪译. SQL Server 2012 从入门到精通[M]. 北京：清华大学出版社，2014.

[2] 王岩，贡正仙. 数据库原理、应用与实践（SQL Server）[M]. 北京：清华大学出版社，2016.

[3] 祝红涛，王伟平. SQL Server 数据库应用课堂实录[M]. 北京：清华大学出版社，2016.

[4] 郑阿奇. SQL Server 教程从基础到应用[M]. 北京：机械工业出版社，2015.

[5] 秦婧. SQL Server 2012 王者归来[M]. 北京：清华大学出版社，2014.

[6] 青宏燕，王宏伟. 数据库应用技术案例教程[M]. 北京：清华大学出版社，2016.

[7] 段利文，龚小勇. 关系数据库与 SQL Server 2008. 第 2 版[M]. 北京：机械工业出版社，2015.